한국산 유용 목재 해부 칼라도감

황성수, 추지나

한국산
유용 목재 해부
칼라도감

Color Atlas to Korean Useful Wood Anatomy

황성수, 추지나

전북대학교출판문화원

| 서문 |

우리가 자연을 디코딩하고 기록하는 것은 지구를 지속 가능하게 사용하고 보존하여 후손에게 물려주기 위함이다. 산업화 이후 과학과 기술로 무장한 인류는 과다한 화석연료를 사용하여 괄목할 만한 경제적 발전과 빛나는 문명을 이루었다. 그 와중에 이산화탄소를 대기에 너무 많이 방출하여 마침내 기후위기를 초래하였다. 이제 인류는 멸망을 경고하는 티핑포인트에 이르기 전에 여러 대책을 마련하고 이행해야 한다.

그동안에 대기에 방출된 이산화탄소는 30%가 산림으로, 25%가 해양으로, 그리고 나머지가 대기에 남아있는 것으로 '세계기상기구'는 보고하고 있다. 산림 내 생물 총량에서 박테리아가 차지하는 비율이 12.8%, 동물은 0.47%, 인간은 0.01%, 식물은 82.4%로 식물이 압도적으로 많다. 식물 생물량에서 나무가 차지하는 비율이 95% 정도이다. 나무는 일반적으로 35%가 물이고, 65%가 건조 질량이며, 건조 질량의 50% 내외가 세포벽에 존재하는 이산화탄소이다. 이상에서와 같이 나무는 광합성을 통해서 대기 중 이산화탄소를 저감시키는 역할이 적지 않다. 따라서 기후위기를 극복하고 지속 가능한 지구를 유지하기 위해 탄소 덩어리인 나무의 중요성을 아무리 강조해도 지나치지 않을 것이다.

우리나라는 국토의 63%가 산으로 되어있다. 금수강산의 나무는 조선시대부터 일제강점기까지 땔감과 전쟁자원 등으로 훼손되어 민둥산이 되었었다. 그러나 해방 후 60여 년간 꾸준히 산림녹화를 실시해 현재는 울창한 숲을 갖게 되어 OECD 평균을 상회하는 목재자원 선진국이 되었다. 한편, 우리 산림이 이제는 목재로써 경제적 가치는 높지만, 상대적으로 대기 중 이산화탄소 흡수는 적게 하고 성장이 느린 30~50년 이상 된 나무가 90%를 넘는다. 이에 노화된 나무는 수확하여 목재자원으로 활용하고, 이산화탄소 흡수를 많이 하면서 유용한 어린나무로 수종개량이 필요한 시점이 되었다. 또한 수확한 한국산 목재를 건축, 가구, 도로건설 등등에 사용함으로써 나무가 주는 정서적 및 경제적 혜택을 누림은 물론이고, 사용된 목재에 이산화탄소를 저상함으로써 '국가온실가스감축목표(NDC)' 달성에도 도움을 줘야 할 것이다.

안타깝게도 2024년 국내 목재 자급률에 대한 통계보고는 15% 내외이며, 특히 건축재나 가구재 같은 중요한 부분에서의 이용은 그보다 더 적다는 것이 현장의 목소리다. '2050 탄소중립'을 달성하는 데 있어 가상 에너지 비용이 적게 들고 실현 가능성이 높은 것은 나무

목재를 이용하는 것이다. 그럼에도 불구하고 아직까지 국산 목재의 이용실적이 매우 적은 이유는 몇 가지가 있다. 국산목재에 대한 학술적 연구 및 인증시스템의 미비, 선진적인 원목 제재와 가공 기술 부족, 그리고 활용가치의 인식부족 등이다. 본 저술은 한국산 목재에 대해 미세 해부학적 기재를 함으로써 국산목재를 동정하고 인증하여 상업적으로 이용하는 데 도움을 주고자 한다. 또한 한국산 목재의 정교하고 아름다운 미세구조에 대해 관심이 있는 학부생, 대학원생, 연구자 그리고 일반인들에게도 도움을 줄 수 있기를 바랍니다.

본 저술에 포함된 목재는 한국산 나자식물 5과 18속 18종과 목본 피자식물 25과 63속 63종이다. 도감의 내용은 목재 식별을 위한 조직별 특징 도해 및 복합현미경 칼라사진, 각 종 별 3단면 복합현미경 칼라사진, 그리고 일부 종에 대한 3단면 해부현미경 칼라사진 등과 함께 상세한 설명이다. 또한, 부록에 한국산 목재의 주요 형질과 형질상태 표 및 각각 종별 해부학적 특성표를 첨부하여 개별 목재의 특징을 쉽고 빠르게 파악할 수 있도록 도움을 주었다. 목재의 해부학적 특징을 조사하고 기재하면서 사용된 용어는 '국제목재해부학자협회(IAWA, 4th printing)'의 가이드라인을 따랐고, 일부 특징과 용어는 필요에 따라 저자들이 추가하였다. 식물 학명, 계통체계, 그리고 기재순서는 '국가표준식물목록'을 참고하였다.

본 저술이 출판될 수 있도록 도움을 준 전북대학교 출판문화원에 감사를 드립니다. 본 연구가 계속될 수 있도록 일부 도움을 준 환경부와 국립수목원에도 감사를 드립니다. 또한, 슬라이드제작과 해석에 많은 도움을 준 이재동 박사님께도 고마움을 전합니다. 전북대학교 과학교육학부 생물교육전공 교수님들의 배려에도 감사드립니다.

제1장 한국산 유용목재의 해부학적 특성

제2장 한국산 나자식물 목재 해부 3단면 기술과 사진

– Gymnosperm 나자식물(5 Families, 18 Genera, 18 Species)

제3장 한국산 피자식물 목재 해부 3단면 기술과 사진

– Angiosperm 피자식물(25 Families, 63 Genera, 63 Species)

제4장 부록

– 한국산 유용 나자식물과 목본 피자식물 검색카드

I

한국산 유용목재의 해부학적 특성

1

서론

우리나라에 서식하고 있는 유용 목본식물의 해부학적 특성을 기재하여 한국산 목재를 식별하고 여러 용도로 사용하는 데 도움을 주고자 한다. 목본식물의 해부학적 형질을 현미경으로 조사하고 형질상태에 대해 사진 및 그림을 넣어 설명하고 기재하였다. 본서에 기재된 한국산 목본식물은 전국에 생육하는 나자식물 18속과 피자식물 63속에서 각각 1종을 선별기재하였다. 학명과 계통체계는 국가표준식물목록(www.nature.go.kr/kpni/index.do)을 따랐고, 목재식별에 필요한 해부학적 여러 특성과 형질의 선정은 국제목재해부학자협회(IAWA, https://iawa.org)의 가이드라인을 참고하였고, 일부 필요시 저자들이 추가하였다.

한국산 나자식물 식별에 필요한 목재 해부학적 형질은 크게 세포간관 또는 수지도(intercellular canals or resin duct), 주축유세포(axial parenchyma cell), 주축가도관(axial tracheid), 방사가도관(ray tracheid), 방사유세포(ray parenchyma cell), 교분야벽공(cross-field pitting), 방사조직(ray tissue) 등을 선정하였다. 선정된 형질 각각의 형질상태를 세분하여 대표적인 사진을 촬영한 뒤, 이를 알아보기 쉽게 그림을 그리고 특징을 기술하였다. 세포간관 또는 수지도의 형질상태로는 세포간관의 유무 및 에피델리얼세포(epithelial cell)의 형태이다. 주축유세포의 형질상태로는 주축유세포의 유무 및 배열상태, 그리고 말단벽의 형태 등이 있다. 주축가도관의 형질상태로는 나선비후 유무 및 그의 간격과 형태, 그리고 유연벽공의 배열 등이 있다. 방사가도관의 형질상태는 방사가도관의 유무와 세포벽의 형태 형질이 있다. 방사유세포의 형질상태로는 말단벽의 형태와 염주상말단벽이 있다. 교차역벽공의 형질상태로는 교차역벽공의 형태와 교차역당 벽공의 개수가 있다. 방사조직의 형질상태는 방사조직 폭과 세포 높이, 방추형방사소식의 유무를 조사하였다(그림 1~9).

한국산 피자식물 목재에서는 도관(vessel), 방사조직(ray), 주축유조직(axial parenchyma), 가도관(tracheid), 섬유세포(fibers), 그리고 기타 특성 등을 주요 해부학적 형질로

선정하였다. 이를 다시 세부 형질과 형질상태를 세분하여 대표적인 사진을 촬영하고 구분하기 쉽게 그림을 그리고 특징을 기술하였다. 나자식물에 비해 목본 피자식물은 조직이 좀 더 복잡하고 다양하여 형질상태의 수가 훨씬 다양하다. 목재의 주요 구성요소인 도관의 형질 및 형질상태는 3단면에서 모두를 관찰할 필요가 있다. 도관분포(porosity)의 형질상태는 환공재(ring-porous wood), 반환공재(semi-ring- porous wood), 그리고 산공재(diffuse-porous wood) 등이다. 도관 배열(vessel arrangement)은 접선상, 사선상, 방사상 그리고 문양상 배열 상태로 나뉘었다. 도관 집단(vessel grouping)은 고립도관, 방사복합도관, 집합도관, 그리고 고립도관의 외형이 각형 등 상태로 구분된다. 도관 천공판(perforation plate)은 단일천공판과 다천공판으로 나뉜 뒤, 다천공판은 계단상천공판과 망상천공판으로 구별된다. 도관 상호간 벽공(intervessel pits)은 계단상, 대상, 그리고 교호상 형질상태로 구분된다. 도관 나선비후(helical thickenings)와 타일로시스(tyloses)는 도관벽이 비후 되는 것과 나무의 내부가 도관부로 기능이 상실되는 심재(heart wood)로 진행되면서 나타나는 상태이다. 도관 내강 직경은 크기에 따라 각각 50, 51~100, 101~200, 그리고 201㎛ 이상으로 구분하였다. 도관 빈도는 도관 수/1㎟(vessels number/square millimetre)로 1㎟ 당 5~20, 21~40, 41~100, 그리고 101개 이상으로 구분하였다.

방사조직(ray)의 형질은 방사유세포(ray parenchyma)의 종류, 도관-방사유세포간 벽공(vessel-ray pitting)의 형태, 방사조직의 폭과 높이, 방사조직의 수, 초상세포(sheath cell), 방사조직 내 결정체(crystal) 등을 꼽았다. 각각의 형질상태는 다음과 같다. 방사유세포의 종류는 평복세포로만 구성, 직립 혹은 방형세포로만 구성, 다열부는 평복하고 가장자리는 1열만 직립 혹은 방형세포, 다열부는 평복세포이고 가장자리는 2~4열 만 직립 혹은 방형세포, 다열부는 평복세포이고 가장자리는 4열 이상면 직립 혹은 방형세포, 평복세포와 직립 및 방형세포가 혼재 등이 있다. 도관방사조직 간 벽공은 명확한 유연벽공, 원형 혹은 각형의 다벽공, 계단상 혹은 책상 단벽공 방사조직의 가장자리에 제한적 존재 등으로 구별할 수 있다. 방사조직의 폭과 높이는 단열방사조직, 1~3, 4~10, 11 세포 폭 이상, 높이가 1㎜ 이상, 크기가 전혀 다른 두 종류의 방사조직 등으로 구별된다. 초상세포(sheath cell)와 프리즘형 결정(crystal)은 초상세포, 직립 또는 방형세포내 결정, 주축유세포내 결정 등이 있다. 종단면관찰에서 가도관(vascular/vasicentric tracheid)은 주위상/도관상 가도관을 형질로 해서 주위상가도관과 도관상가도관의 상태가 있다. 횡단면관찰에서 주축유세포의 배열 상태에 따라 독립유조직(apotracheal axial parenchyma)의 형질상태는 산재유조직과 짧은 접선상유조직으로 나뉜다. 반면에 수반유조직(paratracheal axial parenchyma)은 주위상유조직, 익상유조직, 연합익상유조직 등의 형질상태가 있다. 대상유조직(banded parenchyma)은 넓은 대상유조직, 좁은 대상유조직, 망상유조직, 그리고 연륜계상유조직 등의 특징이 있다. 방추형유세포(fusiform parenchyma cell)와 유세포 스트랜드(parenchyma strand)는 방추형 유세포와 유세포 스트랜드로 구별된다. 섬유세포에서는 벽공의 형태, 섬유세포의 나선비후, 격벽 섬유세포의 유무, 섬유세포벽의 두께 등을 조사하고 그 외에 층계상 배열, 확장된 세포 내 결정체, 오일세포 및 점액세포, 불규칙한 2차 세포벽 비후를 갖는 방사유세포 등을 기타 형질로 기재하였다(그림 10~29).

다음 장에서는 위에서 언급한 한국산 유용목재들의 해부학적 형질과 형질상태에 대해 보다 더 이해하기 쉽게 사진과 그림을 통해서 설명한 내용이다.

2

나자식물 목재 식별에 필요한 형질과 형질상태

1. 수지관(또는 수지도, resin canals or resin duct)

수지관 또는 수지도는 횡단면에서 더 뚜렷하게 관찰되는데 수지를 분비하는 공간이라는 의미이다. 침엽수재 수지관은 에피델리얼세포(epithelial cell)가 원형으로 분포하여 만들어지며, 이 세포의 안쪽으로 수지가 분비된다. 분비관을 갖는 수종 중 소나무속은 세포벽이 얇은 에피델리얼세포를 형성하고 있고, 가문비나무속 등은 세포벽이 두꺼운 에피델리얼세포로 형성하고 있다.

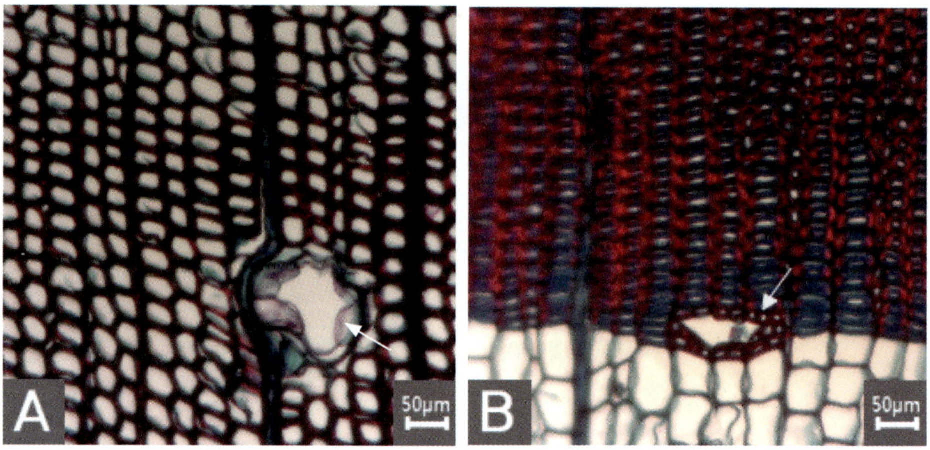

그림 1. 수지관(또는 수지도) 세포벽 형태(화살표)를 보여주는 현미경 사진. (A) 세포벽이 얇은 에피델리얼세포, 구주소나무(*Pinus sylvestris*); (B) 세포벽이 두꺼운 에피델리얼세포(일본잎갈나무, *Larix kaempferi*).

2. 주축유세포(axial parenchyma cell)

1) 주축유세포 배열

주축유세포를 횡단면에서 관찰하면 흩어져 보이는 산재형(diffuse), 일렬로 배열된 대상형(banded), 연륜 방향으로 분포한 접선형(boundary) 등이 있다.

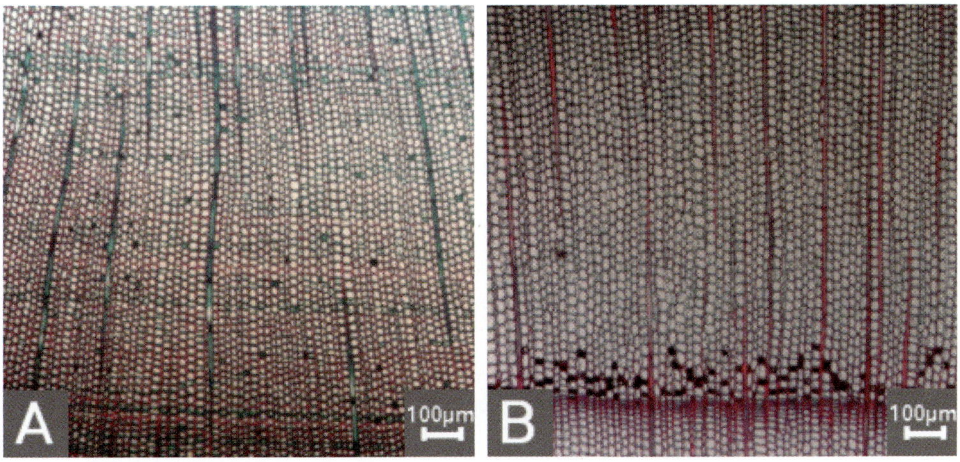

그림 2. 주축유세포 배열을 보여주는 현미경 사진. (A) 산재형(청색원형 세포들, 개비자나무(*Cephalotaxus koreana*); (B) 연륜방향으로 접선형(진한 붉은색 세포들), 측백나무(*Platycladus orientalis*).

2) 말단벽 형태

접선단면에서 주축유세포 끝부분(말단벽)을 보면 넓은잎삼나무는 편활형말단벽(smooth end wall), 낙우송, 측백나무 등 일부 수종은 염주형말단벽(nodular end wall)이 있다.

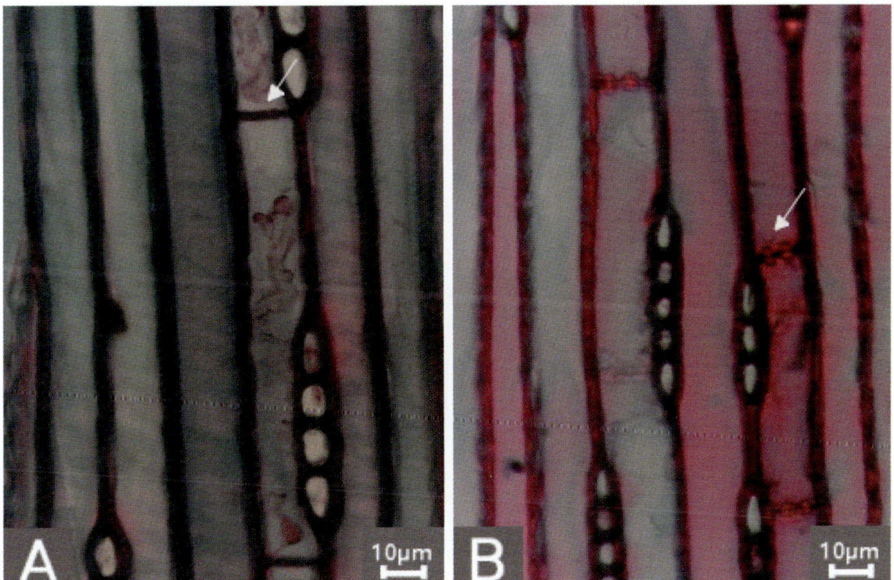

그림 3. 주축유세포 말달벽 형태(화살표)를 보여주는 현미경 사진, (A) 평활형말단벽, 넓은잎삼나무(*Cunninghamia lanceolata*); (B) 염주형말단벽(낙우송: *Taxodium distichum*).

3. 주축가도관(axial tracheid)

1) 나선비후(helical thickenings)

주축가도관 2차벽 내강에서 관찰되는 나선모양 선을 나선비후라고 한다. 나선비후가 가느다란 선으로 나타나는 수종과 가느다란 선이 쌍으로 보이는 좀 더 비후가 진행된 수종이 있다. 1㎜ 이내에서 관찰되는 나선비후 개수가 120개 미만이면 넓음으로, 120개를 초과하면 좁음으로 구분할 수 있다.

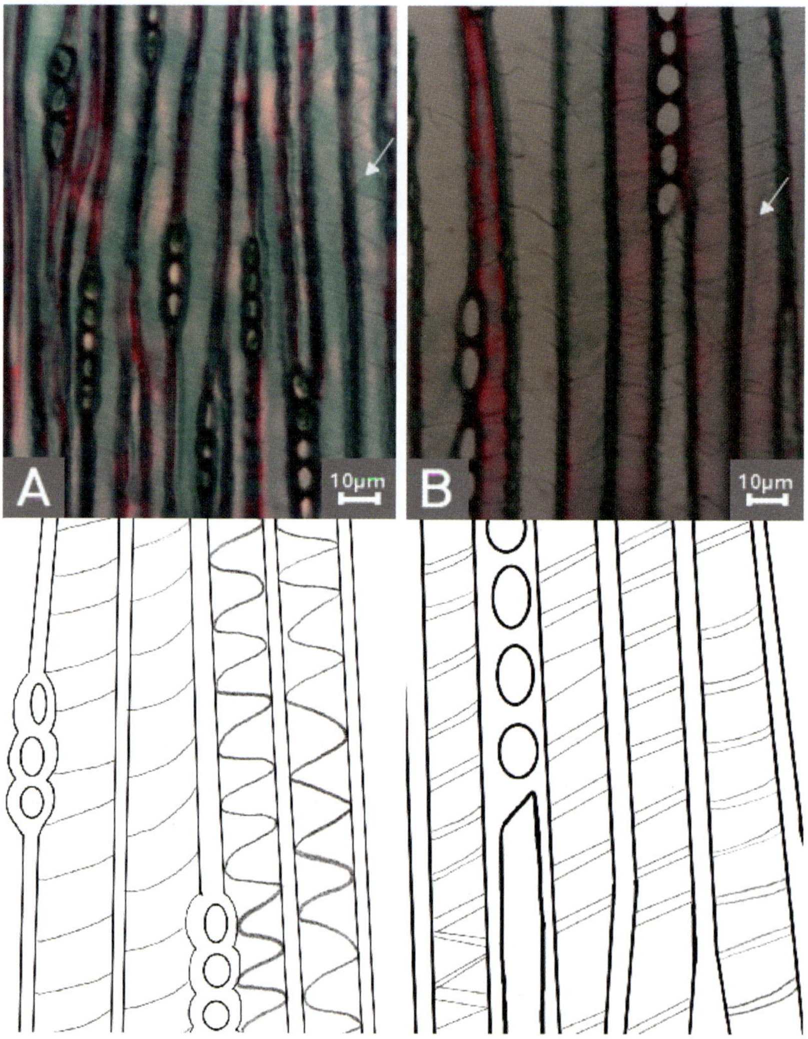

그림 4. 주축가도관 나선비후(화살표)를 보여주는 현미경 사진과 모식도. (A) 가느다란 나선비후가 일렬로 보임, 주목(*Taxus cuspidata*); (B) 나선비후가 2열로 보임, 비자나무(*Torreya nucifera*).

2) 유연벽공(tracheid pitting in radial walls)

가도관 세포벽에는 2차벽이 변형된 유연벽공을 형성하고, 이는 인접한 세포에 물질 전달을 위한 통로 역할을 한다. 이 유연벽공은 위에서 보면 1열 또는 2열로 보인다.

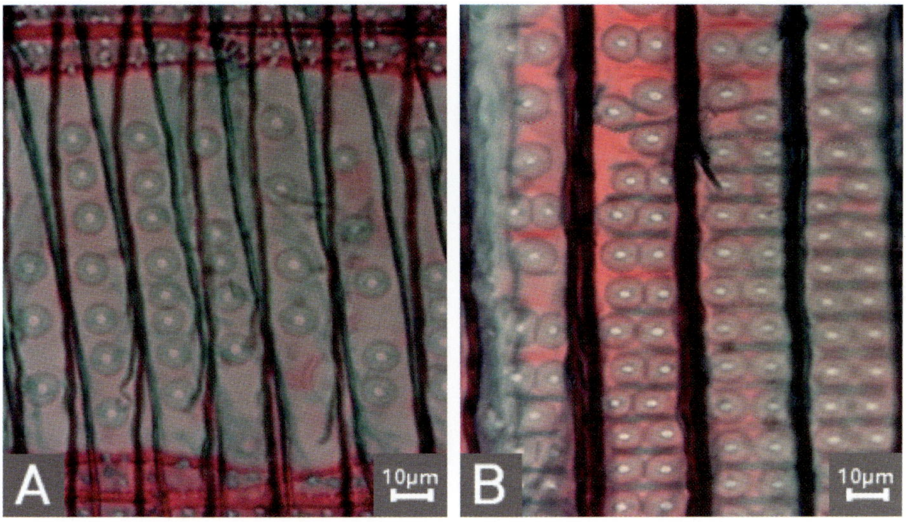

그림 5. 유연벽공을 보여주는 현미경 사진. (A) 일렬로 배열된 유연벽공, 가문비나무(*Picea jezoensis*); (B) 2열로 배열된 유연벽공, 메타세쿼이어(*Metasequoia glyptostroboides*).

4. 방사가도관(ray tracheid)

1) 방사가도관

방사가도관은 일부 침엽수재에서 관찰된다. 일반적으로 방사유조직 상하 가장자리에 위치하며 한 층 또는 여러 층으로 형성되어 있다. 주축방향을 기준으로 경사지게 배열하는 경우가 일반적이다.

2) 세포벽 형태

방사가도관 내강에서 비후가 발생하여 불규칙한 치아 모양을 한 경우를 거치형비후(dentate thickening)라고 한다. 거치형비후가 더욱더 중첩되면 망상형비후(reticulate thickening)가 된다

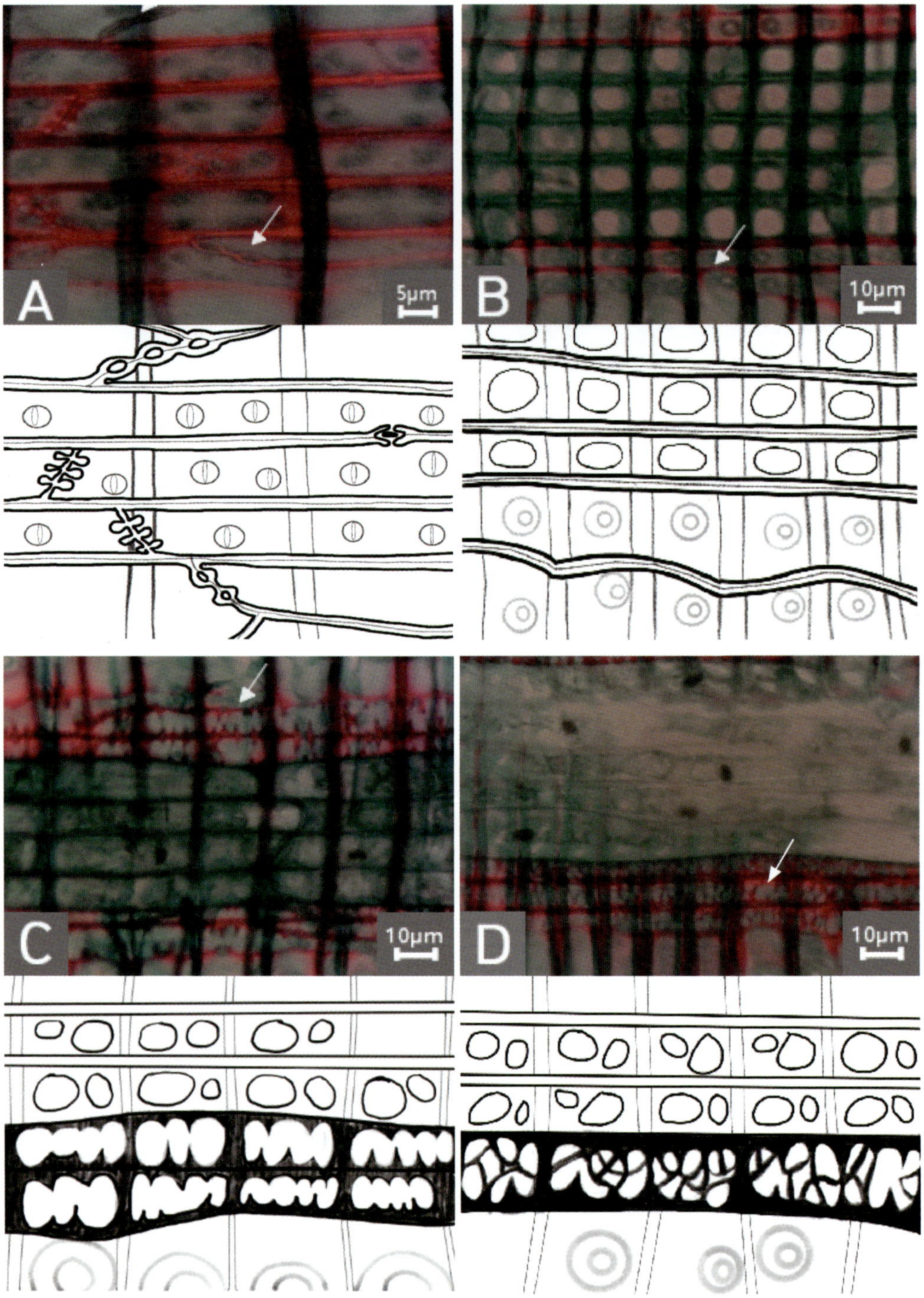

그림 6. 방사가도관 및 말단벽 형태(화살표)를 보여주는 현미경 사진과 모식도. (A) 방사조직의 상하부에 위치한 방사가도관, 일본잎갈나무(*Larix kaempferi*); (B) 세포내강이 평활한 방사가도관, 스트로브잣나무(*Pinus strobus*); (C) 거치형비후 방사가도관, 리기다소나무(*P. rigida*); (D) 망상형비후 방사가도관, 방크스소나무(*P. banksiana*).

5. 방사유세포(ray parenchyma cell)

1) 방사유세포

모든 침엽수재는 방사방향으로 길게 배열하는 방사유세포를 형성한다.

2) 말단벽 형태

방사방향으로 길게 연결된 방사유세포 말단벽 형태는 평활형말단벽(smooth end wall)과 염주형말단벽(nodular end wall)을 형성하는 수종이 있다.

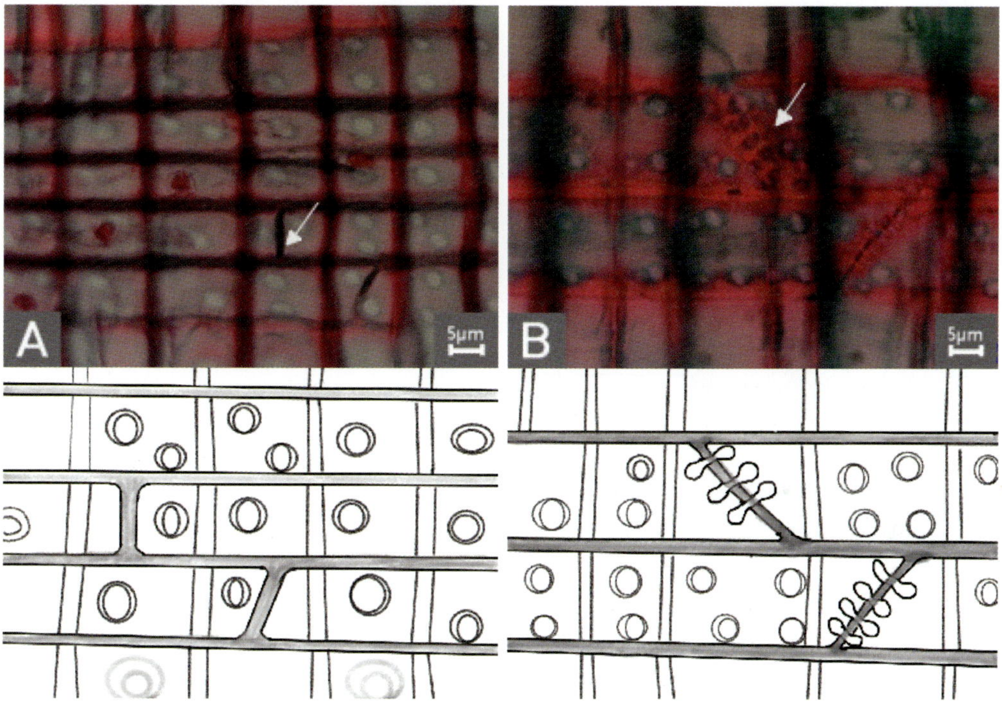

그림 7. 방사유세포 말단벽(화살표)을 보여주는 현미경 사진과 모식도. (A) 평활말단벽, 넓은잎삼나무(*Cunninghamia lanceolata*); (B) 염주형말단벽, 전나무(*Abies holophylla*).

6. 교차역벽공(cross-field pitting)

방사단면에서 방사유세포와 주축가도관이 교차하는 곳에서 형성되는 직사각형 같은

부분을 교차역(cross-field)이라고 한다. 교차역에서 방사유세포와 주축가도관 사이에 존재하는 벽공을 교차역벽공(cross-field pitting)이라고 한다. 한국산 수종에 나타나는 교차역벽공은 창상형(window-like), 소나무형(pinoid), 가문비나무형(piceoid), 편백형(cupressoid), 그리고 삼나무형(taxodioid) 등 5가지 형태로 구별된다.

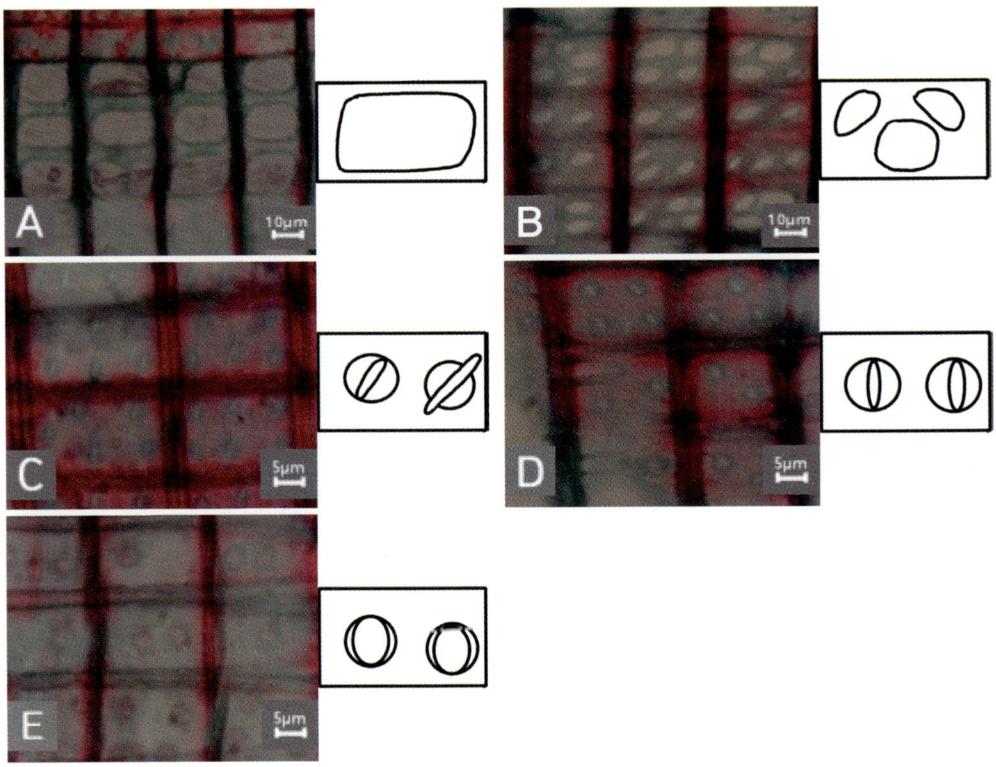

그림 8. 교차역벽공을 보여주는 현미경 사진과 모식도. (A) 창상형벽공, 구주소나무(*Pinus sylvestris*); (B) 소나무형벽공, 왕솔나무(*P. palustris*); (C) 가문비나무형벽공, 종비나무(*Picea koraiensis*); (D) 편백형벽공, 비자나무(*Torreya nucifera*); (E) 삼나무형벽공, 낙우송(*Taxodium distichum*).

7. 방사유조직(ray parenchyma)

대부분 침엽수재의 방사유조직을 접선단면에서 관찰하였을 때 세포는 1열로 형성되어 있고 이를 단열방사유조직(uniseriate ray)이라고 한다. 또한, 방사유조직 내에 수평수지구(parallel resin duct)를 생성한 방추형방사유조직(fusiform parenchyma cells)이 발달되어 있는 경우와 편백 등 일부 수종에서 부분적으로 2열방사유조직(biseriate ray)을 형성하기도 한다. 축방향으로 배열되어 있는 세포들의 수를 방사유조직 높이라고 하고 일반적으로 방사유조직 높이는 15 세포 이하가 많지만 드물게 그 이상 세포수도 있다.

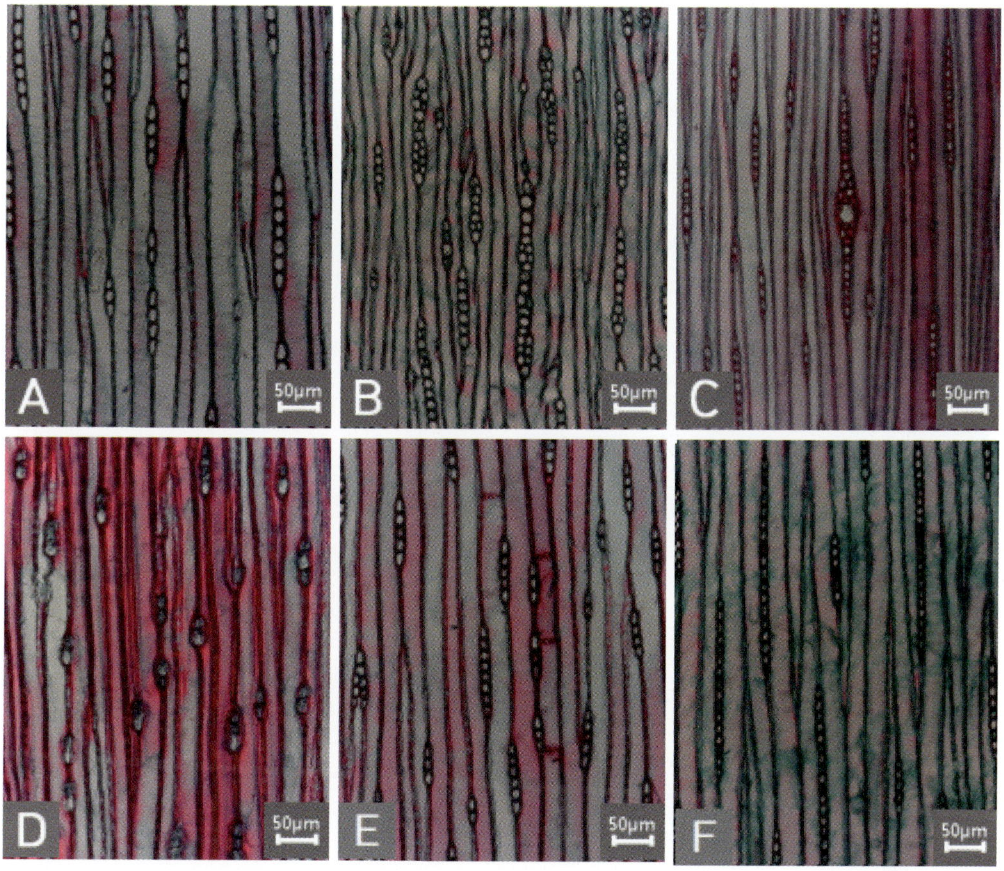

그림 9. 접선단면 형성된 방사유조직의 현미경 사진. (A) 1열 방사유조직, 비자나무(*Torreya nucifera*); (B) 2열 방사유조직, 편백(*Chamaecyparis obtusa*); (C) 방추형방사유조직, 가문비나무(*Picea jezoensis*); (D) 방사유조직이 1~4 세포 높이, 은행나무(*Ginkgo biloba*); (E) 방사유조직이 5~15 세포 높이, 낙우송(*Taxodium distichum*); (F) 방사유조직이 16~30 세포 높이, 전나무(*Abies holophylla*).

3

피자식물 목재 식별에 필요한 형질과 형질상태

1. 도관(vessel)

1) 도관 분포(porosity)

피자식물 목재의 횡단면에서 나타나는 도관분포는 환공재(ring-porous wood), 반환공재(semi-ring-porous wood), 그리고 산공재(diffuse-porous wood) 등으로 나뉜다. 환공재는 동일 연륜 내 조재부 도관공이 만재부 도관공에 비해 직경 크기가 현저하게 큰 배열이다. 반환공재는 조재부 도관공의 직경 크기가 만재부 관공에 비해 명확하게 크지만 점진적 이행을 보이는 배열이다. 산공재는 동일 연륜 내 조재부 도관공과 만재부 도관공의 크기에 차이가 거의 없는 배열이다.

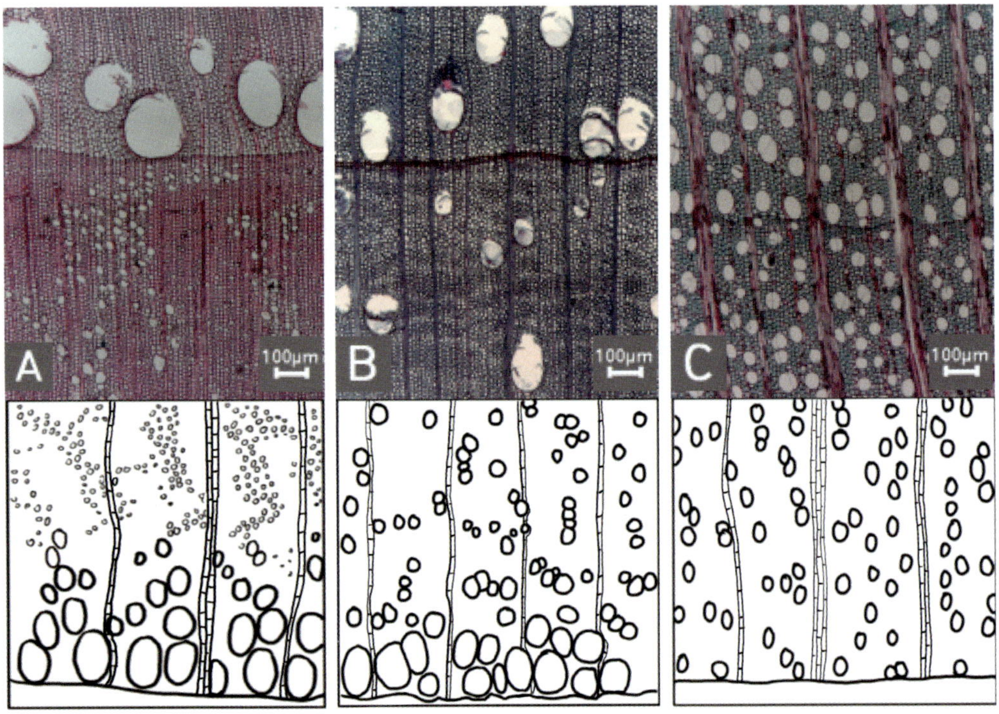

그림 10. 도관 분포를 보여주는 현미경 사진과 모식도. (A) 환공재, 밤나무(*Castanea crenata*); (B) 반환공재, 가래나무(*Juglans mandshurica*); (C) 산공재, 산딸나무(*Cornus kousa*).

2) 도관 배열(vessel arrangement)

도관 배열은 횡단면상에서 나타나는 도관 배열 유형을 구분한 것이다. 도관들이 접선방향으로 배열하면 접선상 배열이라 하고, 그 외 사선상, 방사상, 그리고 문양상 배열 등으로 구분된다. 이러한 형질상태들이 여러 개가 혼재되는 경우도 있고 중간형이 존재하기도 한다.

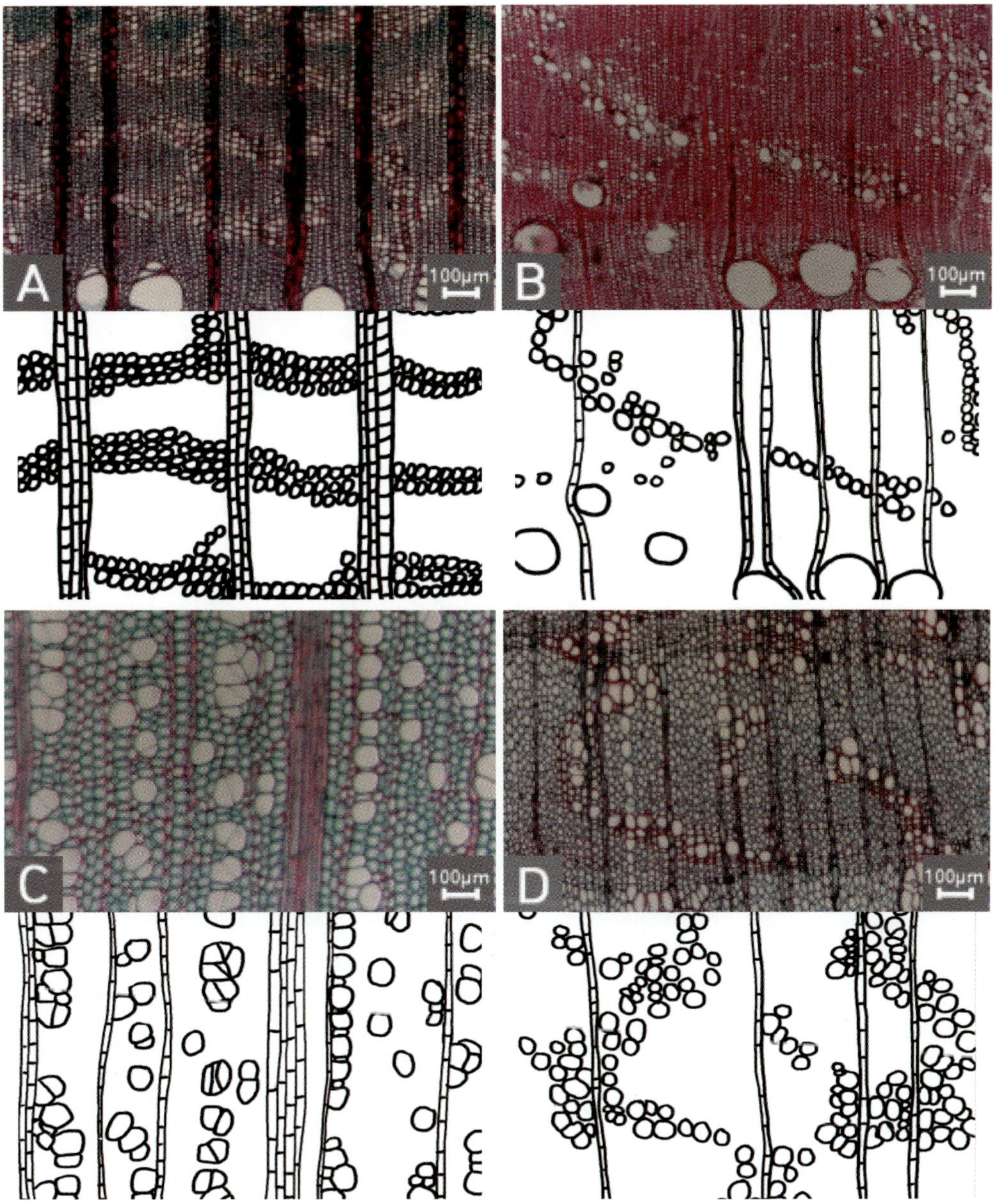

그림 11. 도관 배열을 보여주는 현미경 사진과 모식도. (A) 접선상, 붉나무(*Rhus chinensis*); (B) 사선상, 밤나무(*Castanea crenata*); (C) 방사상, 대팻집나무(*Ilex macropoda*); (D) 문양상, 제주백서향(*Daphne jejudoensis*).

3) 도관 집단(vessel grouping)

도관을 횡단면상에서 관찰하면 홀로 존재하는 경우와 여러 개가 복합적으로 존재하는 경우가 있다. 전자를 고립도관이라고 하고 후자를 복합도관이라고 하며, 복합도관이 방사방향으로 존재하면 방사복합도관, 불규칙하게 복합되어 있으면 집합도관이라고 한다.

고립도관의 경우 횡단면상 외형이 원형, 타원형, 각형 등으로 구분된다.

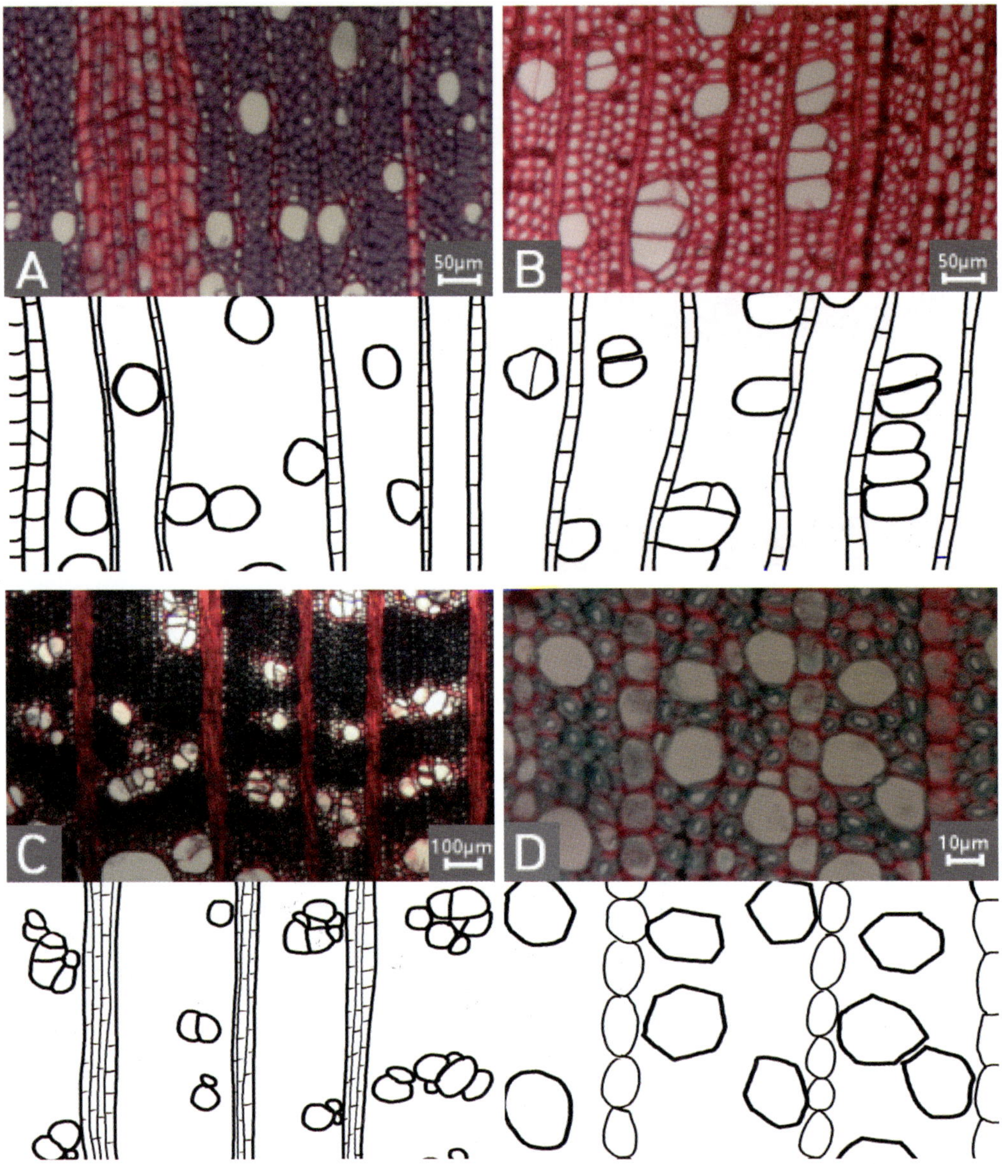

그림 12. 도관 집단을 보여주는 현미경 사진과 모식도. (A) 고립도관, 산딸기(*Rosa crataegifolius*); (B) 방사복합도관, 오리나무(*Alnus japonica*); (C) 집합도관, 산뽕나무(*Morus bombycis Kz*); (D) 고립도관의 외형이 각형, 괴불나무(*Lonicera maackii*).

4) 천공판(perforation plate)

도관요소가 상하로 연결될 때 인접한 세포벽면을 천공판(perforation plate)이라고 한다. 천공판 부위가 분해되어 하나의 구멍이 생기는 것을 단천공판(simple perforation plate)이라고 하고, 여러 구멍이 생기는 것을 다공천공판(multi-perforation plate)이라고 한다. 다공천공판은 형태에 따라 계단모양인 경우는 계단상천공판(scalariform perforation plate), 그물 모양인 경우는 망상천공판(reticulate perforation plate) 등으로 구분한다. 계단상천공판에서 남아 있는 세포벽을 바(bar)라고 하는데 그 수는 수 개에서 수십 개에 이른다.

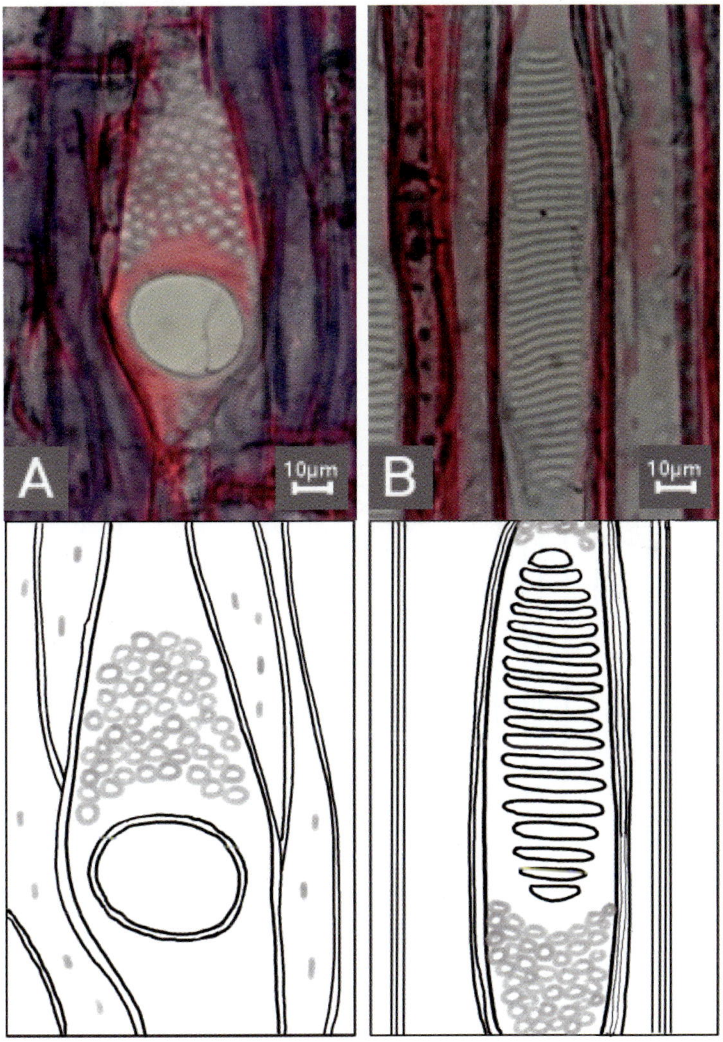

그림 13. 천공판의 종류를 보여주는 현미경 사진과 모식도. (A) 단일천공판, 산딸기(*Rosa crataegifolius*); (B) 계단상천공판, 비쭈기나무(*Cleyera japonica*).

5) 도관 상호간 벽공(intervessel pits)

도관을 구성하는 세포인 도관요소의 측벽에는 다수의 유연벽공이 발달되어 있고 이를 도관 상호간 벽공이라고 한다. 길고 직선상인 도관 상호간 벽공이 사다리처럼 배열하는 것을 계단상 도관 상호간 벽공(scalariform intervessel pits), 축방향으로 마주 보고 있는 것처럼 배열하는 것을 대상 도관 상호간 벽공(opposite intervessel pits), 사선상으로 규칙적인 배열을 하는 것을 교호상 도관 상호간 벽공(alternate intervessel pits)라고 한다. 벽공이 밀집하면 다각형의 형태를 띠기도 한다.

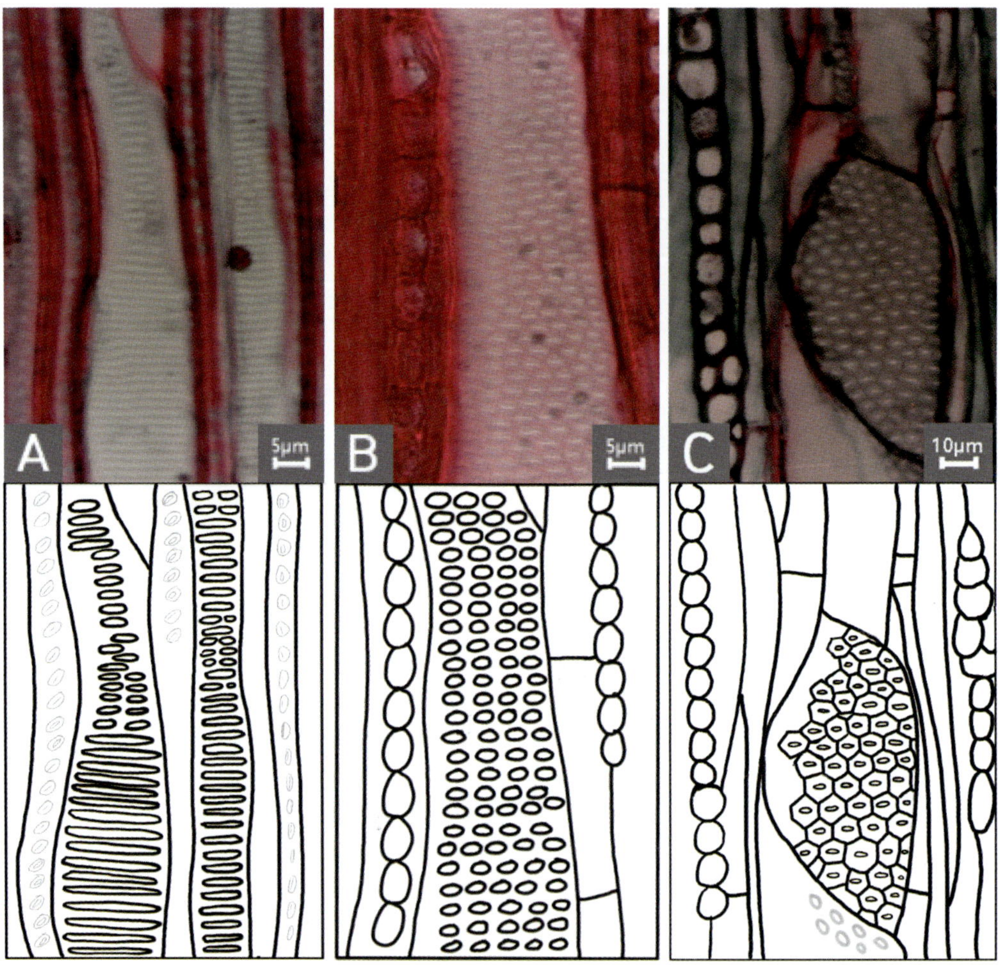

그림 14. 도관 상호간 벽공을 보여주는 현미경 사진과 모식도. (A) 계단상, 비쭈기나무(*Cleyera japonica*); (B) 대상, 오리나무(*Alnus japonica*); (C) 교호상, 옻나무(*Toxicodendron vernicifluum*).

6) 도관 나선비후(helical thickening)

도관요소 내강 쪽으로 2차벽이 나선상으로 관찰되는데 이를 나선비후라고 한다. 나선상 2차벽 비후는 도관요소 전체에 존재하기도 하고 도관요소 꼬리 부분에만 존재하는 경우도 있으며, 특히 환공재에서는 소형 도관요소에만 발달하는 경우도 있다.

7) 타일로시스(Tyloses)

도관의 기능이 상실되는 심재화가 진행되면서 수분이 감소하고 도관에 인접한 유세포가 도관 벽공으로 밀려들어 도관 내강의 일부나 전부를 메운 것을 타일로시스라고 한다.

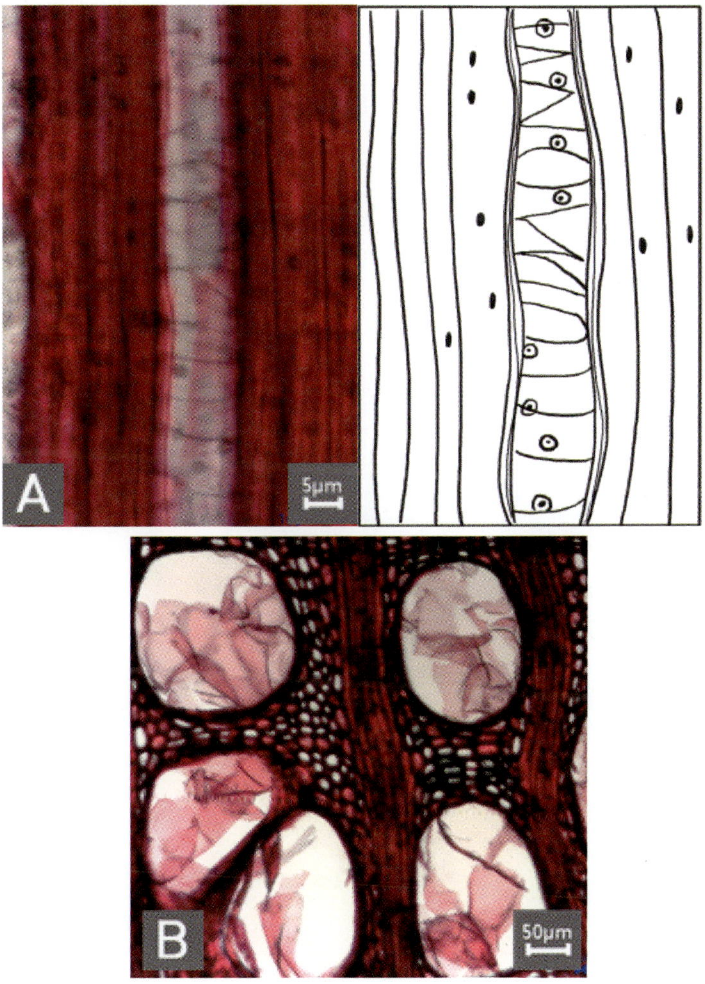

그림 15. 도관의 2차벽 나선비후와 타일로시스를 보여주는 사진과 모식도. (A) 나선비후, 앵도나무(*Prunus tomentosa*); (B) 타일로시스, 팽나무(*Celtis sinensis*).

8) 도관 내강 직경(mean transverse diameter of vessel lumen)

도관의 내강 직경은 횡단면에서 도관 내강 직경을 측정하고 환공재의 경우 조재부 대형 도관을, 반환공재는 조재부에서 만재부 방향으로 차례대로 관찰 및 측정한다.

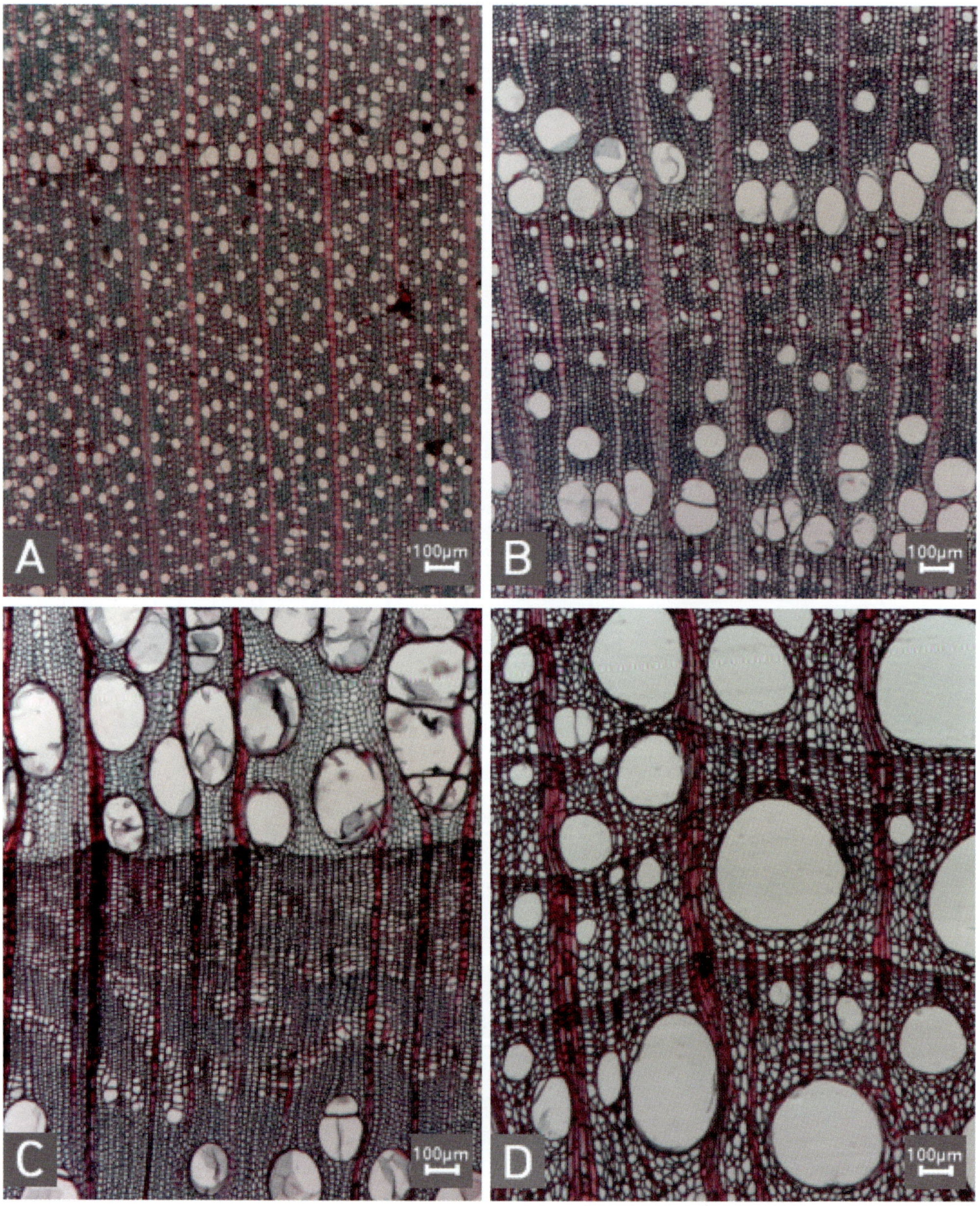

그림 16. 횡단면에서 도관 내강 직경을 보여주는 현미경 사진. (A) 50㎛ 이하, 괴불나무(*Lonicera maackii*); (B) 51~100㎛, 박쥐나무(*Alangium platanifolium*); (C) 101~200㎛, 꾸지나무(*Broussonetia papyrifera*); (D) 201㎛ 이상, 다래(*Actinidia arguta*).

9) 도관 빈도(vessels per square millimetre)

도관빈도는 횡단면 관찰에서 1㎟ 내에 형성된 도관 개수를 샘한다. 집합도관은 개개의 도관수를 모두 측정하고 환공재와 문양성을 띠는 산공재는 샘하지 않는다.

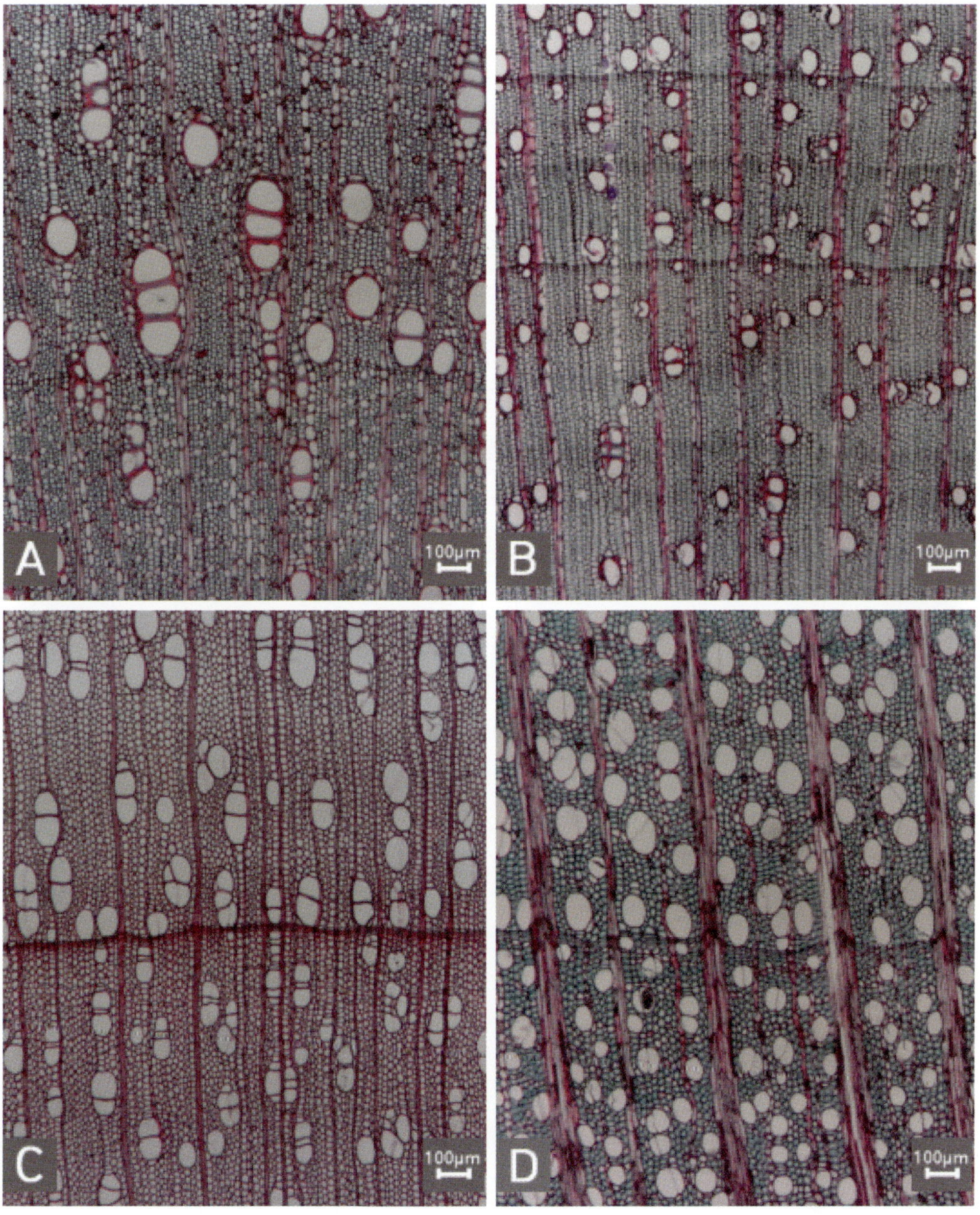

그림 17. 도관 빈도 계산(no/1㎟)에 관한 현미경 사진. (A) 5~20개, 고욤나무(*Diospyros lotus*); (B) 21~40개, 생강나무(*Lindera obtusiloba*); (C) 41~100개, 자작나무(*Betula platyphylla*); (D) 101개 이상, 산딸나무(*Cornus kousa*).

2. 방사조직(ray)

주축에 방사방향으로 배열하는 세포는 방사유세포(ray parenchyma)로 방사조직(ray)을 이룬다.

1) 방사유세포의 종류

방사단면 관찰 시 방사유세포의 종류는 크게 세로보다 가로가 긴 세포인 평복세포(procumbent ray cell), 가로보다 세로가 더 긴 세포인 직립세포(upright ray cell), 그리고 가로와 세로의 길이가 비슷한 세포인 방형세포(square ray cell) 등이 있다. 또한, 방사조직을 구성하고 있는 방사유세포의 종류 및 형태에 따라 구분하면 평복세포만으로 구성된 경우, 직립 또는 방형세포로 구성된 경우, 방사조직의 다열부는 평복세포로 구성되고 상하 가장자리 1열이 직립 또는 방형세포가 배열된 경우, 방사조직의 다열부는 평복세포로 구성되고 상하 가장자리 2~4열이 직립 또는 방형세포가 배열된 경우, 방사조직의 다열부는 평복세포로 구성되고 상하 가장자리 4열 이상이 직립 또는 방형세포가 배열된 경우, 그리고 평복, 직립, 방형세포가 방사조직 전체에 혼재되어 있는 경우 등으로 구분이 가능하다.

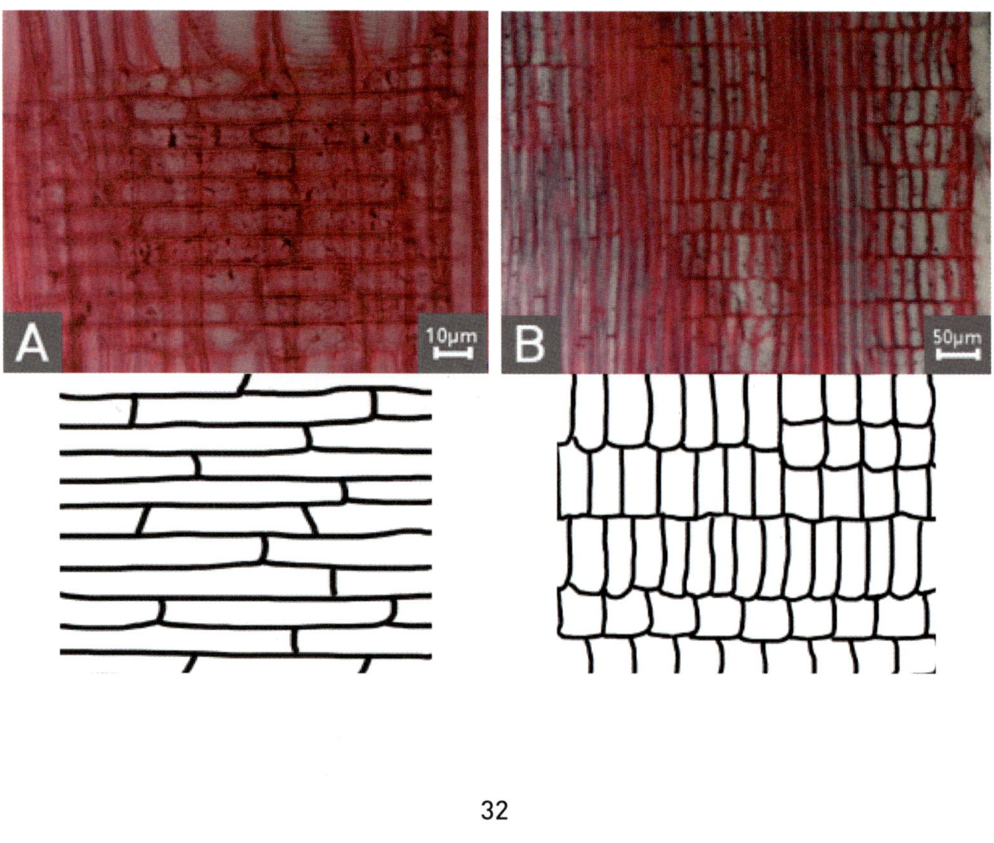

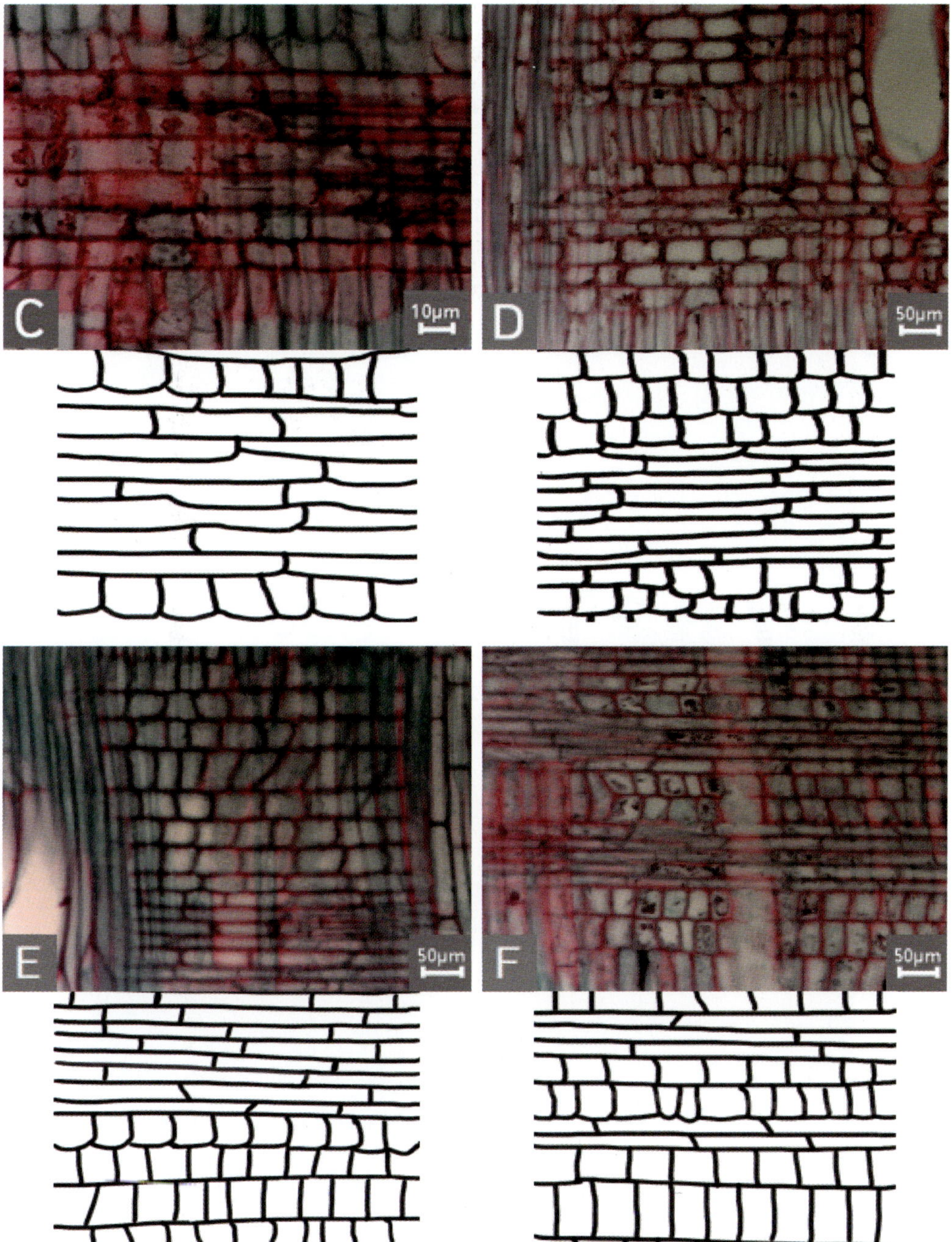

그림 18. 방사유조직 구성 사례를 보여주는 현미경 사진과 모식도. (A) 평복세포로만 구성, 오리나무(*Alnus japonica*); (B) 직립 혹은 방형세포로만 구성, 국수나무(*Stephanandra incisa*); (C) 다열부는 평복세포이고 가장자리 1열만 직립 혹은 방형세포, 옻나무(*Toxicodendron vernicifluum*); (D) 다열부는 평복세포이고 가장자리 2–4열만 직립 혹은 방형세포, 고욤나무(*Diospyros lotus*); (E) 다열부는 평복세포이고 가장자리 4열 이상만 직립 혹은 방형세포, 때죽나무(*Styrax japonicus*); (F) 평복세포와 직립 및 방형세포가 혼재, 노린재나무(*Styrax japonicus*).

2) 도관과 방사조직간 벽공(vessel & ray cross pitting)

도관과 방사조직간 벽공은 도관을 구성하는 도관요소와 방사조직을 구성하는 방사유세포 사이에 물질교환을 위한 벽공이다. 벽공의 벽공유연이 명확한 경우, 벽공의 벽공유연부가 뚜렷하지 않고 형태가 원형 또는 각형인 경우, 장타원형에서 원형까지 모양이 다양하며 계단상 배열하는 경우, 그리고 벽공유연이 발달되지 않아 단벽공처럼 나타나며 방사조직 가장자리에 원형벽공이 다열로 배열하는 경우 등이 있다.

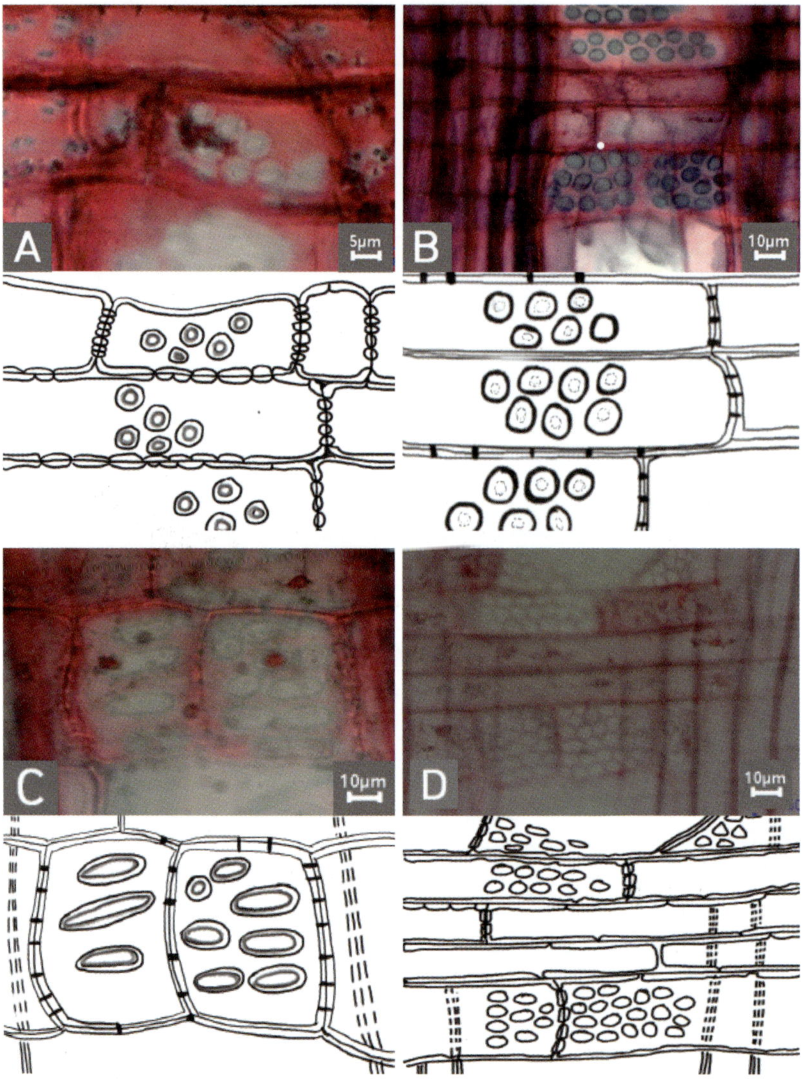

그림 19. 도관과 방사조직간 벽공을 보여주는 현미경 사진과 모식도. (A) 명확한 유연벽공, 참배나무(*Pyrus ussuriensis var. macrostipes*); (B) 벽공 유연부가 적고 원형 혹은 각형의 단벽공, 사시나무(*Populus davidiana*); (C) 장타원에서 원형의 벽공이 계단상으로 배열, 야광나무(*Malus baccata*); (D) 방사조직의 가장자리에 원형의 벽공이 존재, 버드나무(*Salix pierotii*).

3) 방사조직의 폭과 높이

접선단면에서 관찰했을 때 방사조직 세포 배열이 단열인 경우, 1~3 세포 폭인 경우, 4~10 세포 폭인 경우, 그리고 11 세포 폭 이상인 경우가 있다. 또한, 단열방사조직과 다열방사조직의 폭이 동일한 경우, 방사조직의 높이가 1㎜ 이상인 경우, 그리고 크기가 전혀 다른 두 종류의 방사조직으로 이루어진 경우 등 다양한 모양과 크기를 나타낸다.

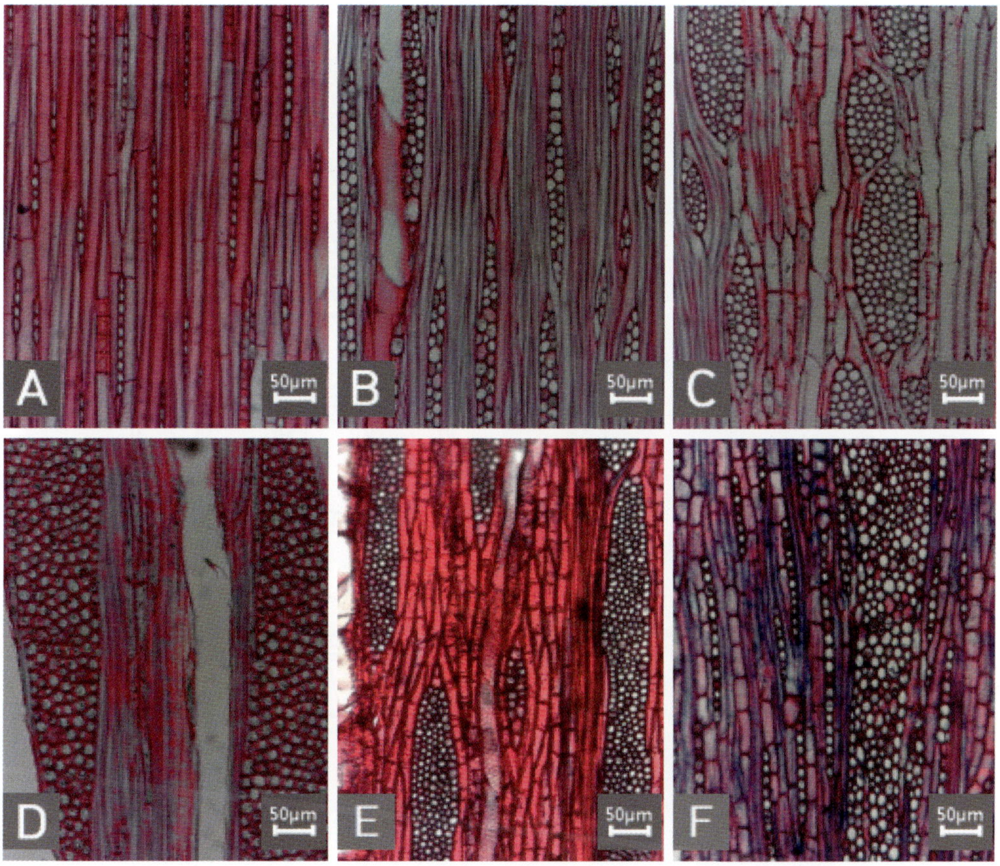

그림 20. 접선단면 관찰에서 방사조직의 폭(Ray width)과 높이(Ray height)를 보여주는 현미경 사진. (A) 단열 방사조직, 구실잣밤나무(*Castanopsis sieboldll*); (D) 1–3 세포 폭, 생강나무(*Lindera obtusiloba*); (C) 4–10 세포 폭, 느티나무(*Zelkova serrata*); (D) 11 세포 폭 이상, 양버즘나무(*Platanus occidentalis*); (E) 높이가 1㎜이상, 산뽕나무(*Morus bombycis*); (F) 크기가 전혀 다른 두 종류의 방사조직, 신갈나무(*Quercus mongolica*).

4) 초상세포(sheath cell)

접선단면 관찰에서 뽕나무 등은 다열방사조직의 가장자리 세포가 안쪽의 평복세포를 마치 칼집 모양으로 둘러싸고 있는 직립세포를 초상세포라고 한다.

5) 결정(crystal)

활엽수재에서 관찰되는 결정은 대부분 수산석회이고 프리즘형 결정(prismatic crystal)으로 사방육면체 또는 8면체 형태이며 방사유세포와 주축 유세포, 목섬유 등에 존재한다.

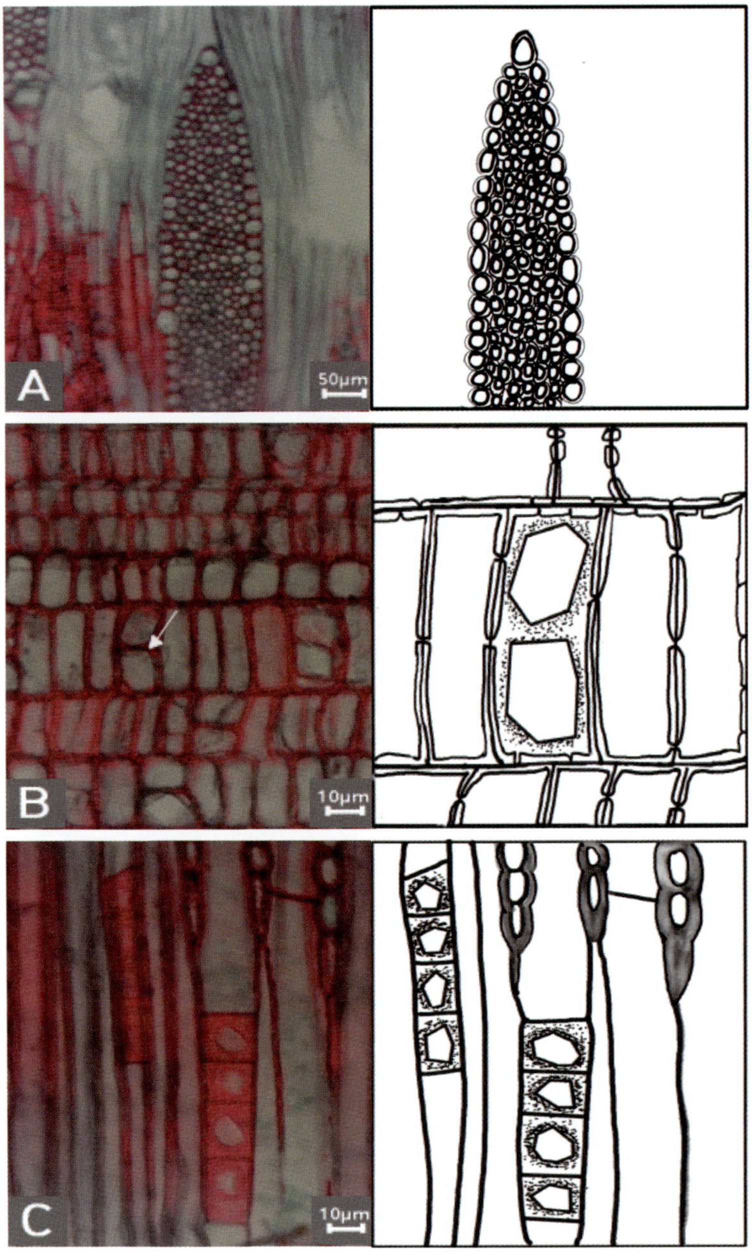

그림 21. 초상세포 및 프리즘형 결정을 보여주는 현미경사진과 모식도. (A) 초상세포, 팽나무(*Celtis sinensis*); (B) 방사세포 내 결정(화살표), 박쥐나무(*Alangium platanifolium*); (C) 접선단면의 유세포내 결정, 구실잣밤나무(*Castanopsis sieboldii*).

3. 주축유조직(Axial parenchyma)

1) 주축유조직의 배열

① 독립유조직(apotracheal axial parenchyma)

독립유조직 형질은 횡단면 관찰에서 도관에 붙어 형성되지 않고 독립적으로 떨어져서 배열하는 것을 말하는데 그 형질상태는 2종류가 있다. 즉, 산재유조직(diffuse parenchyma)은 섬유세포 사이에 불규칙하게 분포하고, 짧은 접선상유조직(diffuse-in-aggregates)은 접선상으로 분포한다.

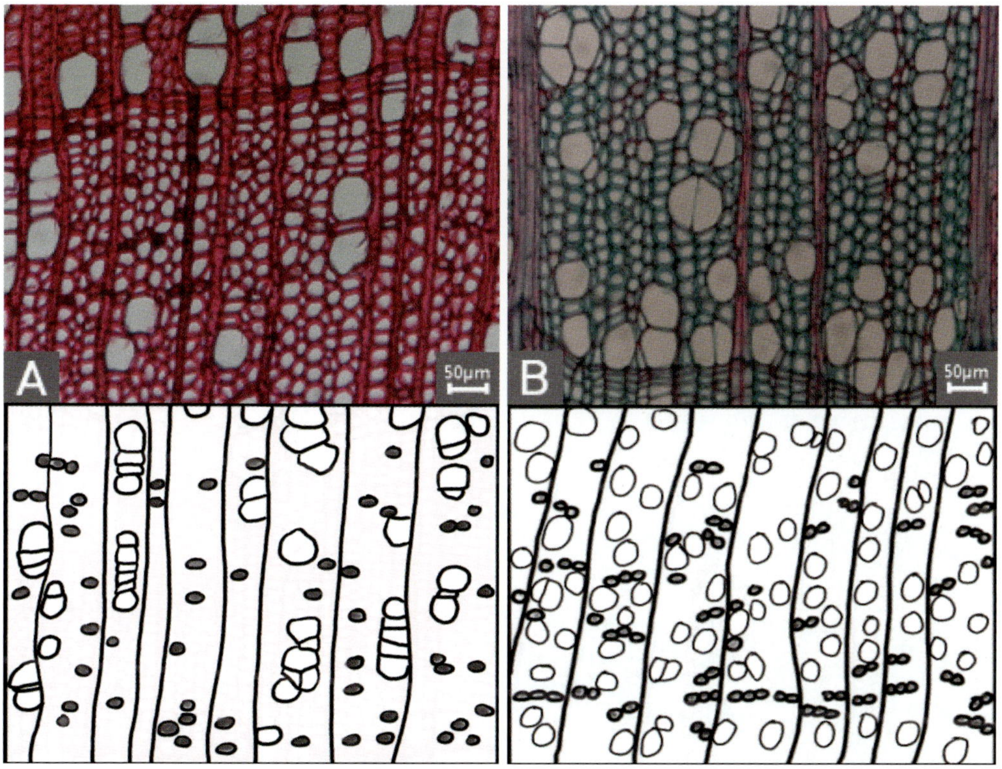

그림 22. 독립유조직의 사례를 보여주는 현미경 사진과 모식도. (A) 산재유조직, 오리나무(*Alnus japonica*); (B) 짧은 접선상유조직, 대팻집나무(*Ilex macropoda*).

② 수반유조직(paratracheal axial parenchyma)

횡단면 관찰에서 주축유조직이 도관을 둘러싸거나 도관 주변에 산재하여 붙어 있는 상태에 따라 다음 3가지 나뉜다. 도관을 주축유조직이 완전히 둘러싸서 분포하는 상태를 주위상유조직(scanty paratracheal parenchyma)이라고 하고, 도관 주위를 마름모 모양으로 감싸서 새 날개 모양의 배열을 하면 익상유조직(aliform parenchyma), 그리고 익상유조직이 2개 이상 연결되면 연합익상유조직(confluent parenchyma)으로 부른다. 도관 주위를 반 정도 또는 모자 모양으로 둘러싸고 있을 때는 모상유조직(unilateral paratracheal parenchyma)이라고 한다.

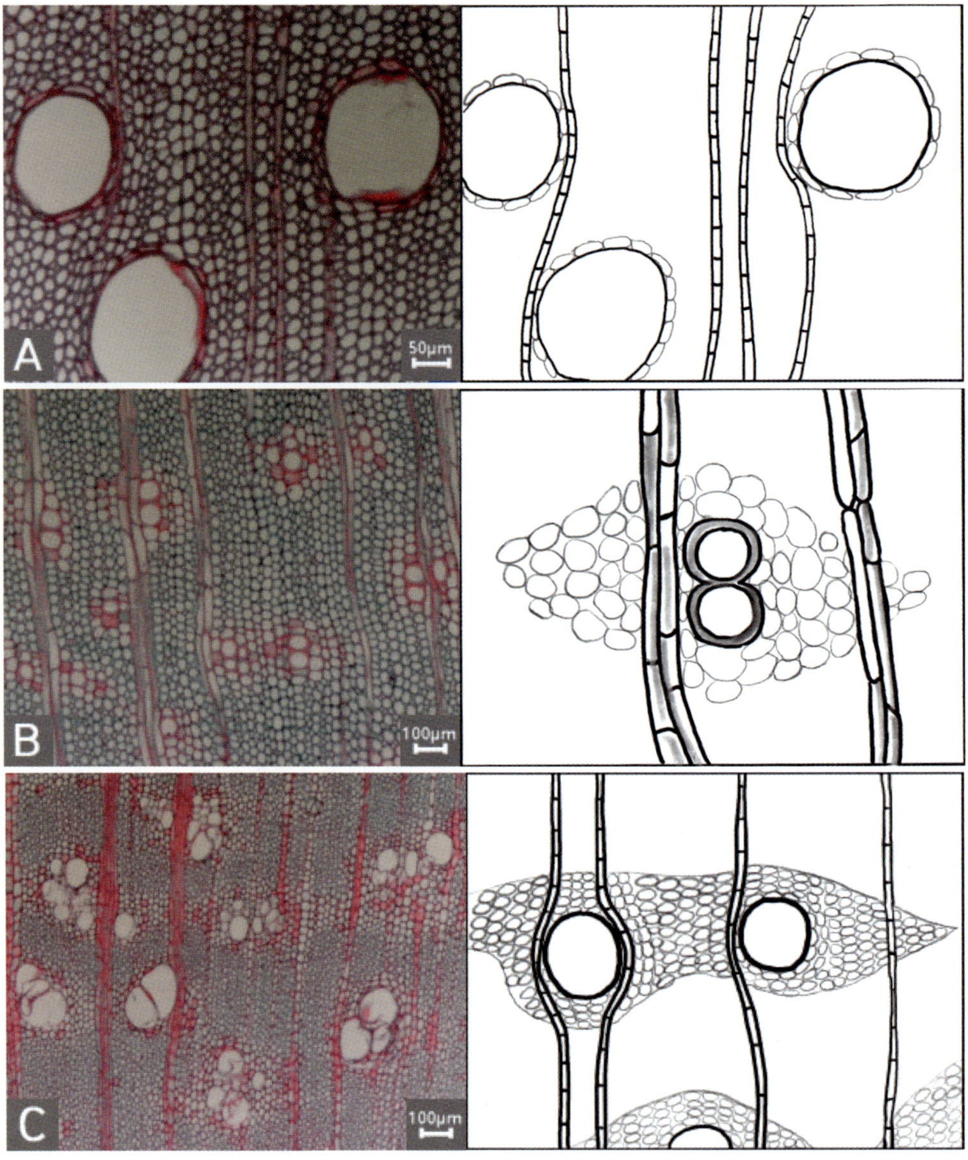

그림 23. 수반유조직의 사례를 보여주는 현미경 사진과 모식도. (A) 주위상유조직, 호두나무(*Juglans regia*); (B) 익상유조직, 물푸레나무(*Fraxinus lanuginosa*); (C) 연합익상유조직, 팽나무(*Celtis sinensis*).

③ 대상유조직(banded parenchyma)

횡단면상 주축 유조직이 띠 모양으로 배열된 것을 말한다. 띠를 이루는 세포 폭이 3 세포폭 이하이면 좁은 대상유조직, 그 이상이면 넓은 대상유조직, 횡단면상 방사조직 가격이 비슷하고 규칙적이며 그물 모양을 하고 있으면 망상유조직(reticulate parenchyma), 방사조직 간격보다 좁고 사다리 모양처럼 배열하면 계단상유조직(scalariform parenchyma), 대상유조직이 생장륜계 근처에 분포하면 연륜계상유조직(marginal parenchyma)이라고 한다.

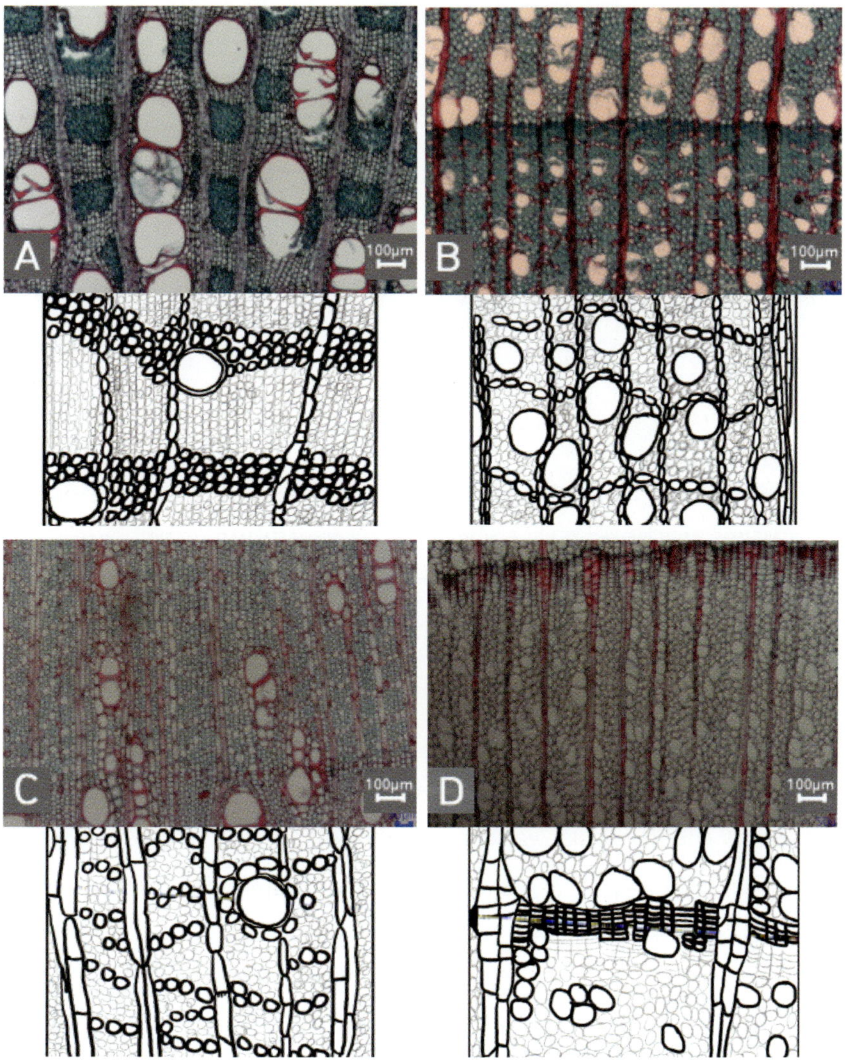

그림 24-1, 2. 대상유조직 사례를 보여주는 현미경 사진과 모식도. 그림 24-1(A, B). (A) 넓은 대상유조직, 모람(*Ficus oxyphylla*); (B) 좁은 대상유조직, 노각나무(*Stewartia pseudocamellia*); 그림 24-2(C, D). (C) 망상유조직, 고욤나무(*Diospyros lotus*); (D) 연륜계상유조직, 백합나무(*Liriodendron tulipifera*).

④ 방추형유세포(fusiform parenchyma cell)와 유세포스트랜드(parenchyma strand)

방추형유세포는 방추형시원세포(radial initial)로부터 생긴 주축유세포가 분열을 일으키지 않고 그대로 분화된 것을 의미한다. 유세포스트랜드란 하나의 방추형시원세포로부터 생긴 세포에서 추가적으로 수직세포분열을 통해서 형성된 2개 이상의 유세포가 주축으로 연속 배열을 이루고 있는 것을 의미한다.

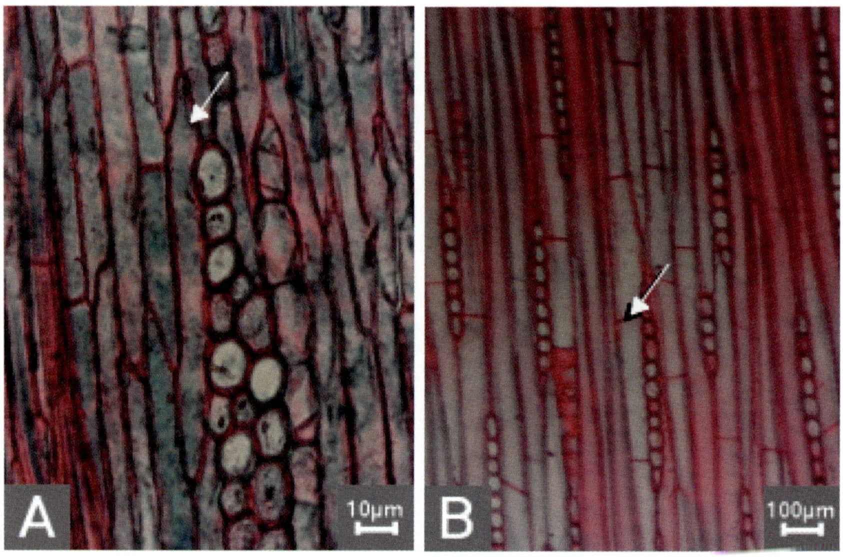

그림 25. 방추형유세포와 유세포스트랜드를 보여주는 현미경. (A) 방추형유세포(화살표), 꾸지뽕나무(*Maclura tricuspidata*); (B) 유세포스트랜드(화살표), 구실잣밤나무(*Castanopsis sieboldii*).

4. 가도관(tracheid)

1) 주위상/도관상 가도관(vascular/vasicentric tracheid)

주위상가도관은 도관 주위에 분포하며 방사벽과 접선벽에 많은 수의 뚜렷한 유연벽공이 존재하는 가도관이다. 도관상가도관은 크기나 형태, 벽공 등이 소도관과 유사하나 천공을 지니지 않은 가도관이다.

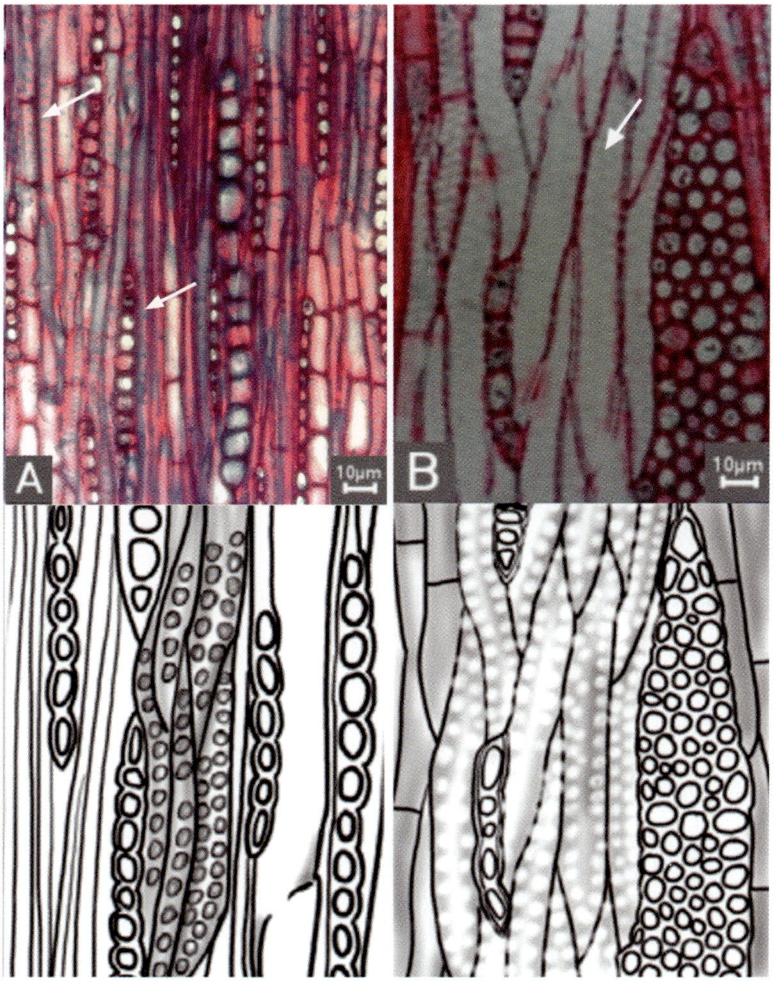

그림 26. 주위상가도관과 도관상가도관을 보여주는 현미경 사진과 모식도. (A) 주위상가도관(화살표), 신갈나무(*Quercus mongolica*); (B) 도관상가도관(화살표), 참느릅(*Ulmus parvifolia*).

5. 섬유세포(fibre)

1) 벽공의 형태(fibre pits)

섬유세포는 가늘고 긴 세포로 두 가지 형태로 나뉜다. 단벽공 또는 작은 유연벽공을 갖는 종류와 단벽공으로 벽공연이 감소된 유연벽공을 발달하는 종류이다.

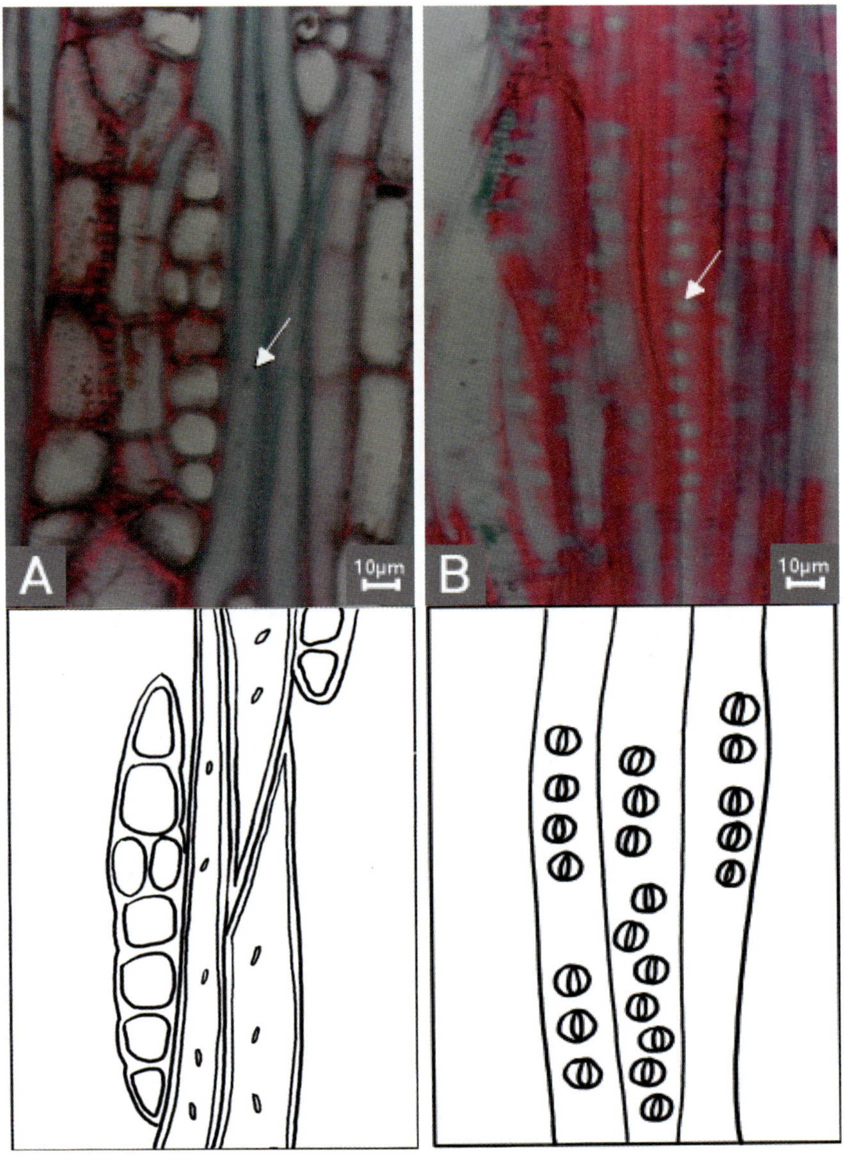

그림 27. 섬유세포 벽공의 형태를 보여주는 현미경 사진과 모식도. (A) 단벽공을 지니는 섬유세포(화살표), 고욤나무(*Diospyros lotus*); (B) 유연벽공을 지니는 섬유세포(화살표), 양버즘나무(*Platanus occidentalis*).

2) 섬유 세포벽의 두께(fiber wall thickness)

횡단면 관찰에서 섬유세포 내강 직경의 상태는 인접한 두 섬유세포벽 두께보다 3배 이상이면 매우 얇고, 3배 미만이면 보통이며, 그리고 내강이 거의 없으면 매우 두꺼운 것으로 나눌 수 있다.

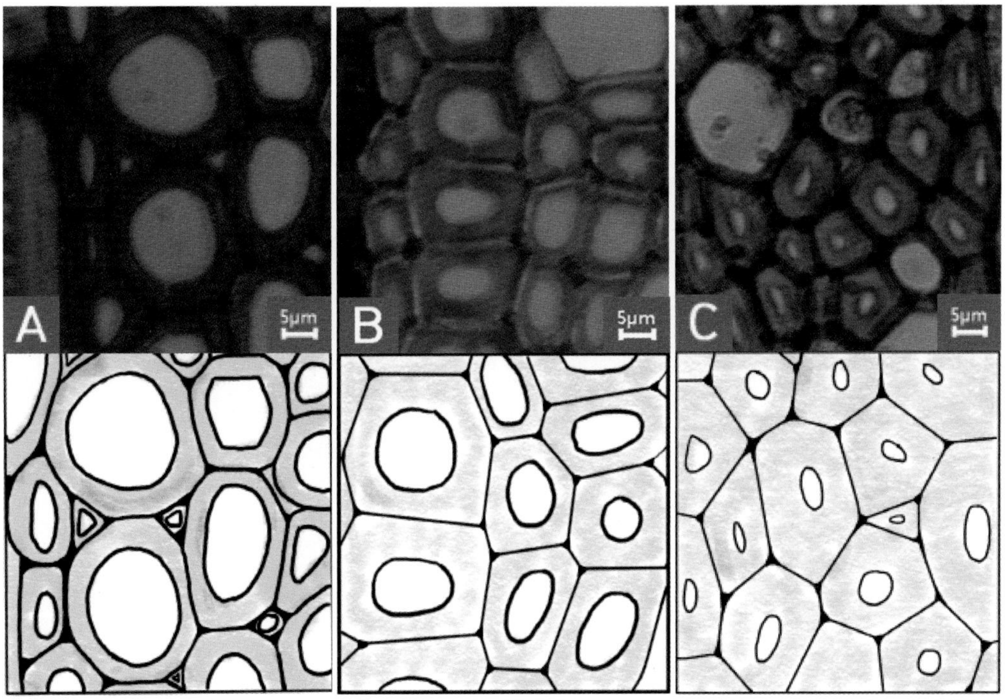

그림 28. 섬유세포벽 두께를 보여주는 현미경 사진과 모식도. 섬유세포벽이 매우 얇음(A), 목련(*Magnolia kobus*); 보통임(B), 다정큼나무(*Rhaphiolepis umbellata*); 매우 두꺼움(C), 괴불나무(*Lonicera maackii*).

6. 기타

① 층계상 배열(storied structure)은 접선단면 관찰에서 방사조직, 주축유조직, 목섬유 등이 일정한 크기로 수평적이고 규칙적으로 배열한 것을 말한다. 그림 28A의 화살표는 방사조직 층계상 배열상태를 표시한 것이다.

② 확장된 세포내 결정체(crystals in enlarged cells)는 동일 조직 안에 다른 세포에 비해 뚜렷하게 크게 확장되고 세포내 결정체가 차이 나는 상태이다. 그림 28B의 화살표는 확장된 세포내 프리즘형 결정체가 존재하는지 나타낸다.

③ 오일세포(oil cell) 및 점액세포(mucilage cells)는 3단면 각각에 방사조직, 주축유조직, 그리고 섬유세포 내에 오일이나 점액으로 채워져 있는 세포이다. 그림 28C의 화살표는 오일세포를 나타낸다.

④ 일반적으로 유세포는 1차세포벽을 형성하는데, 드물게 불규칙한 2차 세포벽 비후를 갖는 방사유세포를 형성하는 경우도 있다(그림 29D).

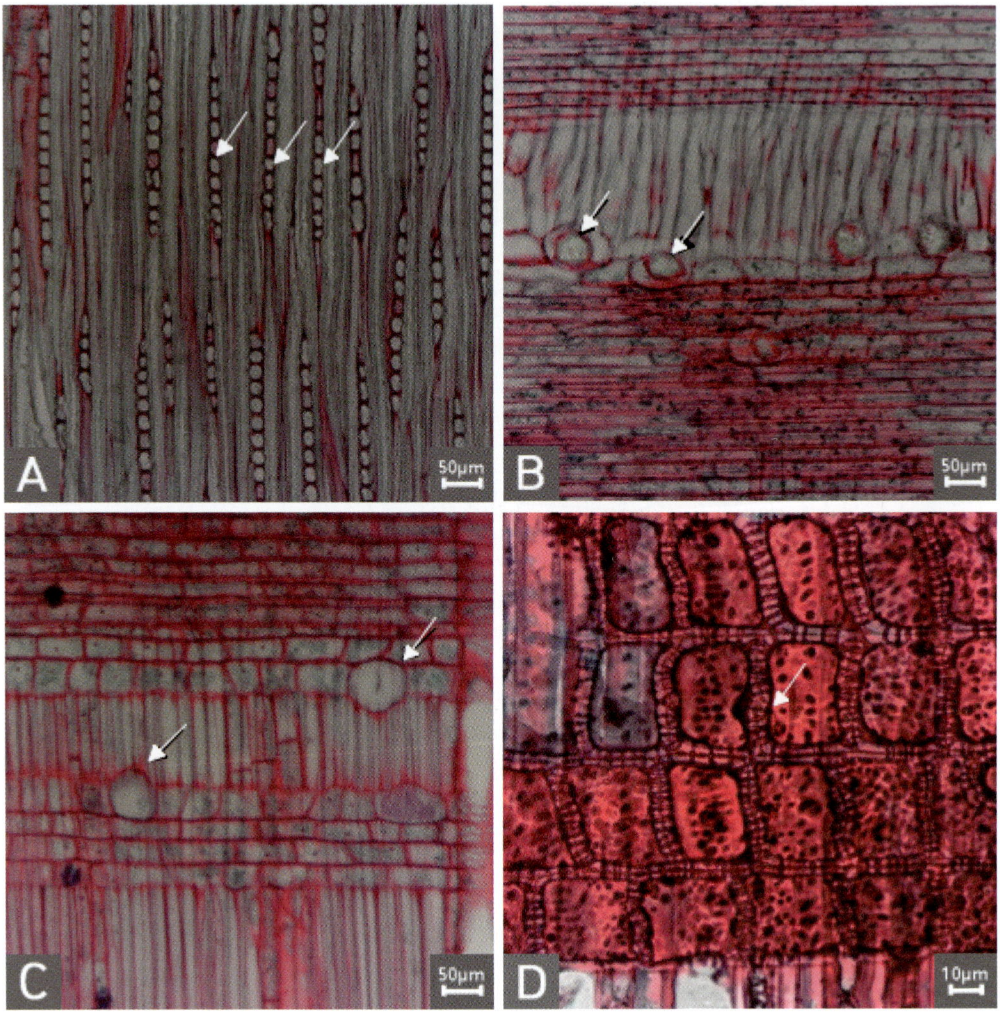

그림 29. 활엽수재의 기타 여러 형질들을 보여주는 현미경 사진. (A) 칠엽수(*Aesculus turbinata*)의 방사조직 층계상 배열(화살표); (B) 느티나무(*Zelkova serrata*)의 확장된 세포 내 결정체(화살표); (C) 생강나무(*Lindera obtusiloba*)의 방사조직 내 오일세포(화살표); (D) 비쭈기나무(*Cleyera japonica*)의 불규칙한 2차 세포벽 비후를 보여주는 방사유세포(화살표).

| Gymnosperm 나자식물(5 Families, 18 Genera, 18 Species) |

II

한국산 나자식물 목재 해부 3단면 기술과 사진

나자
식물

1

한국산 나자식물 수종별 해부학적 기재

한국산 유용 나자식물 18종(18속)에 대해 상세한 해부학적 형질과 형질상태를 조사하고 기재하였다. 채집한 원목을 에탄올과 글리세롤로 전 처리한 뒤 활주형박편기(sliding microtome)를 사용하여 횡단면, 방사단면, 그리고 접선단면 등 3단면을 대상으로 10μm 정도 두께로 절단하였다. 절단된 박편은 라이트그린(light green)으로 세포질을 또한 사프라닌(safranin)으로 세포막과 벽을 각각 염색한 뒤, 슬라이드글라스에 올려 캐나다발삼(Canada Balsam)을 사용하여 영구프레파라트를 작성하였다. 각 종마다 복합현미경으로 3단면에 대해 촬영한 사진을 첨부하고, 그의 해부학적인 특징에 대해 기재를 하였다. 또한, 일부 종에 대해서는 1㎤ 목각을 만들고, 3단면 모서리를 해부현미경으로 촬영한 뒤, 이를 첨부하여 특징을 설명하였다. 위와 같이 3단면에 대한 사진을 첨부하는 까닭은 식물의 경우 같은 기능을 하는 세포와 조직이라 할지라도 관찰 단면에 따라 다양한 형태와 특징들이 나타나기 때문이다. 따라서 한국산 유용 목재의 세포와 조직을 보다 정확하고 빠르게 동정 및 이해하기 위해서는 입체적이고 복합적으로 세포 및 조직의 형태를 파악해야 한다. 또한 3단면(CV: Cross View; RV: Radial View; TV: Tangential View)이 동시에 보이는 몇몇 해부현미경 사진을 첨부한 이유는 세포와 조직의 심미적 질감을 파악하는 데 있어서 복합현미경과 육안의 중간 정도 확대 사진이 일부 도움을 주기 때문이다. 해부현미경 사진에 대한 설명은 도감 내용에는 넣지 않고 그림에 화살표와 함께 짤막한 설명을 넣었다.

현미경적 관찰을 통해 한국산 유용 나자식물을 기재하기 위해서는 먼저 주요 형질 및 형질상태에 대한 파악이 필요하다. 다년간 관찰을 통해서 7가지 주요 형질을 한국산 나자식물 동정과 검색을 위해 특정하였다. 즉, 세포간관/수지도(intercellular canal or resin duct), 주축가도관(axial tracheid), 방사가도관(ray tracheids), 방사유세포(ray parenchyma cell), 교분야벽공(cross-field pitting), 그리고 방사조직(ray parenchyma) 등이다. 이상에 특정된 주요 형질들을 중심으로 유용 수종별 한국산 나자식물의 형질상태에 따라 동정 및 기재하였다.

1. 은행나무

Ginkgo biloba L.

종	은행나무
속	은행나무속
과	은행나무과

횡단면	생장륜은 뚜렷하고, 춘재에서 추재로 이행은 점진적이다. 추재 가도관 세포벽은 섬유성비후가 적고, 수직 세포간극을 생성한다. 방사유조직는 1 세포 열이고, 주축유세포는 드물고 생장륜 내에 산재한다. 사출수방사유조직(射出髓, medullary rays)을 형성한다.
방사단면	주축가도관 벽공은 대부분 1~2열이지만 드물게 3열을 형성한다. 방사유세포 말단벽과 수평벽은 벽공을 형성하지 않고 평활하다. 방사가도관은 대부분 발달하지 않는다. 교분야벽공은 다소 편백형이고, 교분야당 벽공 수는 2~6개이다.
접선단면	방사유조직 세포는 단열이고, 세포 높이는 1~3으로 매우 낮다. 수지도는 발달하지 않는다.

그림 1b. 은행나무의 3단면 해부현미경 사진. CV: 춘재에서 추재로의 이행이 점차적이고, 2~3 세포로 이루어진 갈색 생장륜 경계. 1 세포 폭의 희미한 흰색 줄로 보이는 방사유세포(화살표); RV: 갈색을 때는 횡으로 배열된 2~3 세포 폭의 방사세포(화살표); TV: 접선 주축으로 배열된 흰색 줄의 가도관(화살표). (CV=cross view, RV=radial view, TV=tangential view)

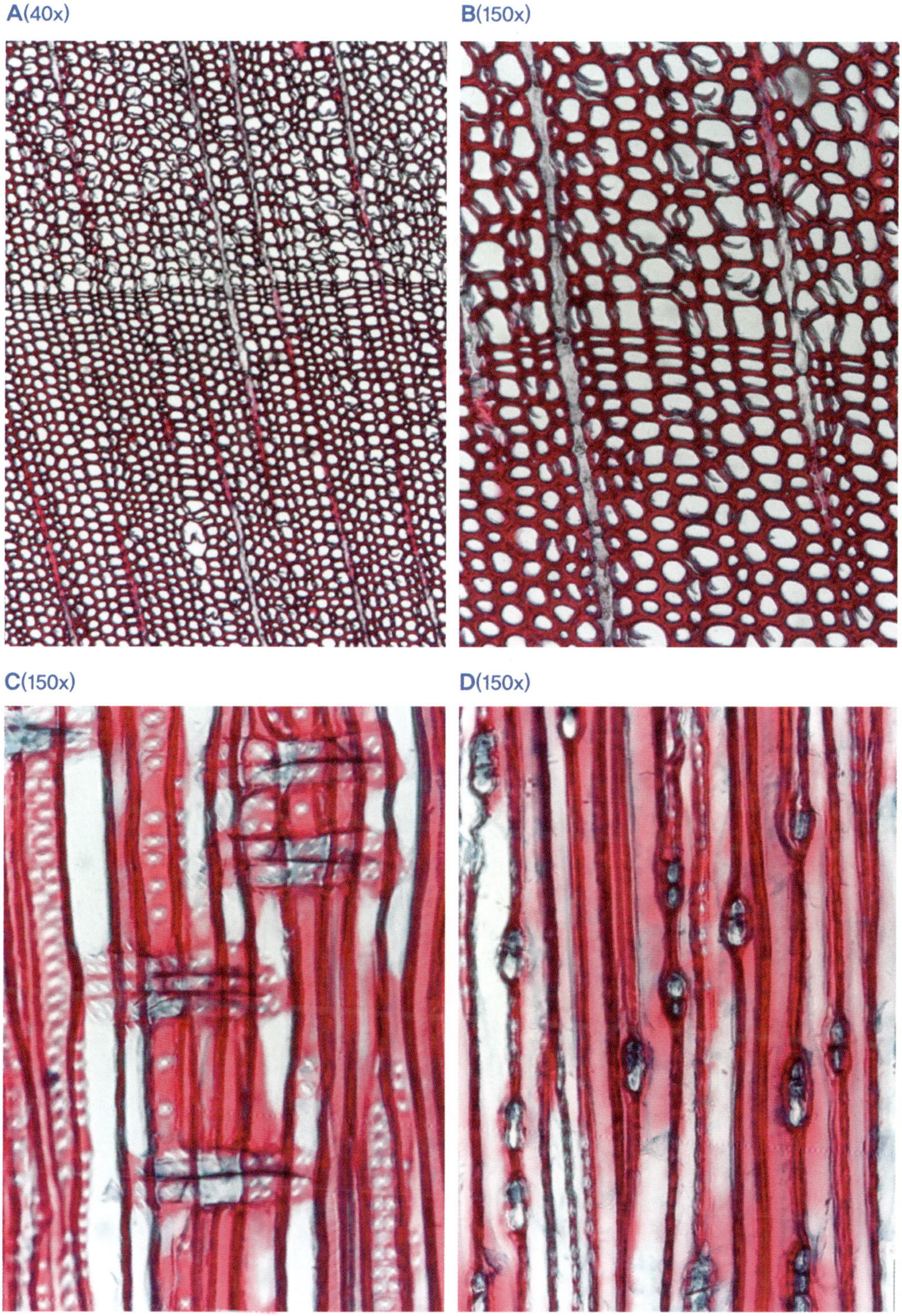

그림 1a. 한국산 은행나무의 횡단면(그림 A, B), 방사단면(그림 C), 접선단면(그림 D)에 대한 현미경 사진.

2. 금송

***Sciadopitys verticillata* (Thunb.) Siebold & Zucc.**

종	금송
속	금송속
과	금송과

횡단면	생장륜은 경계는 뚜렷하고, 춘재에서 추재로의 이행이 완만하다. 추재가도관 세포벽은 섬유성비후가 적다. 수직수지도와 주축유세포는 발달되지 않는다. 사출수방사유조직을 형성한다.
방사단면	주축가도관 벽공은 단열이고, 가도관 측벽에 나선비후가 발달되지 않는다. 방사유세포 말단벽과 수평벽에 벽공이 생성되지 않아 평활상 세포벽이며, 인덴쳐도 발달되지 않는다. 방사가도관 발달도 없다. 수직가도관과 방사유세포의 교분야벽공은 창상형이고, 교분야당 벽공 수는 1개이다.
접선단면	방사유조직은 세포들이 단열을 형성하고, 세포높이는 5~15개로 중간이다. 수평 수지구는 발달되지 않는다.

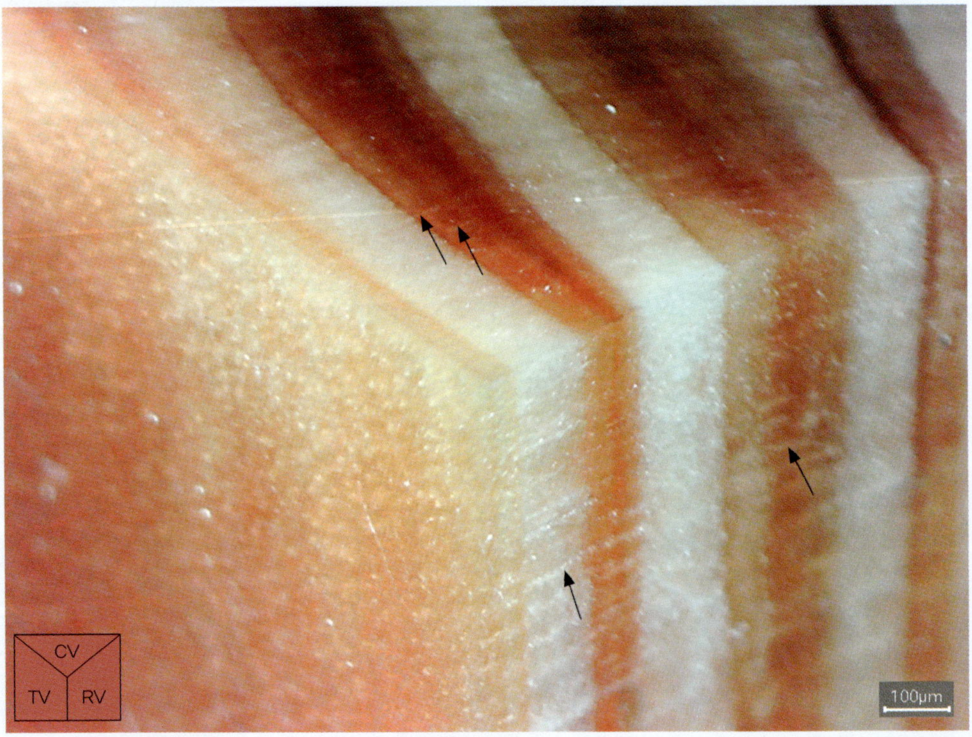

그림 2b. 금송의 3단면 해부현미경 사진. CV: 생장륜은 뚜렷하고, 춘재(흰색)에서 추재(갈색)로의 이행은 비교적 급하다. 흰색으로 보이는 방사유세포(검은색 화살표); RV: 흰색 횡으로 배열된 3~5 세포 두께의 방사유세포(검은색 화살표).

A(40x)

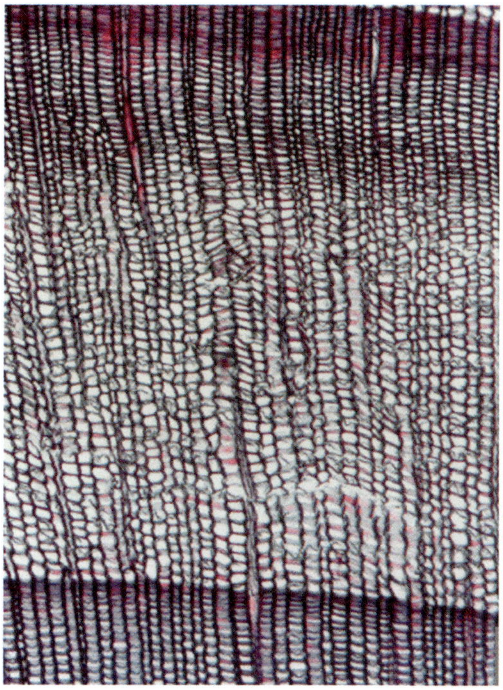

B(150x)

C(200x)

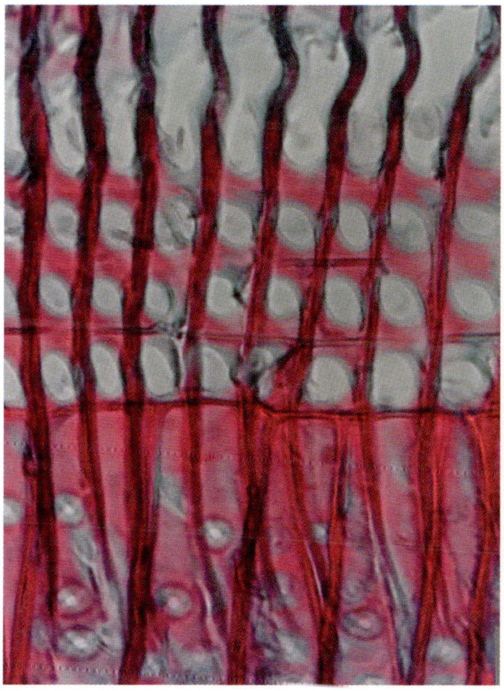

D(150x)

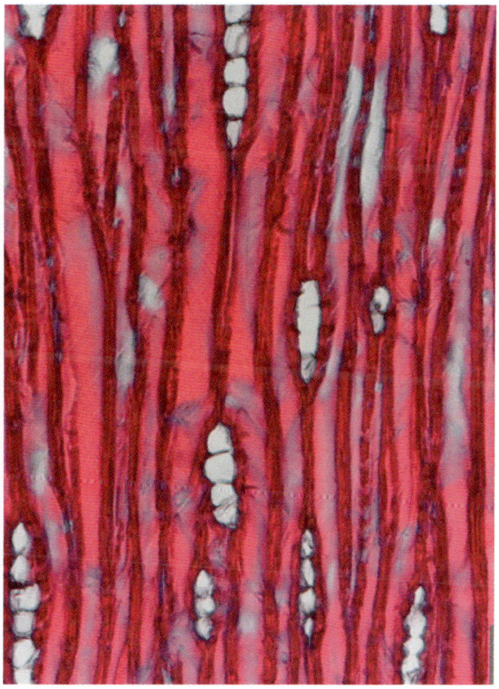

그림 2a. 한국산 금송의 횡단면(그림 A, B), 방사단면(C), 접선단면(그림 D)에 대한 현미경 사진.

3. 전나무

Abies holophylla Maxim.

종	전나무
속	전나무속
과	소나무과

횡단면	생장륜은 뚜렷하고, 춘재에서 추재로의 이행이 비교적 완만하다. 추재가도관 세포벽은 섬유성비후가 생성한다. 방사유세포의 비후와 그 측벽에 단벽공이 생성된다. 주축유세포는 드물게 형성한다. 사출수방사유조직을 드물게 형성한다.
방사단면	주축가도관 벽공은 1열이고, 가도관 벽 내에 나선비후는 형성하지 않는다. 방사유세포의 말단벽과 수평벽에는 벽공을 형성하고 또한 염주상 세포벽과 인덴쳐를 생성한다. 방사가도관 거의 없다. 교분야벽공 형태는 삼나무형이고, 교분야당 벽공 수는 2~4개이다.
접선단면	방사유조직 세포는 단열을 형성하고, 세포 높이는 7~30개이다. 수평 상해수지구가 존재한다.

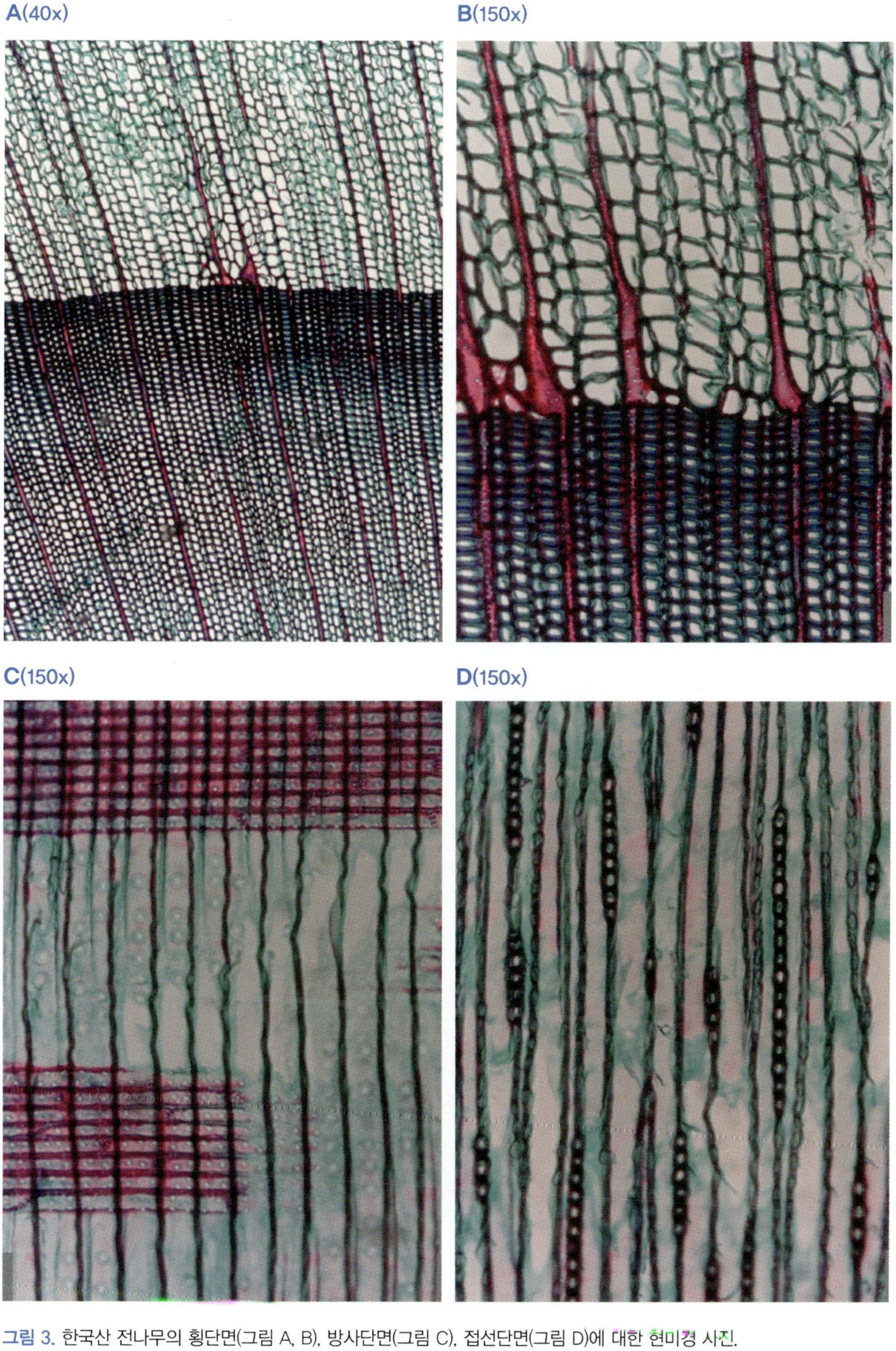

그림 3. 한국산 전나무의 횡단면(그림 A, B), 방사단면(그림 C), 접선단면(그림 D)에 대한 현미경 사진.

4. 솔송나무

Tsuga sieboldii Carrière

종	솔송나무
속	솔송나무속
과	소나무과

횡단면 생장륜은 뚜렷하고, 춘재에서 추재로의 이행이 다소 급하다. 추재가도관 세포벽은 섬유성비후가 많다. 수직수지도는 발생하지 않는다. 주축유세포가 생장륜을 따라 배열되어 있다.

방사단면 주축가도관 벽공은 1열이고 크레슐레가 뚜렷하다. 주축가도관 벽에 나선비후는 없다. 방사유세포의 말단벽과 수평벽에 벽공이 발달하며, 염주상 세포벽과 인덴쳐를 형성한다. 방사가도관이 발달되고 세포벽은 평활하다. 방사유세포와 가도관의 교분야벽공은 가문비형, 편백형, 그리고 삼나무형을 형성하며, 교분야당 벽공 수는 2~4개이다.

접선단면 방사유조직은 세포들이 단열을 형성하고, 세포 높이는 3~20개로 중간이다. 수평 수지구는 발달되지 않는다. 주축유세포 말단벽은 염주상이다.

그림 4b. 솔송나무의 횡단면과 접선단면 해부현미경 사진. CV:생장륜 경계가 뚜렷하고, 춘재에서 주재로의 이행이 다소 급하다. 흰색으로 보이는 1 세포 폭의 방사유세포(화살표);TV: 종으로 배열된 흰색의 가느다란 가도관(검정색 화살표)과 비교적 넓고 짧게 보이는 방사유세포(흰색 화살표).

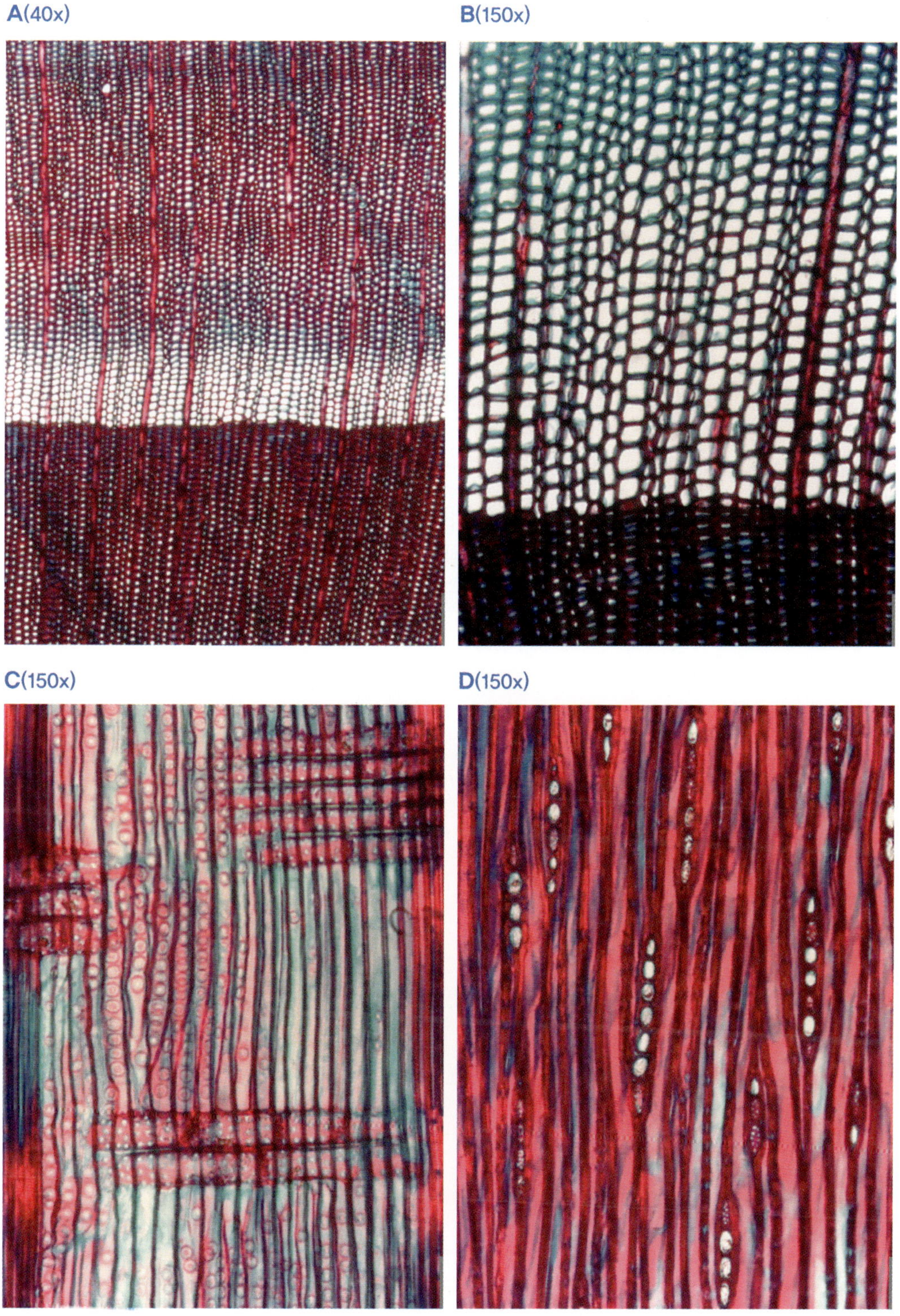

그림 4a. 한국산 솔송나무의 횡단면(그림 A, B), 방사단면(그림 C), 접선단면(그림 D)에 대한 현미경 사진.

5. 가문비나무

Picea jezoensis (Siebold & Zucc.) Carrière

종	가문비나무
속	가문비나무속
과	소나무과

횡단면	생장륜은 뚜렷하고, 춘재에서 추재로의 이행이 완만하다. 추재가도관 세포벽은 섬유성비후를 생성한다. 수직수지도를 형성하여 접선방향으로 배열한다. 에피델리얼 세포의 벽은 후벽이다. 주축유세포는 거의 생성되지 않는다.
방사단면	주축가도관 벽공은 크레슐레가 있는 공문형으로 1열로 배열한다. 주축가도관 내 나선비후는 생성되지 않는다. 방사유세포의 말단벽과 수평벽에 벽공이 존재하여 염주상 세포벽을 생성하고 인덴쳐도 있다. 방사가도관은 방사유세포 가장자리에 형성되고 세포벽은 평활하다. 교분야벽공은 가문비형이고, 교분야당 벽공 수는 2~4개이다.
접선단면	방사조직은 대분분 단열이지만 부분적으로 2열을 형성하기도 한다. 수평 수지도가 포함된 경우 방추형 방사조직을 생성하기도 하며, 세포높이는 3~15개로 중간이다. 수평 수지구를 형성하고, 에피델리얼 세포벽은 후벽이다.

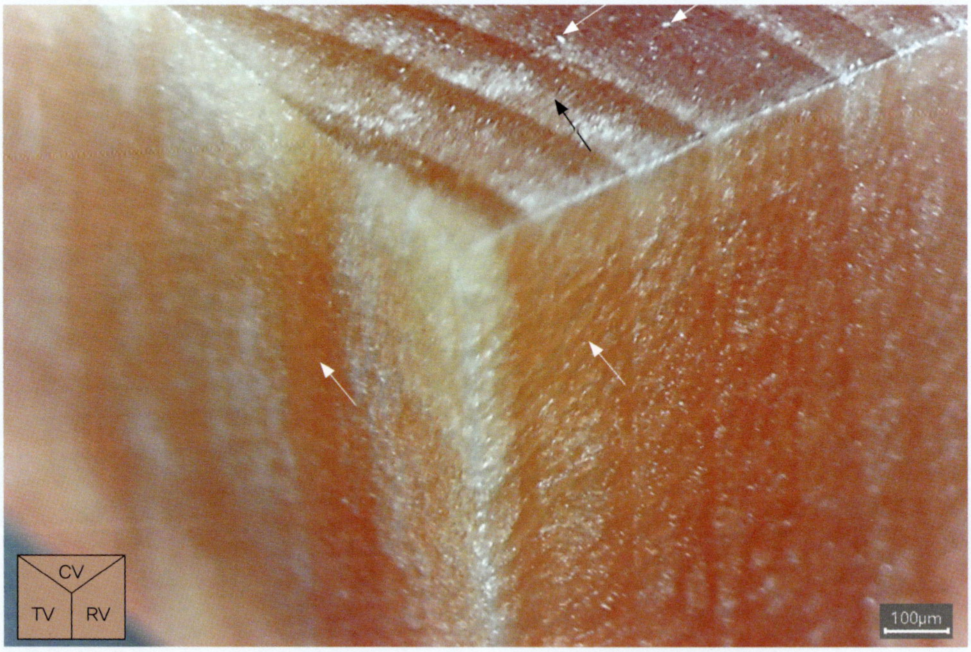

그림 5b. 가문비나무의 3단면 해부현미경 사진. CV: 생장륜이 뚜렷하고, 흰색의 춘재에서 홍갈색 추재로의 이행이 완만하다. 흰색 가도관 줄(검은색 화살표)과 흰색 점으로 보이는 수지도(흰색 화살표); RV: 횡으로 배열된 5 세포 이상 높이의 방사유세포(흰색 화살표); TV: 주축방향 넓은 갈색 띠로 나타나는 추재가도관들(흰색 화살표).

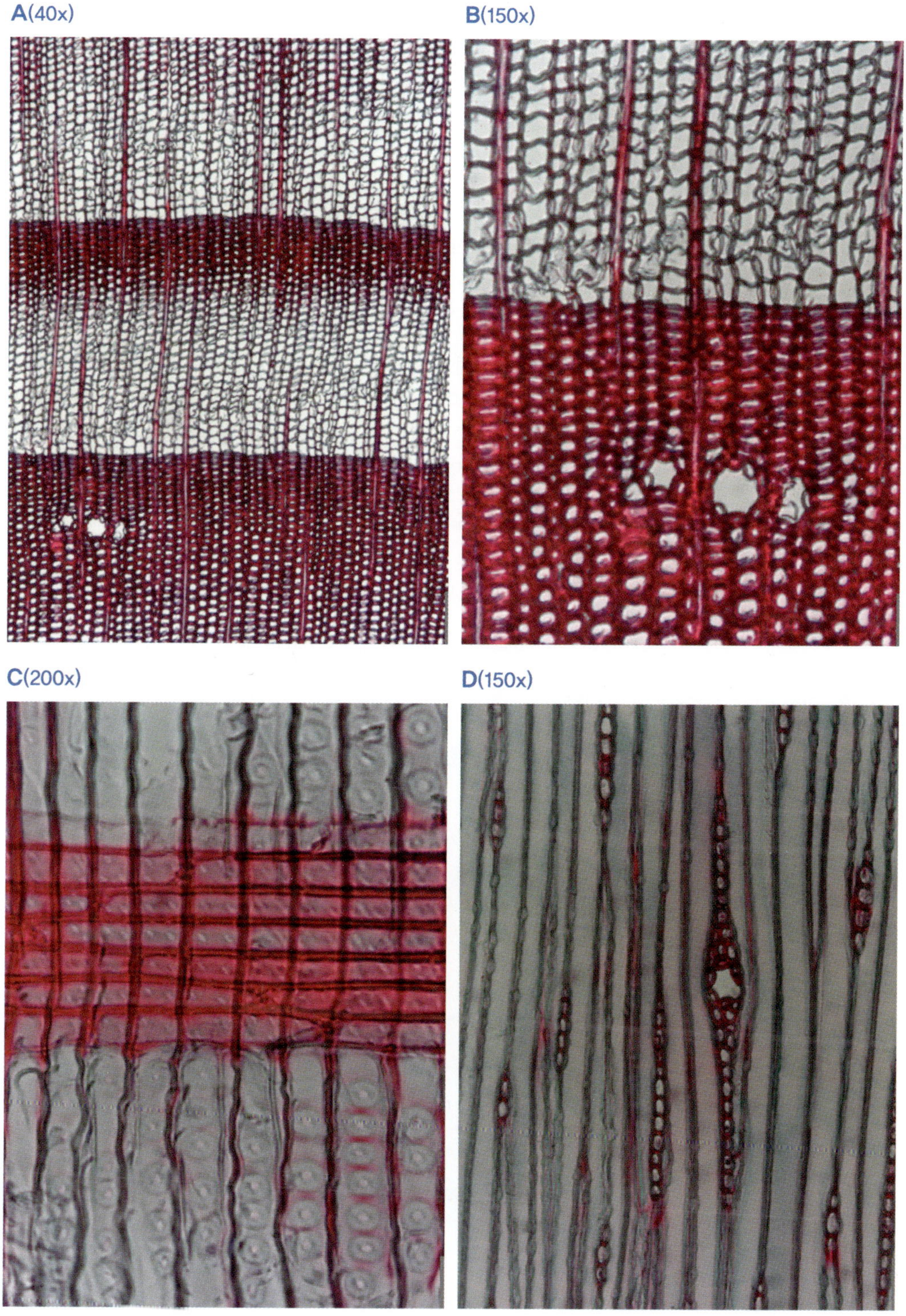

그림 5a. 한국산 가문비나무의 횡단면(그림 A, B), 방사단면(그림 C), 접선단면(그림 D)에 대한 현미경 사진.

6. 일본잎갈나무

Larix kaempferi (Lamb.) Carrière

종	일본잎갈나무
속	잎갈나무속
과	소나무과

횡단면	생장륜 경계는 뚜렷하고, 춘재에서 추재로의 이행이 급하다. 추재가도관 세포벽은 섬유성비후를 생성한다. 수직수지도는 춘추재에 단독 또는 쌍으로 생성되고, 크기가 보통이다. 에피델리얼 세포벽은 후벽이다. 주축유세포는 거의 없다.
방사단면	주축가도관 벽공은 1~2열이고, 2열인 경우 대상 배열을 한다. 주축가도관에 나선비후을 생성하지 않는다. 방사유세포는 말단벽과 수평벽에 벽공을 형성하며, 또한 염주상 세포벽과 인덴쳐를 생성한다. 방사가도관은 방사조직의 가장자리에 형성되고, 세포벽은 다소 거치상이다. 교분야벽공은 가문비형과 편백형이 혼재하고, 벽공 수는 교분야당 2~5개이다.
접선단면	방사유조직은 단열세포로 형성되고, 수평수지도가 포함된 경우 방추형이 된다. 방사유세포 높이는 7~23개로 중간이다.

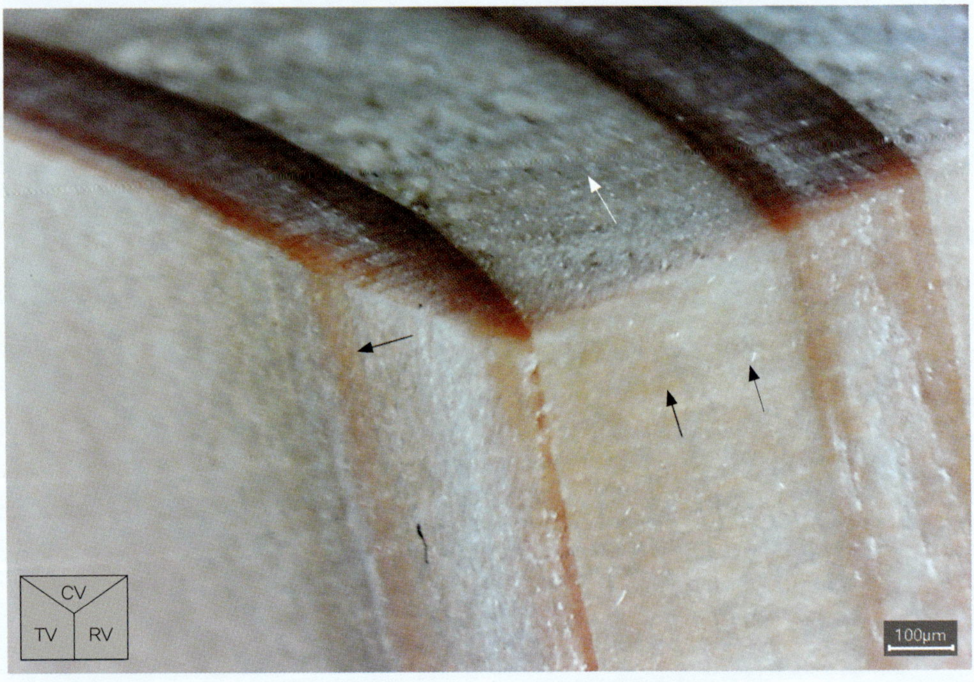

그림 6b. 일본잎갈나무의 3단면 해부현미경 사진. CV: 생장륜은 뚜렷하고, 넓은 흰색의 춘재와 폭이 좁은 갈색 추재로의 이행이 급하며, 흰줄로 보이는 방사유세포(흰색 화살표); RV: 횡으로 배열된 5 세포 이상 높이의 방사유세포(검은색 화살표); TV: 주축으로 배열된 추재 내 비후된 가도관 집단(검은색 화살표).

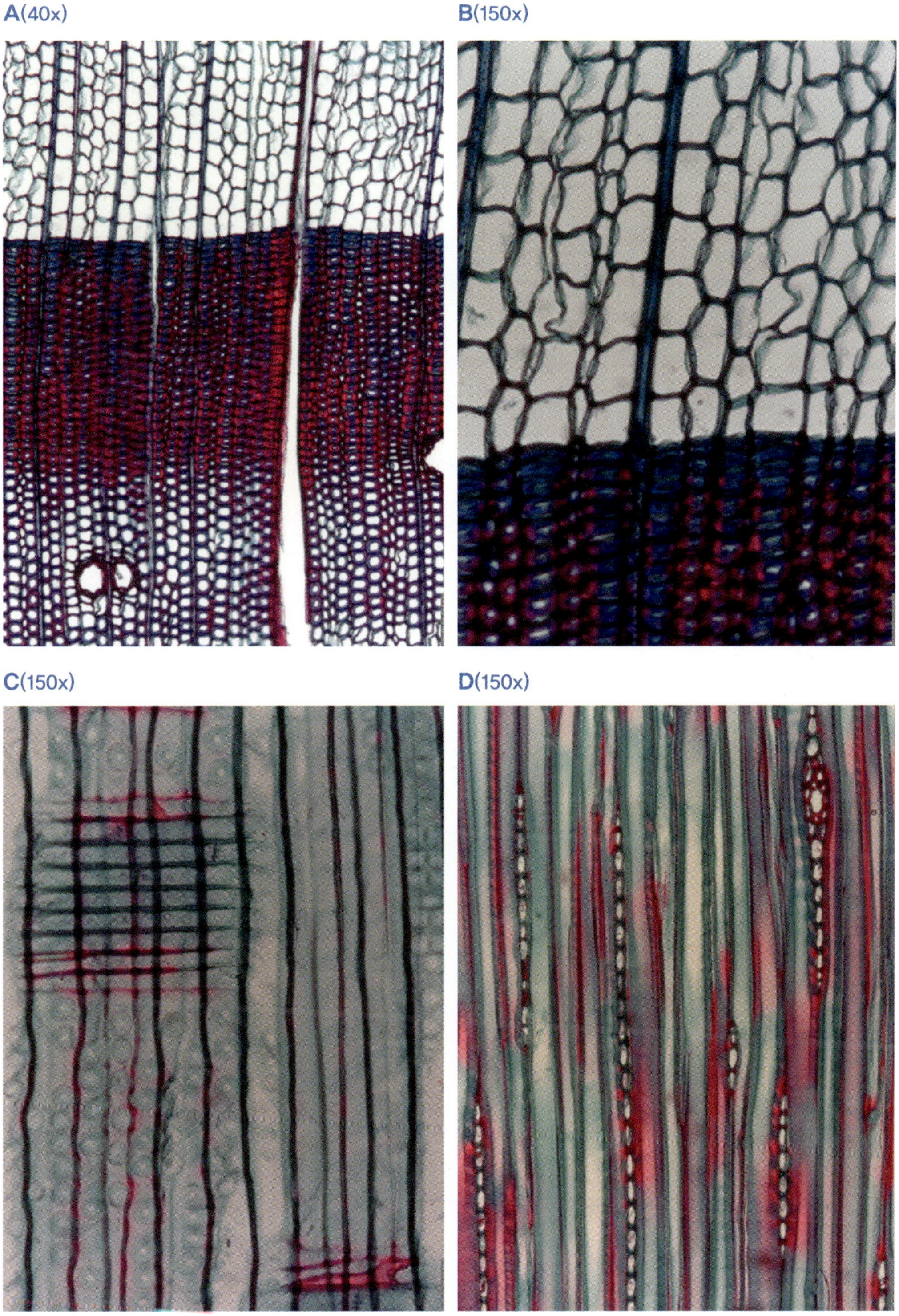

그림 6a. 한국산 일본잎갈나무 횡단면(그림 A, B), 방사단면(그림 C), 접선단면(그림 D)에 대한 현미경 사진.

7. 소나무

Pinus densiflora Siebold & Zucc.

종	소나무
속	소나무속
과	소나무과

횡단면	생장륜 경계는 뚜렷하고, 춘재에서 추재로의 이행이 급하다. 추재가도관 세포벽은 섬유성비후를 생성한다. 수직수지구는 단독으로 형성하며, 크고, 그리고 접선상으로 배열한다. 에피델리얼 세벽벽은 박벽이다. 주축유세포는 거의 없다. 사출수방사유조직을 형성한다.
방사단면	주축가도관 벽공은 주로 단열이고 부분적으로 2열도 생성한다. 주축가도관 내 나선비후는 없다. 방사유세포의 말단벽과 수평벽에 벽공을 생성하지 않고, 평활상 세포벽에 인덴쳐도 발달되지 않는다. 방사가도관은 방사유세포 가장자리에 형성되고, 세포벽은 거치상이다. 교분야벽공은 창상형이고, 교분야당 벽공 수는 1~2개이다.
접선단면	방사조직은 단열로 형성하고, 세포높이는 3~18개로 중간이다. 수평 수지구를 형성한다.

A(40x)

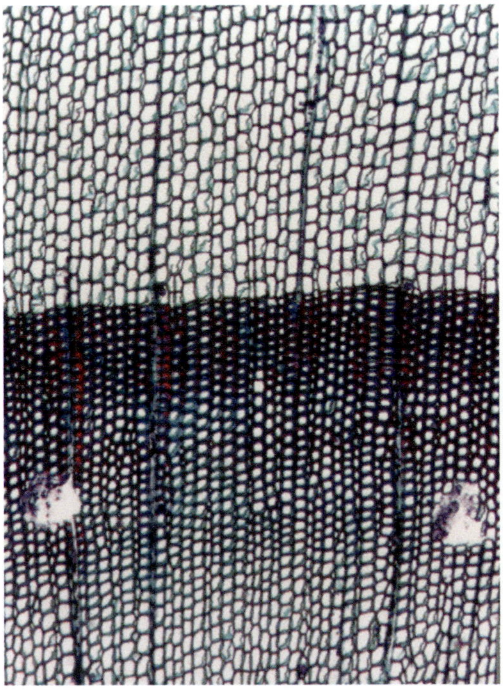

B(150x)

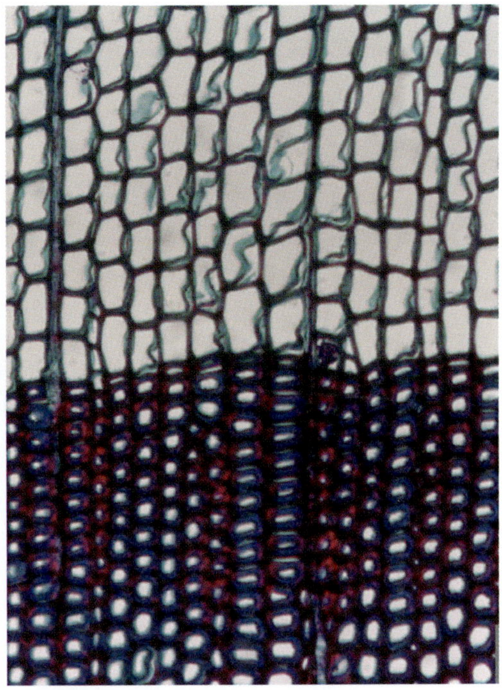

C(200x)

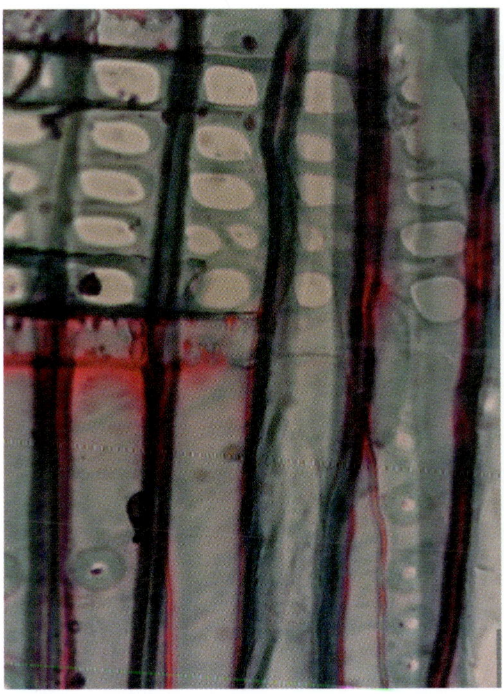

D(150x)

그림 7. 한국산 소나무의 횡단면(그림 A, B), 방사단면(그림 C), 접선단면(그림 D)에 대한 현미경 사진.

8. 편백

Chamaecyparis obtusa (Siebold & Zucc.) Endl.

종	편백
속	편백속
과	측백나무과

횡단면 생장륜 경계는 뚜렷하다. 춘재에서 만재로의 이행은 완만하다. 추재가도관 세포벽은 섬유성비후가 미약하다. 수직수지구는 발달은 없다. 주축유세포 대상이 많고 드물게 산재상을 형성한다. 사출수방사유조직을 형성한다.

방사단면 주축가도관 벽공은 단열이 많고, 가도관 나선비후를 형성하지 않는다. 방사유세포 말단벽과 수평벽에 벽공 생성이 없어 평활상 벽이고, 인덴쳐 형성은 없다. 방사가도관은 생성은 미비하다. 교분야벽공은 편백형이고, 교분야당 벽공 수는 1~4개이다.

접선단면 방사유조직은 주로 단열이고 부분적으로 2~3열이다. 세포높이는 3~13개로 보통이다. 수평수지구는 생성되지 않는다. 주축유세포 말단벽 형태는 평활상이다.

그림 8b. 편백의 3단면 해부현미경 사진. CV: 생장륜의 경계는 뚜렷하고, 춘재(밝은 청색과 흰색이 섞임)의 폭이 추재(갈색)에 비해 10배 이상 넓다. 1 세포 폭의 흰 줄로 나타나는 방사유세포(검은색 화살표); RV: 주축으로 배열된 갈색의 추재 띠(검은색 화살표); TV: 갈색으로 나타나는 1~2열의 방사유세포(화살표).

A(40x)

B(150x)

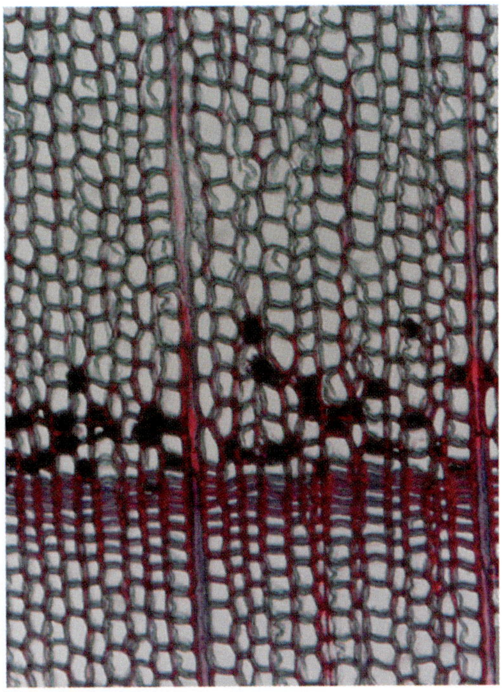

C(150x)

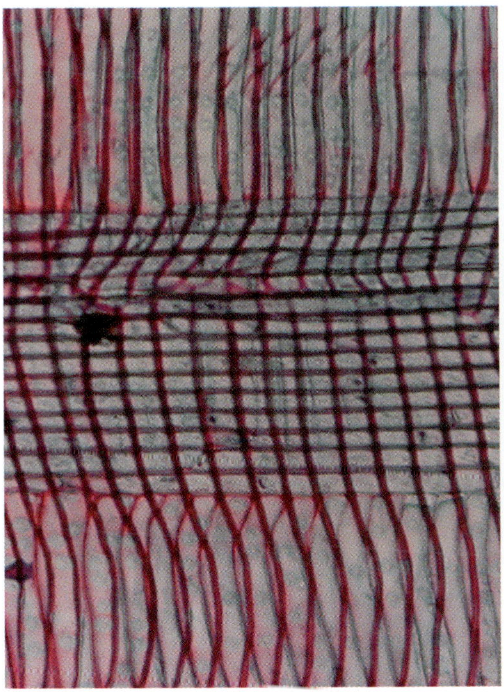

D(150x)

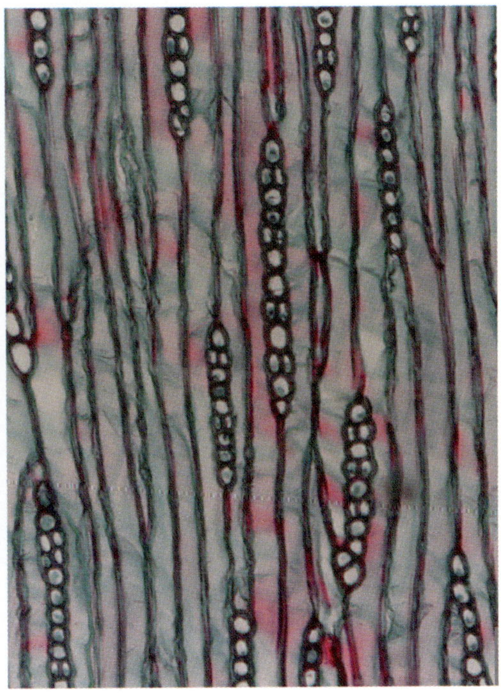

그림 8a. 한국산 편백의 횡단면(그림 A, B), 방사단면(그림 C), 접선단면(그림 D)에 대한 현미경 사진.

9. 삼나무

Cryptomeria japonica (Thunb. ex L. f.) D. Don

종	삼나무
속	삼나무속
과	측백나무과

횡단면	생장륜 경계는 뚜렷하고, 춘재에서 추재로의 이행이 급하다. 추재가도관 벽은 섬유성비후가 많다. 수직수지도와 주축유세포 발달은 없다. 사출수방사유조직을 형성한다.
방사단면	주축가도관 벽공은 단열이고, 가도관 나선비후는 없다. 방사유세포 말단벽과 수평벽은 벽공이 없는 평활상을 형성한다. 방사가도관 드물게 존재한다. 교분야벽공 삼나무형이고, 교분야당 벽공의 수는 1~4개이다.
접선단면	방사조직은 단열이고, 세포높이는 3~10개로 중간이다. 수평수지구는 생성하지 않는다.

그림 9b. 삼나무의 3단면 해부현미경 사진. CV: 생장륜은 뚜렷하고, 춘재(흰색)의 폭이 추재(갈색)에 비해 5배 이상 넓으며, 춘재에서 추재로의 이행은 급함; RV: 횡으로 배열된 2~7 세포 폭의 방사유조직(화살표)과 갈색의 만재 띠; TV: 주축으로 배열된 3~10 세포 길이의 흰 점처럼 보이는 방사유세포(검은색 화살표).

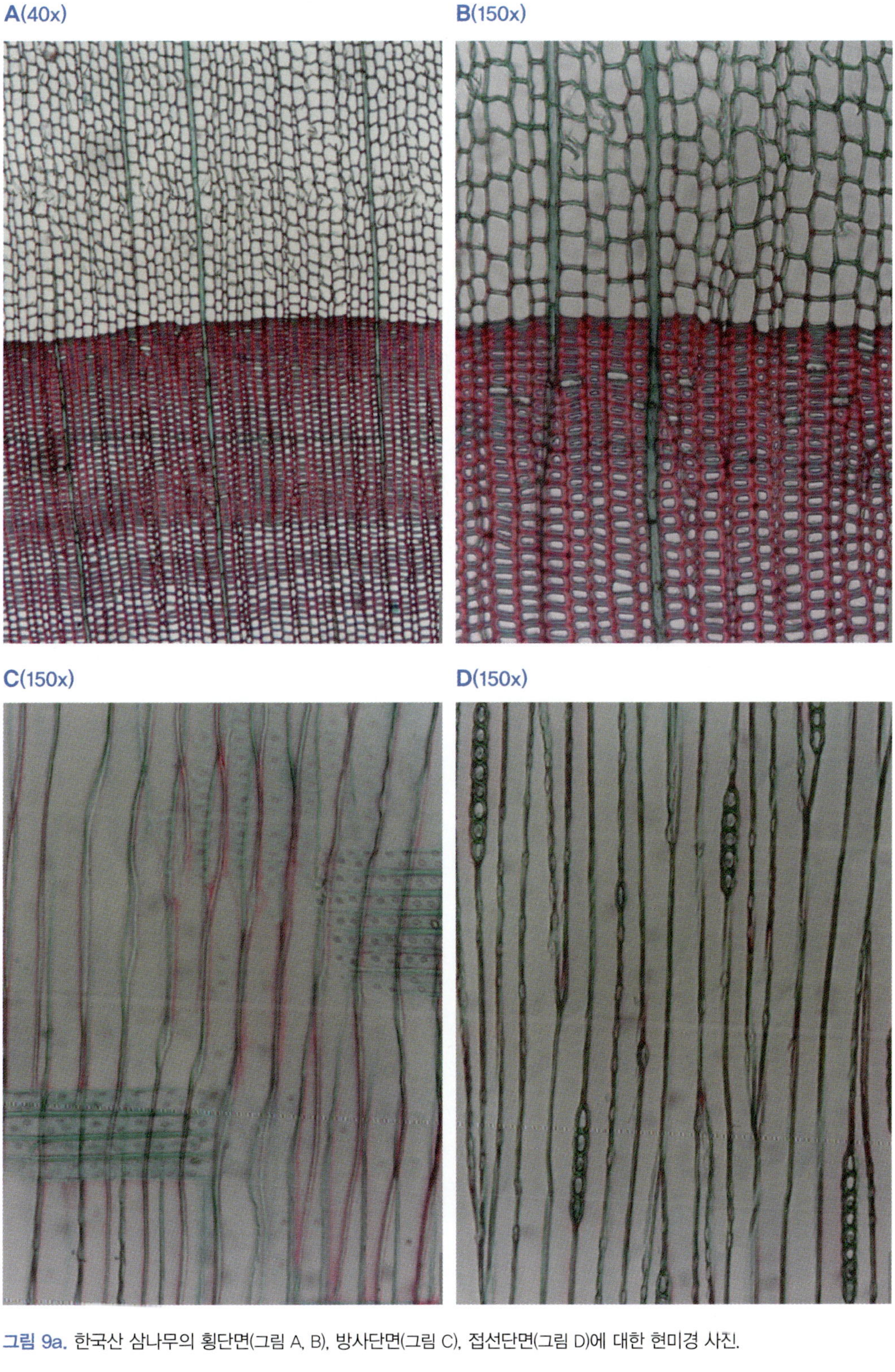

그림 9a. 한국산 삼나무의 횡단면(그림 A, B), 방사단면(그림 C), 접선단면(그림 D)에 대한 현미경 사진.

10. 넓은잎삼나무

***Cunninghamia lanceolata* (Lamb.) Hook**

종	넓은잎삼나무
속	넓은잎삼나무속
과	측백나무과

횡단면	생장륜 경계는 뚜렷하다. 춘재에서 추재로의 이행은 완만하다. 추재가도관 세포벽은 섬유성 비후를 한다. 수직수지구는 생성되지 않는다. 주축유세포는 드물고 산재상이다. 방사유조직는 1~2 세포 폭으로 생성된다. 사출수방사유조직을 형성한다.
방사단면	주축가도관 벽공은 주로 단열이고, 크레슐레를 형성한다. 주축가도관은 나선비후를 형성한다. 방사유세포 말단벽과 수평벽은 벽공이 없는 평활상이고, 인덴쳐를 생성하지 않는다. 방사가도관은 미비하다. 교분야벽공은 삼나무형이고, 교분야당 벽공 수는 주로 1~4개이다.
접선단면	방사조직은 주로 단열이고 부분적으로 2~3열을 형성한다. 세포높이는 2~15개로 중간이다. 수평수지구는 형성하지 않는다. 주축유세포 말단벽의 형태는 주로 평활상이다.

그림 10b. 넓은잎삼나무의 3단면 해부현미경 사진. CV: 생장륜 경계는 뚜렷하고, 춘재(밝은 흰색) 폭이 춘재(갈색)에 비해 5배 이상 넓으며, 춘재에서 추재로의 이행은 완만하다. 1~2 세포 폭의 흰색줄로 나타나는 방사유세포(검은색 화살표); RV: 횡으로 배열된 1~5이상 세포 폭의 방자유조직(검은색 화살표)과 갈색 만재 띠; TV: 흰 점으로 보이는 방사유세포.

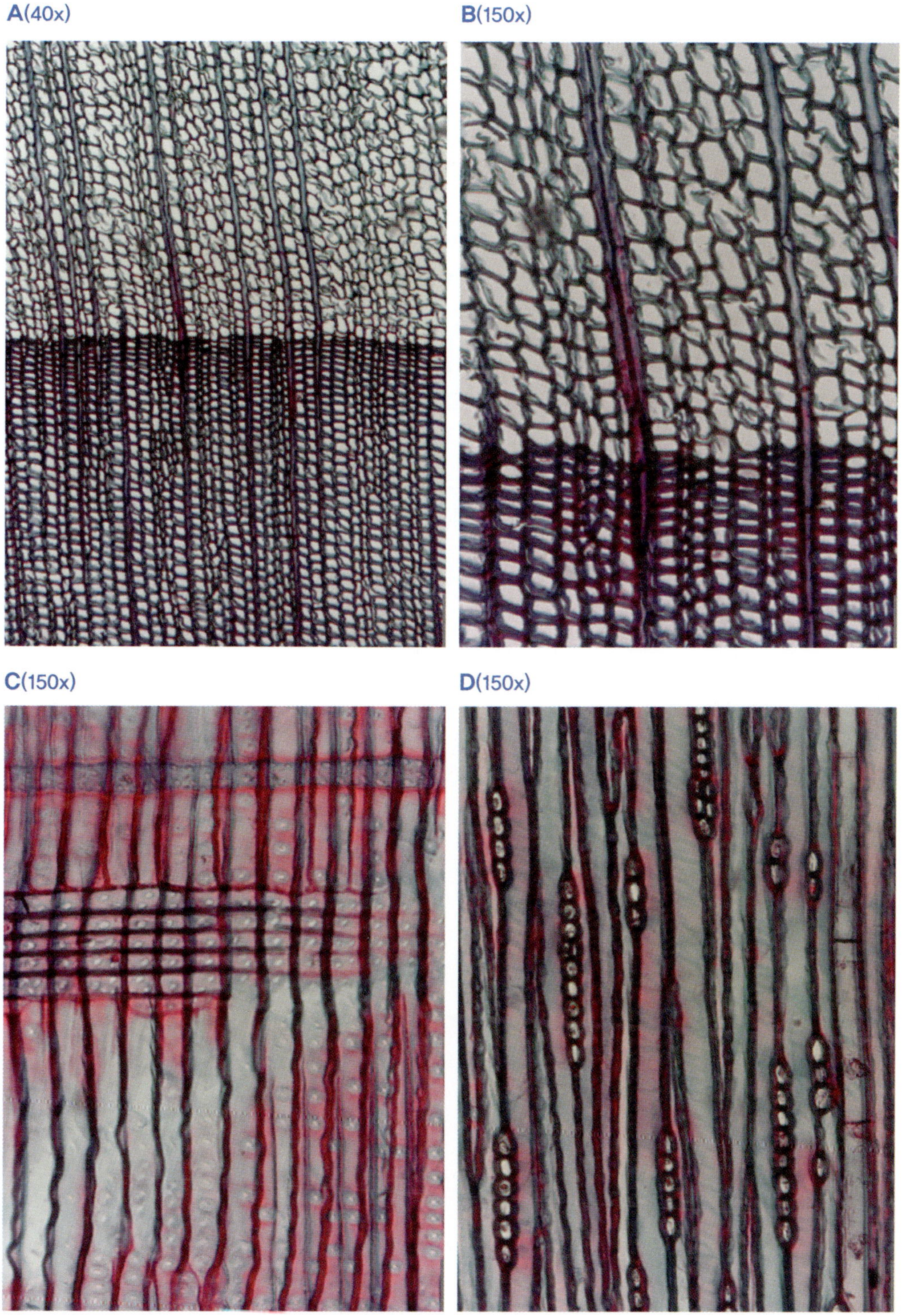

그림 10a. 한국산 넓은잎삼나무의 횡단면(그림 A, B), 방사단면(그림 C), 접선단면(그림 D)에 대한 현미경 사진.

11. 향나무

Juniperus chinensis L.

종	향나무
속	향나무속
과	측백나무과

횡단면 생장륜 경계는 뚜렷하다. 춘재에서 추재로의 이행이 완만하다. 추재가도관 세포벽의 섬유상비후는 미비하다. 수직수지구는 형성하지 않는다. 주축유세포는 산재상 또는 대상으로 생장륜 내에 고르게 분포한다. 사출수방사유조직을 형성한다.

방사단면 주축가도관 벽공은 단열이고, 가도관 내 나선비후가 생성되지 않는다. 방사유세포 말단벽과 수평벽에 벽공이 발달되어 염주상벽을 형성하고, 인덴쳐가 관찰된다. 방사가도관 발달은 미비하다. 교분야벽공 형태는 편백형이고, 교분야당 벽공 수는 1~2개이다.

접선단면 방사유조직은 주로 단열세포이지만 드물게 원추형다열세포 배열이 생성되고, 세포높이는 5~15개로 중간이다. 수평수지구는 생성되지 않는다. 주축섬유상가도관의 말단벽은 염주상이다.

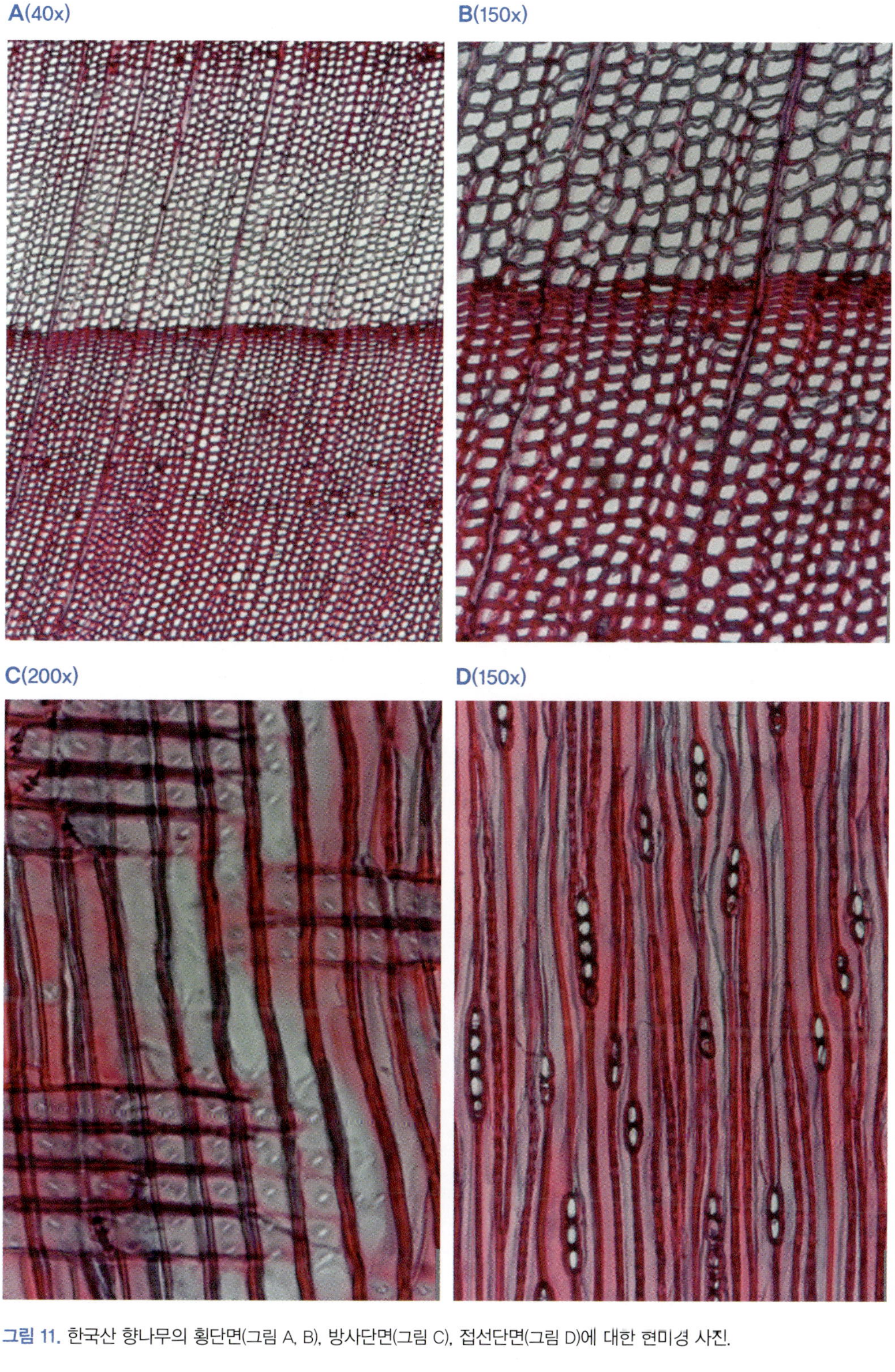

그림 11. 한국산 향나무의 횡단면(그림 A, B), 방사단면(그림 C), 접선단면(그림 D)에 대한 현미경 사진.

12. 메타세쿼이아

***Metasequoia glyptostroboides* Hu & W. C. Cheng**

종	메타세쿼이아
속	메타세쿼이아속
과	측백나무과

횡단면 생장륜 경계는 뚜렷하다. 춘재에서 추재로의 이행이 비교적 급하다. 추재가도관 세포벽은 섬유성비후가 미비하다. 수직세포간구는 형성되지 않는다. 주축유세포는 산재상으로 생장륜 내에 고르게 존재한다. 사출수방사유조직을 형성한다.

방사단면 방사단면상 주축 가도관 벽공은 주로 2열이고 주축 가도관 내 나선비후가 존재하지 않는다. 방사유세포의 말단벽과 수평벽에 벽공이 존재하지 않아 평활상 세포벽을 이루고 있고 인덴쳐가 관찰되지 않는다. 방사가도관은 없거나 아주 드물게 존재한다. 교분야벽공의 형태는 편백형과 삼나무형이 함께 관찰되고 교분야당 벽공의 수는 주로 1~5개이다.

접선단면 방사조직은 주로 단열이고 세포높이는 2~28개로 중간이다. 수평 세포간구는 관찰되지 않는다. 주축 유세포의 말단벽의 형태는 평활상이다.

그림 12b. 메타세쿼이아의 3단면 해부현미경 사진. CV: 생장륜의 경계는 뚜렷하고, 춘재(검은색 화살표)의 폭이 추재(갈색)에 비해 5배 이상 넓으며, 춘재에서 추재로의 이행은 비교적 급하다; RV: 횡으로 배열된 2~10 이상 세포 폭의 방사유조직(검은색 화살표)과 갈색의 만재 띠; TV: 주축으로 배열된 4~10 이상 세포 높이 검은 선으로 보이는 방사유세포(검은색 화살표).

A(40x)

B(150x)

C(150x)

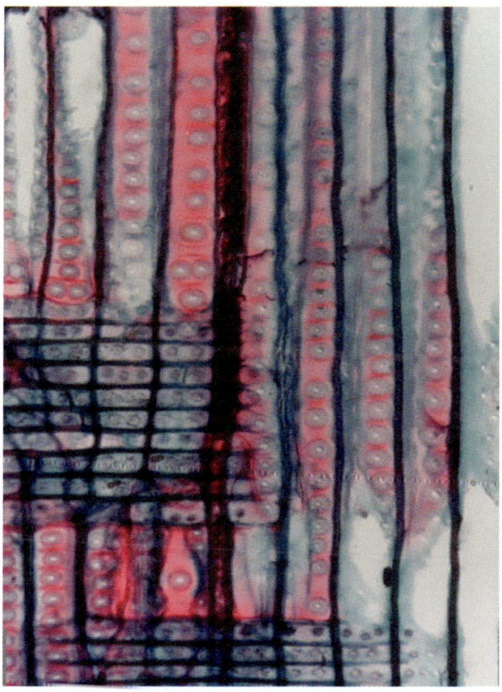

D(150x)

그림 12a. 한국산 메타세쿼이아의 횡단면(그림 A, B), 방사단면(그림 C), 접선단면(그림 D)에 대한 현미경 사진.

13. 측백나무

Thuja orientalis **(L.) Franco**

종	측백나무
속	측백나무속
과	측백나무과

횡단면 생장륜 경계는 뚜렷하다. 춘재에서 추재로의 이행은 완만하다. 추재가도관 세포벽은 섬유성비후가 미비하다. 수직수지구 발달은 없다. 주축유세포는 산재상 또는 대상으로 생장륜 내에 고르게 분포한다. 사출수방사유조직을 형성한다.

방사단면 주축가도관 벽공은 주로 단열이고, 가도관 내 나선비후가 없다. 방사유세포 말단벽과 수평벽에 벽공생성이 없어 평활상벽을 형성하고, 인덴쳐를 생성한다. 방사가도관은 미비하다. 교분야벽공은 삼나무형이고, 교분야당 벽공 수는 주로 2~4개이다.

접선단면 방사유조직은 주로 단열세포이고, 세포높이는 2~9개로 적다. 수평수지구 생성은 없다. 주축유세포 말단벽의 형태는 평활상 또는 염주상이다.

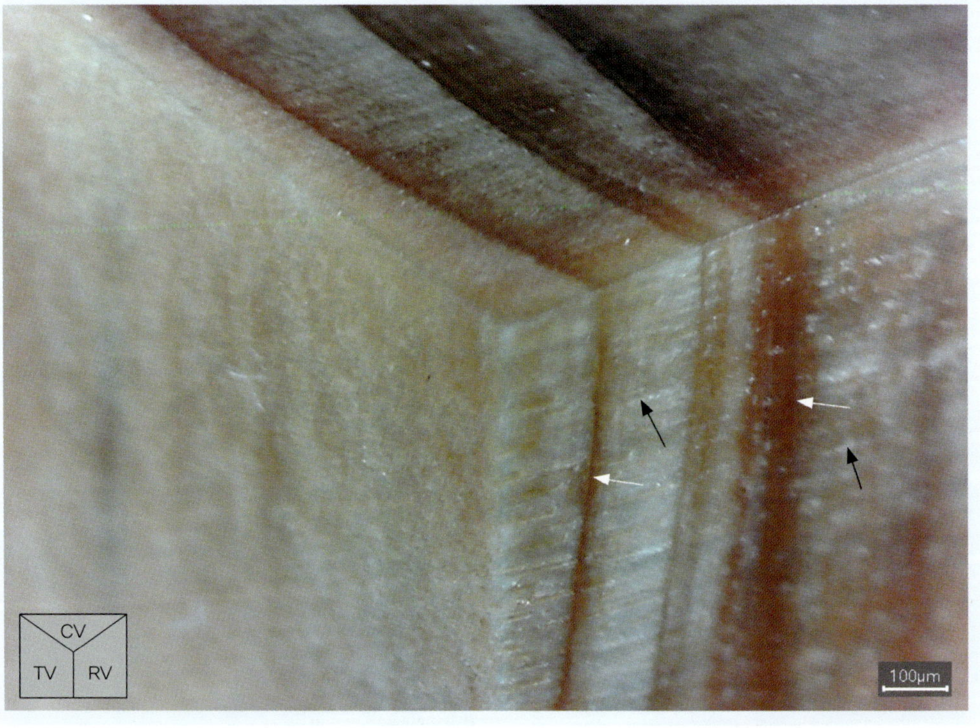

그림 13b. 측백나무의 3단면 해부현미경 사진. CV: 생장륜 경계는 뚜렷하고, 춘재(살색과 갈색이 섞임)에서 추재(갈색)로의 이행은 비교적 점진적이다.; RV: 주축으로 배열된 갈색의 좁거나 넓은 만재 띠(흰색 화살표)와 횡으로 배열된 2~4 세포 폭의 방사유세포(검은색 화살표); TV: 연한 갈색과 흰색으로 보이는 가도관 집합.

A(40x)

B(150x)

C(200x)

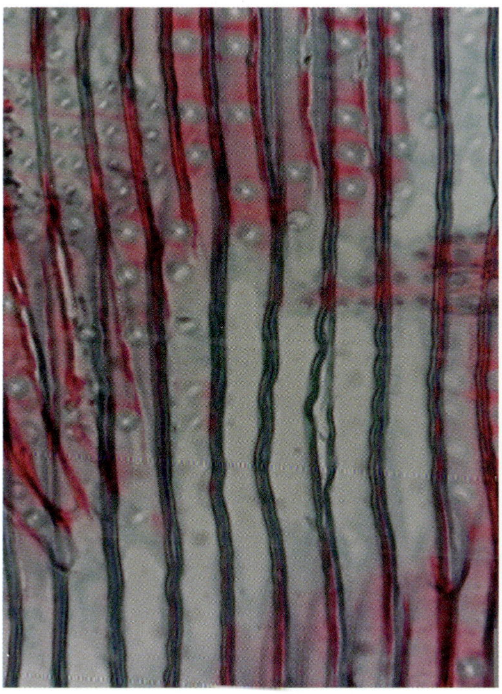

D(150x)

그림 13a. 한국산 측백나무의 횡단면(그림 A, B), 방사단면(그림 C), 접선단면(그림 D)에 대한 현미경 사진.

14. 낙우송

***Taxodium distichum* (L.) Rich.**

종	낙우송
속	낙우송속
과	측백나무과

횡단면 생장륜 경계는 뚜렷하다. 춘재에서 추재로의 이행이 완만하다. 추재가도관 세포벽 비후가 미비하다. 수직수지구는 생성되지 않는다. 주축유세포는 많지 않고, 산재상이다. 사출수방사유조직을 형성한다.

방사단면 주축가도관 벽공은 주로 1~2열이고, 가도관 내 나선비후는 생성하지 않는다. 방사유세포 말단벽과 수평벽에 벽공이 없는 평활상세포벽을 생성하고, 인덴쳐가 드물게 관찰된다. 방사가도관은 거의 없다. 교분야벽공은 편백형과 삼나무형을 형성하고, 교분야당 벽공 수는 1~5개이다.

접선단면 방사조직은 주로 단열이고, 세포높이는 2~20개로 중간이다. 수평수지구는 형성하지 않는다. 주축유세포 말단벽은 염주상이다.

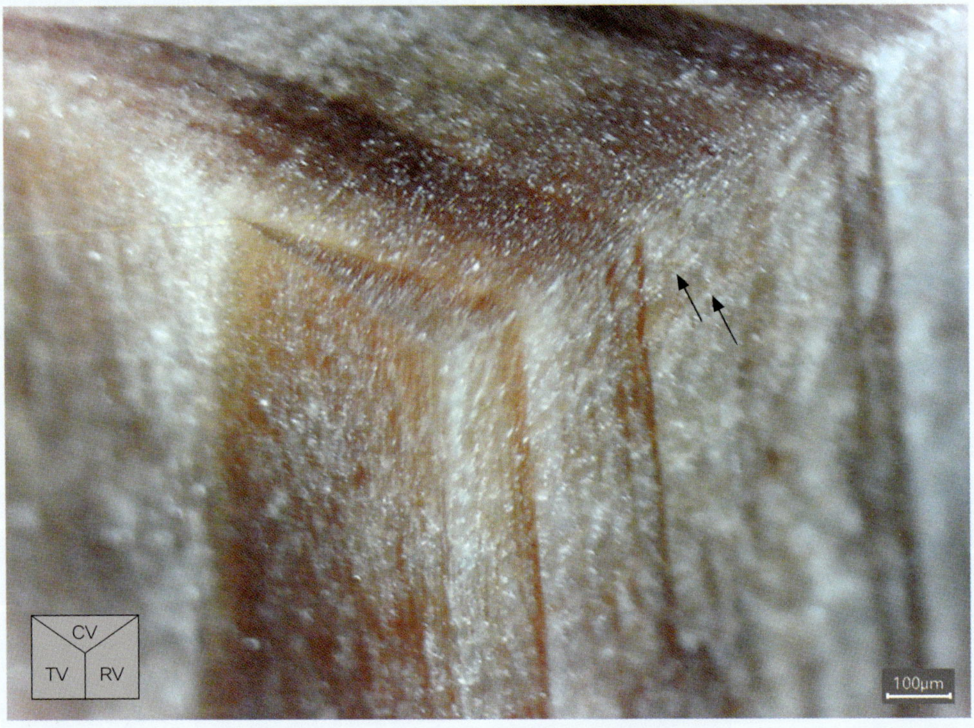

그림 14b. 낙우송의 3단면 해부현미경 사진. CV: 생장륜의 경계는 뚜렷하고, 춘재(흰색과 갈색)의 폭이 추재(갈색)에 비해 넓으며, 춘추재 이행은 비교적 완만함; RV: 횡으로 배열된 2~10 이상 세포 폭의 방사유조직(검은색 화살표)과 갈색의 추재 띠; TV: 흰색 부위의 춘재와 갈색 부위의 추재.

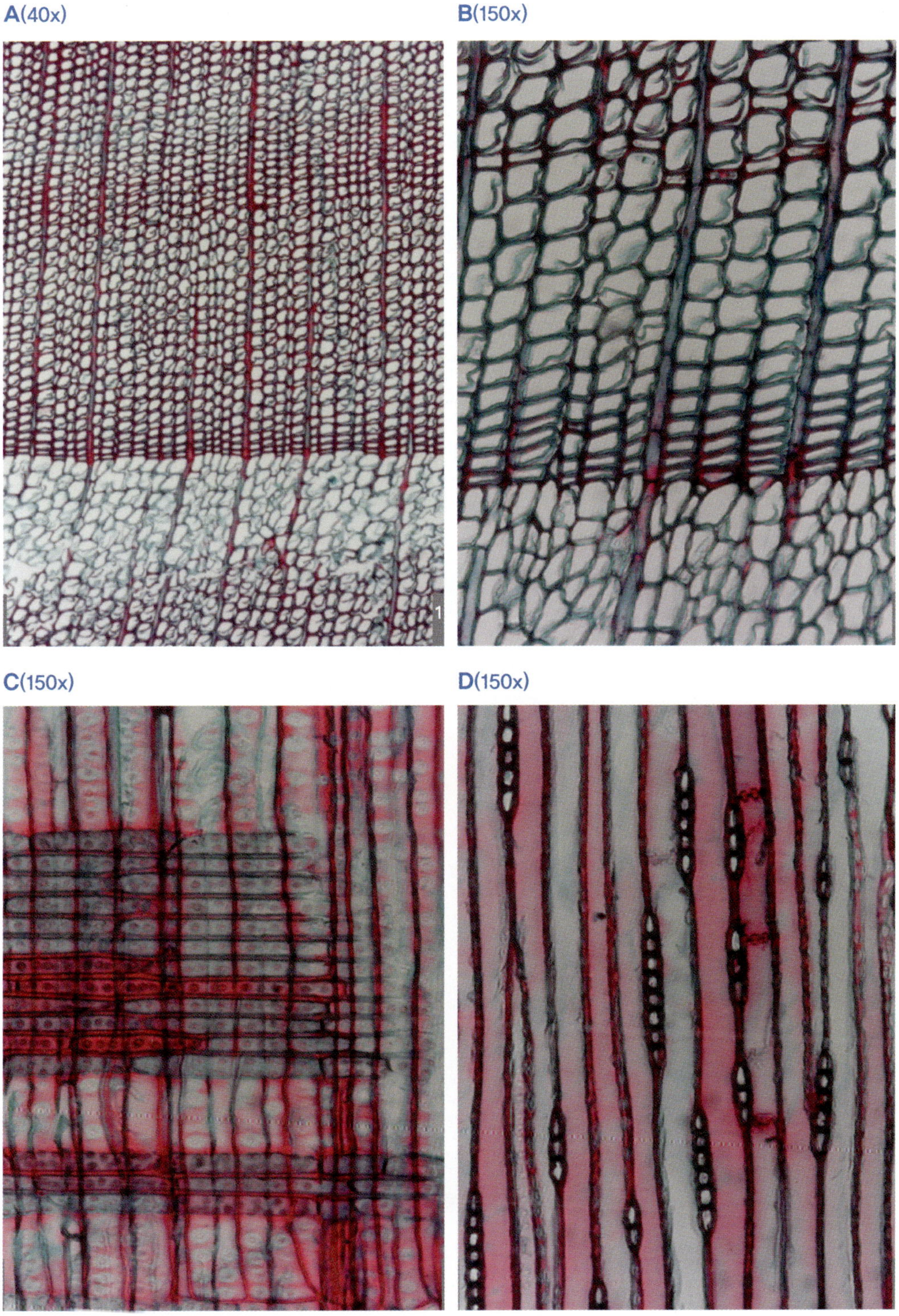

그림 14a. 한국산 낙우송의 횡단면(그림 A, B), 방사단면(그림 C), 접선단면(그림 D)에 대한 현미성 사진.

15. 나한백

Thujopsisdolabrata (L. f.) Siebold & Zucc.

종	나한백
속	나한백속
과	측백나무과

횡단면 생장륜 경계는 뚜렷하다. 춘재에서 추재로의 이행은 완만하다. 추재가도관 세포벽은 섬유성비후가 있다. 수직수지도 생성은 없다. 주축유세포 생성은 미비하다.

방사단면 주축가도관 벽공은 주로 단열이고, 가도관 내 나선비후를 생성하지 않는다. 방사유세포 말단벽과 수평벽에 벽공이 없어서 평활상세포벽을 형성하고, 인덴쳐가 없다. 방사가도관 생성은 미비하다. 교분야벽공은 삼나무형이고, 교분야당 벽공 수는 2~4개이다.

접선단면 방사조직은 주로 단열세포이고, 세포높이는 2~7개로 낮은 편이다. 수평수지도는 생성되지 않는다. 주축유세포 말단벽은 평활상이다.

그림 15b. 나한백의 3단면 해부현미경 사진. CV: 생장륜의 경계는 뚜렷하고, 춘재(연한 밤색) 폭이 추재(갈색)에 비해 10배 이상 넓다.; RV: 횡으로 배열된 2~8층의 흰색 방사유세포(검은색 화살표)와 추재의 갈색 띠(흰색 화살표); TV: 춘재내 주축가도관 집단.

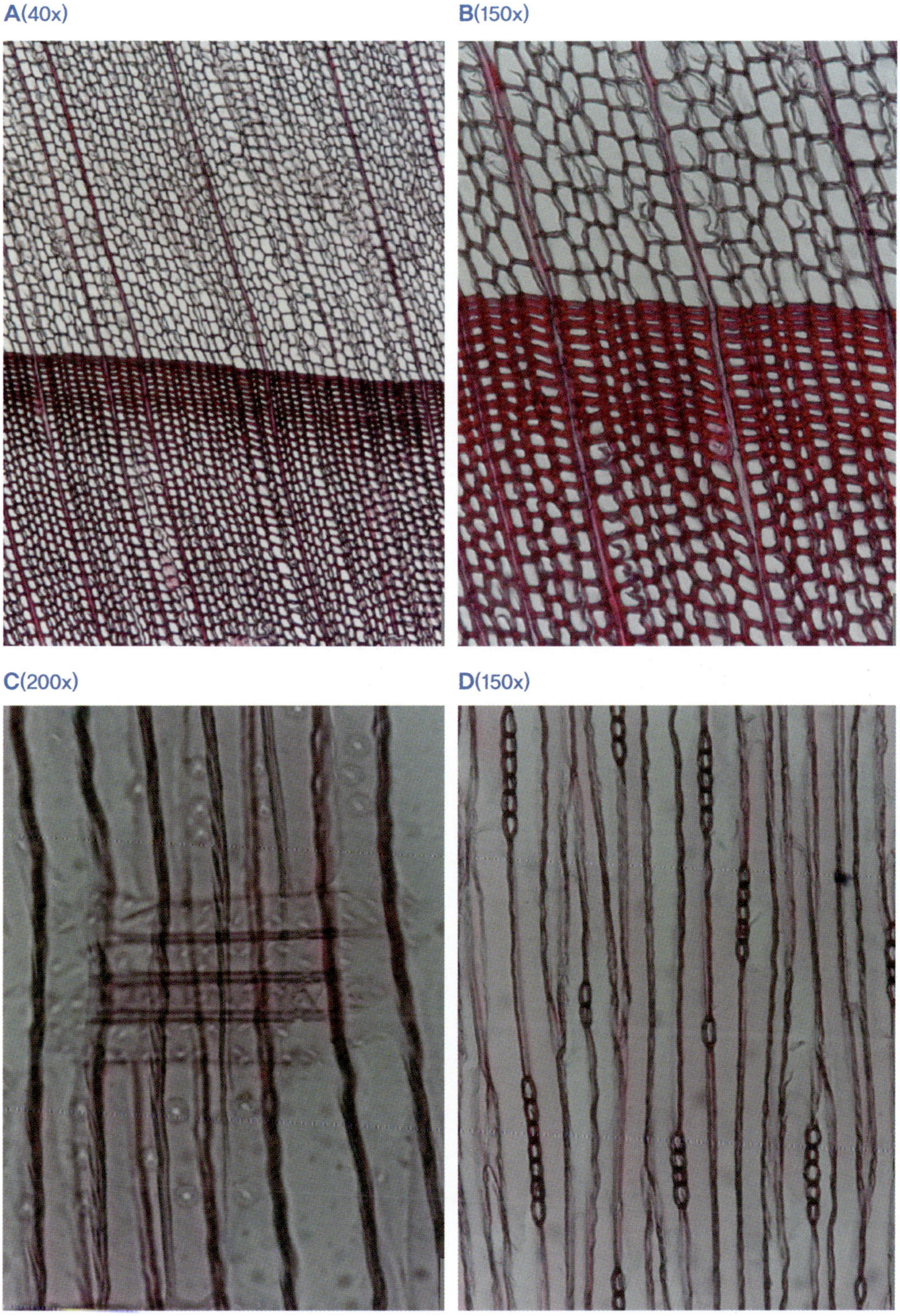

그림 15a. 한국산 나한백의 횡단면(그림 A, B), 방사단면(그림 C), 접선단면(그림 D)에 대한 현미경 사진.

16. 개비자나무

Cephalotaxus koreana **(Knight ex J. Forbes) K. Koc**

종	개비자나무
속	개비자나무속
과	개비자나무과

횡단면	생장륜은 뚜렷하고, 춘재에서 추재로의 이행이 완만하다. 추재가도관 세포벽은 다소 섬유성비후를 생성한다. 수직수지도는 형성하지 않는다. 주축유세포는 산재상으로 생장륜 내에 분포한다. 사출수방사유조직을 형성한다.
방사단면	주축가도관 벽공은 1열이고, 주축가도관 측벽 나선비후는 춘재와 추재 모두를 형성하고, 비후는 1~2중선 또는 삼중선으로 보이기도 한다. 나선비후 간격은 120개(코일 수/1㎜) 이상으로 좁다. 방사유세포 말단벽과 수평벽은 벽공을 형성하지 않고 평활하며, 내부에 인덴쳐를 생성한다. 방사가도관은 거의 없다. 교분야벽공 형태는 가문비형 또는 편백형이고, 교분야당 벽공 수는 1~2개이다.
접선단면	방사유조직은 단열세포로 생성되고, 그 높이는 1~5 세포로 낮다. 수평 수지도는 형성하지 않는다. 주축유세포 말단벽은 평활상이 많고 드물게 염주상을 생성한다.

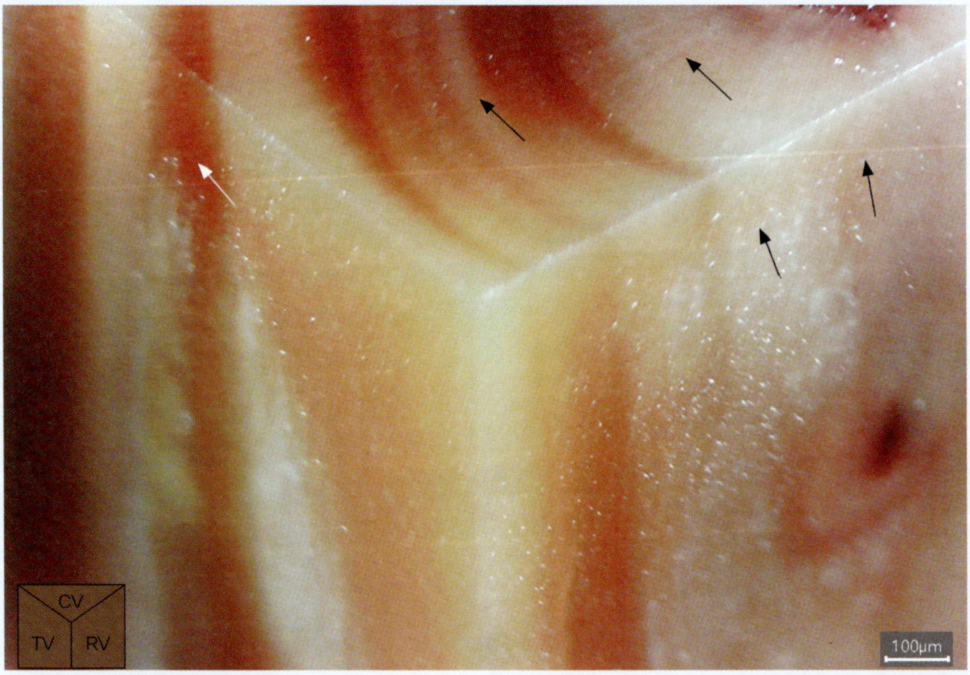

그림 16b. 개비자나무의 3단면 해부현미경 사진. CV: 생장륜 경계는 뚜렷하고, 방사유세포는 희미한 흰줄(검은색 화살표)로 나타난다. 춘재(살색)에서 추재(갈색)로의 이행은 점진적(검은색 화살표)임; RV: 횡으로 배열된 1~4 세포 높이의 희미한 흰색 방사유세포(검은색 화살표); TV: 종으로 배열된 갈색의 추재 가도관(흰색 화살표).

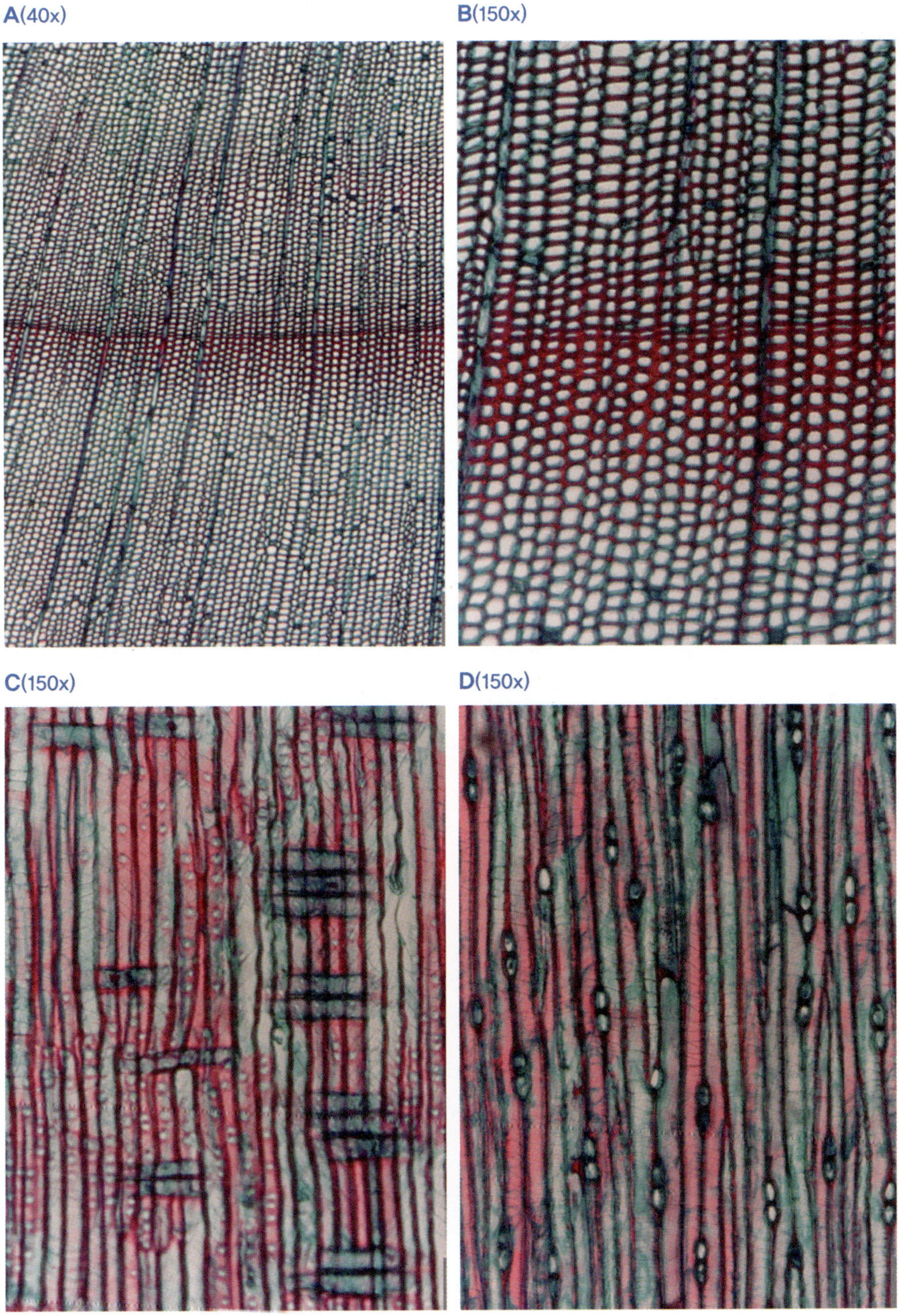

그림 16a. 한국산 개비자나무의 횡단면(그림 A, B), 방사단면(그림 C), 접선단면(그림 D)에 대한 현미경 사진.

17. 주목

***Taxu scuspidata* Siebold & Zucc.**

종	주목
속	주목속
과	주목과

횡단면	생장륜 경계는 뚜렷하고, 춘재에서 추재로의 이행은 점진적이다. 춘추재 가도관 세포벽 두께는 비슷하다. 방사유조직는 1 세포 열이고, 불규칙한 간격으로 생장륜 내에 형성된다. 주축유세포는 드물게 생성되고, 수지도는 발생하지 않는다. 사출수방사유조직을 형성한다.
방사단면	주축가도관 벽공은 1열이고, 가도관 벽에 1~2열 나선비후를 형성한다. 나선비후는 춘재와 추재 모두에 생성된다. 나선비후 간격은 120개(코일 수/1㎜) 이상으로 다소 좁다. 방사유세포 말단벽과 수평벽은 벽공을 형성하지 않고, 인덴쳐를 생성한다. 방사가도관은 없거나 매우 드물게 생성된다. 교분야벽공은 편백형이고, 교분야당 벽공 수는 2~4개이다.
접선단면	방사유조직 세포는 단열이고, 세포 높이는 2~7개로 보통이다. 수지도는 생성하지 않는다.

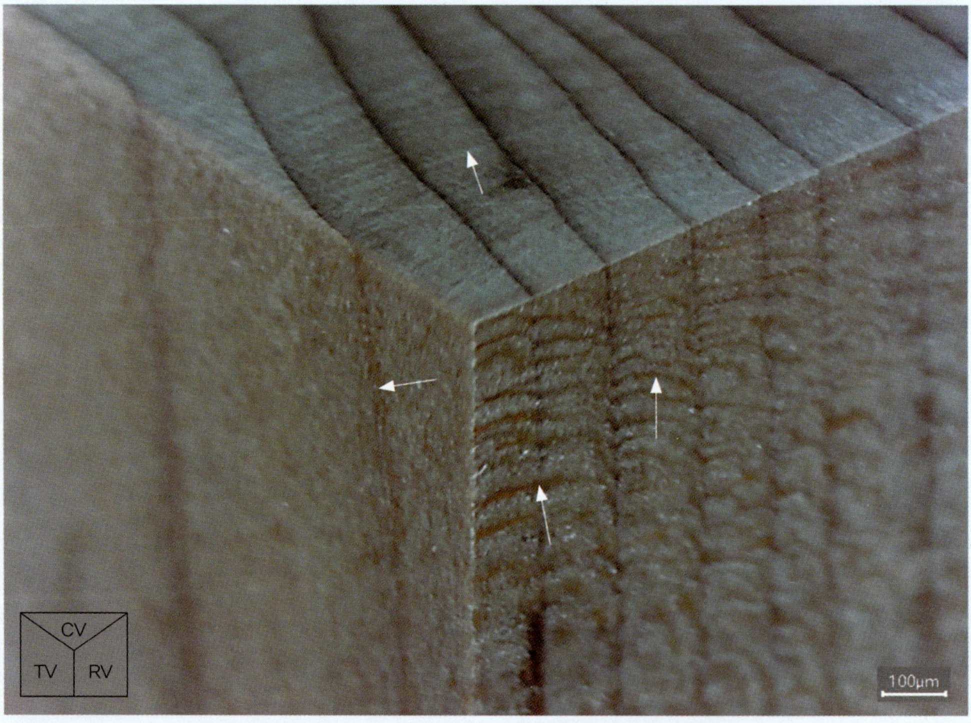

그림 17b. 주목의 3단면 해부현미경 사진. CV: 생장륜 경계는 4~6 세포 폭의 진한 갈색이며, 춘재에서 추재로의 이행은 점진적이다. 1 세포 폭의 흰색 줄로 보이는 방사유세포(화살표); RV: 횡으로 배열된 2~7 세포 높이의 갈색 방사유세포(화살표); TV: 생장륜 경계의 추재가 희미한 갈색 줄로 보임(화살표).

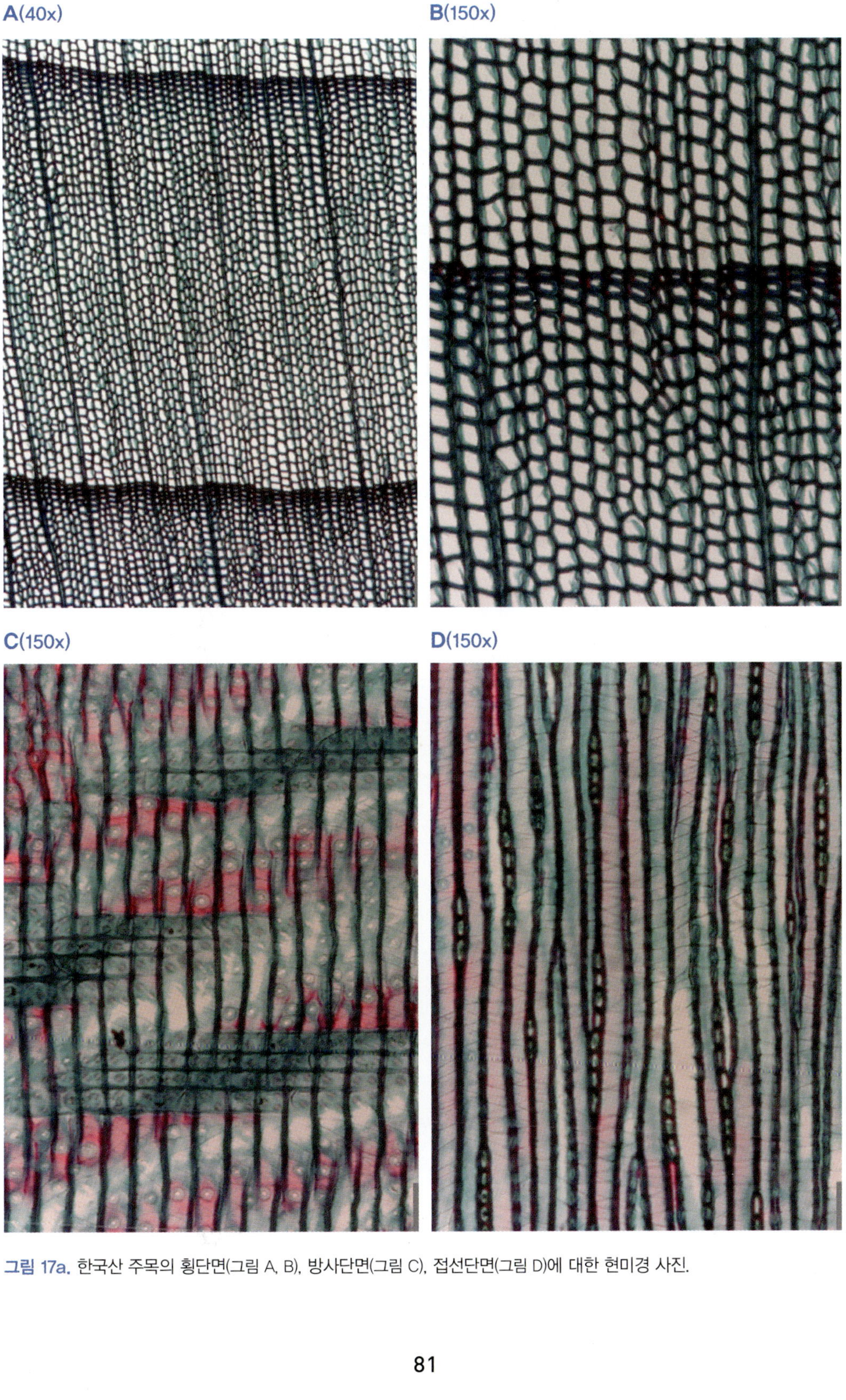

그림 17a. 한국산 주목의 횡단면(그림 A, B), 방사단면(그림 C), 접선단면(그림 D)에 대한 현미경 사진.

18. 비자나무

Torreya nucifera (L.) Siebold & Zucc.

종	비자나무
속	비자나무속
과	주목과

횡단면 생장륜 경계는 뚜렷하고, 춘재에서 추재로 이행은 완만하다. 추재가도관은 섬유성비후를 생성한다. 방사유조직은 1 세포 열이고, 단벽공을 생성한다. 수지도와 주축유세포는 성하지 않는다.

방사단면 주축가도관 벽공은 1열이고, 춘추재 세포벽에 1~2중선 나선비후를 형성한다. 나선비후 간격은 120개(코일 수/1㎜) 이상으로 다소 솝다. 방사유세포 말단벽과 수평벽은 벽공을 형성하지 않고 평활하다. 유세포벽은 인덴쳐을 생성한다. 방사가도관은 형성하지 않는다. 교분야벽공 형태는 편백형이고, 교분야당 벽공 수는 1~4개이다.

접선단면 방사유조직 세포는 단열이며, 세포 높이는 2~10개로 보통이다. 가도관 세포벽은 환상 또는 사선상 비후가 1~2열 보인다.

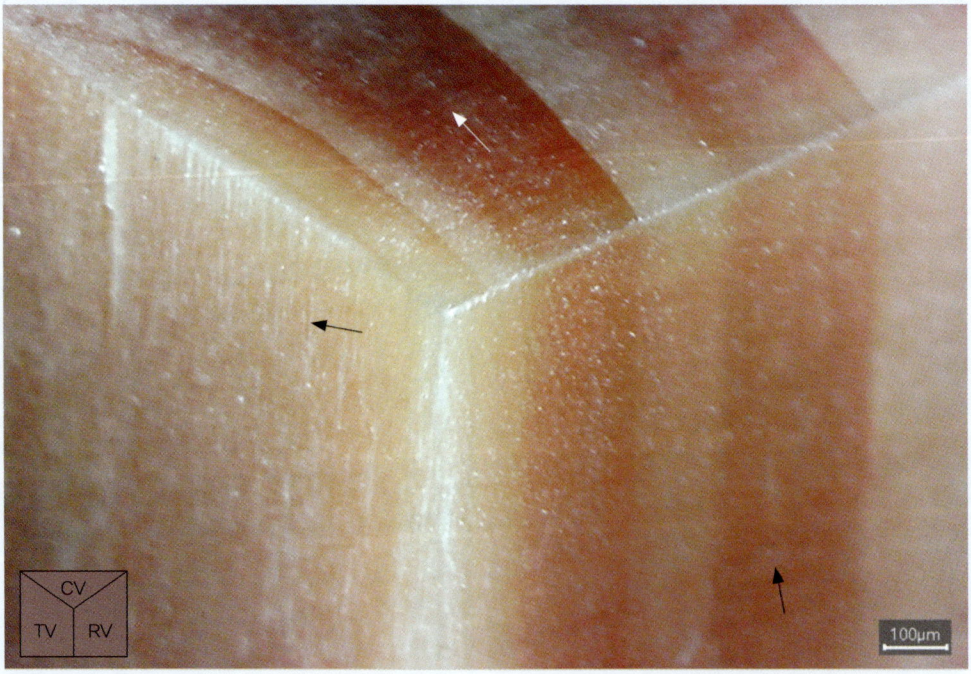

그림 18b. 비자나무의 3단면 해부현미경 사진. CV: 생장륜 경계은 뚜렷하고, 춘재(살색)에서 추재(갈색) 이행이 점진적이다. 1 세포 폭의 희미한 흰색 줄이 방사유세포(흰색 화살표); RV: 횡으로 배열된 10 세포 이상의 희미한 흰분홍색 방사유세포(검은색 화살표); TV: 종으로 배열된 희미한 흰색 줄의 가도관(검은색 화살표).

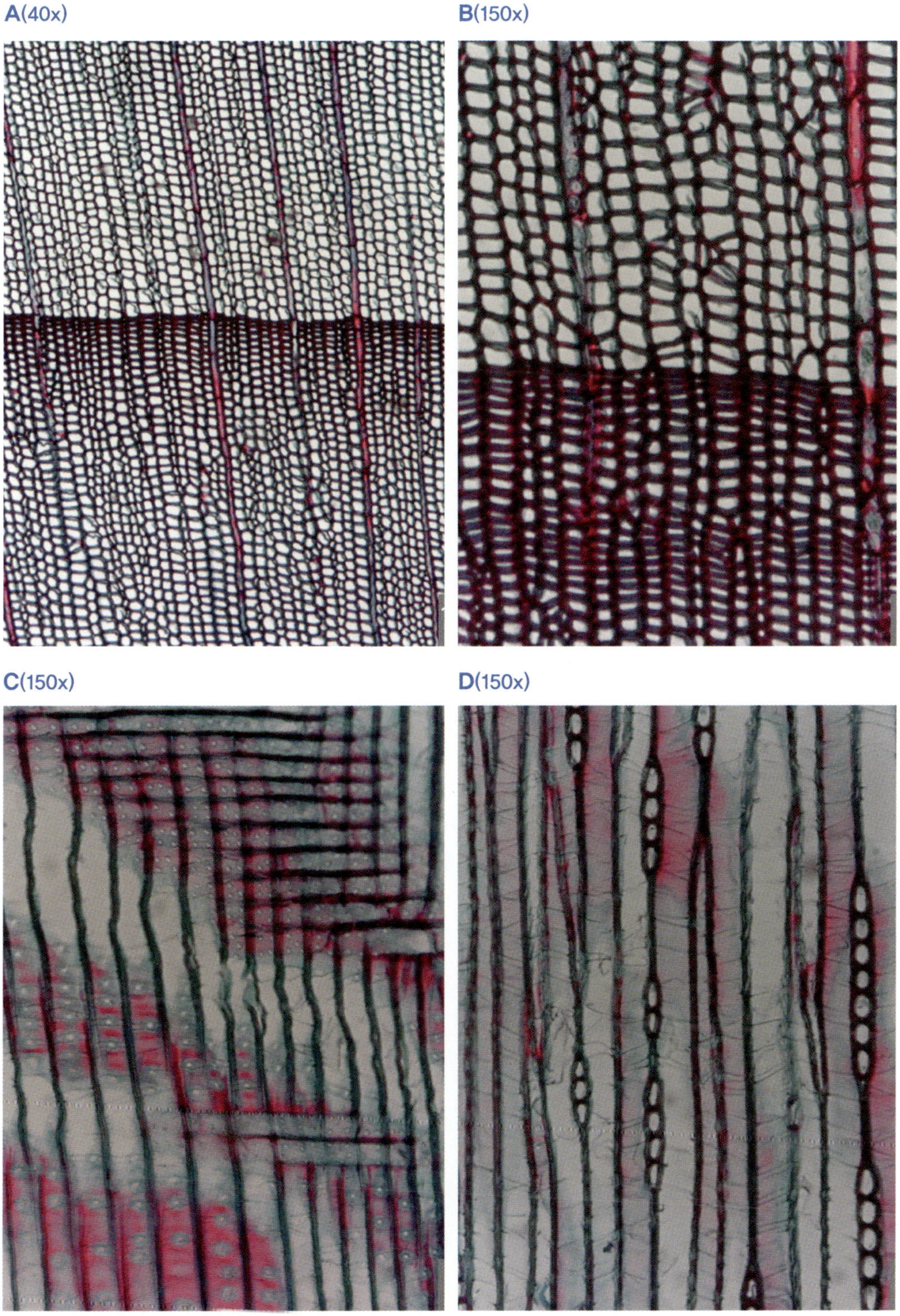

그림 18a. 한국산 주목의 횡단면(그림 A, B), 방사단면(그림 C), 접선단면(그림 D)에 대한 현미경 사진.

| **Angiosperm 피자식물**(25 Families, 63 Genera, 63 Species) |

Ⅲ

한국산 피자식물 목재 해부 3단면 기술과 사진

피자
식물

1

한국산 목본 피자식물 수종별 해부학적 기재

한국산 유용 목본 피자식물을 구별하고 활용하기 위해서는 먼저 상세한 해부학적 형질과 형질상태에 대해 연구와 자료가 필요하다. 본 장은 한국산 유용 목본 피자식물 63종에 대해 해부학적 관찰과 연구를 통해 7가지 주요 형질을 한국산 나자식물 동정과 검색을 위해 특정하였다. 현미경 관찰과 사진촬영을 위해서는 앞에 기재된 나자식물과 동일하게 하였다. 다만 목본 피자식물은 나자식물에는 없는 섬유세포의 발달로 인해 조직이 더 단단하므로 얇게 박편하기가 어렵다. 이에 압력밥솥을 이용하여 수 분 동안 끓여 연화시킨 뒤 실험을 진행하였다.

한국산 유용 목본 피자식물의 해부학적 주요 형질 및 형질상태에 대한 파악은 다수의 종을 대상으로 오랫동안 관찰을 통해서 이루어졌고, 이때 IAWA(International Association of Wood Anatomists)의 동정을 위한 권고를 참조하였다. 그 결과 한국산 목본 피자식물의 주요 형질로는 도관, 방사조직, 축방향 유조직, 가도관, 섬유세포 등을 선정한 뒤, 각 형질은 하위의 형질로 다시 세분하였다. 도관의 하위 형질은 분포, 배열, 내강 직경, 도관 복합 정도, 천공판 종류, 도관 상호간 벽공, 나선비후, 타일로시스, 그리고 도관 빈도 등이다. 방사조직의 하위형질로는 그 방사조직 종류, 도관 방사조직간 벽공, 방사조직 폭, 방사조직 높이, 1㎜당 방사조직 수, 초상세포, 그리고 방사조직 내 결정 등이다. 축방향 유조직의 하위 형질은 독립유조직, 수반유조직, 대상유조직, 스트랜드 개수, 그리고 결정체 등이다. 가도관은 주위상 또는 도관상 유무있다. 섬유세포의 하위 형질은 벽공 형태, 나선비후, 격벽 섬유세포, 그리고 세포벽 두께 등이다. 기타 형질로는 층계상 배열 방사조직, 이형세포 내 결정 존재, 오일세포 발달, 방사유세포의 불규칙한 2차 세포벽 비후 등이 있다. 이상에 특정된 주요 형질과 형질상태를 중심으로 수종별 한국산 목본 피자식물을 동정 및 기재하였다.

1. 백합나무

Liriodendron tulipifera L.

종	백합나무
속	백합나무속
과	목련과

횡단면 생장륜 경계는 뚜렷하다. 도관 분포는 산공재이고, 배열은 주로 고립도관이고 드물게 방사복합도관을 형성한다. 도관 내강 직경은 51~100㎛로 비교적 작고, 1㎟당 개수는 41~100개로 많으며, 드물게 타일로시스를 생성한다. 섬유세포벽 두께는 보통으로 목섬유 내강 직경이 인접한 두 섬유세포벽의 두께와 비슷하다. 주축유조직은 연륜계상 대유조직을 형성한다.

방사단면 도관 천공은 주로 단천공을 형성하지만 드물게 계단 수가 10개 이하인 계단상천공도 생성한다. 도관간 벽공 배열은 대상이고, 크기는 11㎛ 이상으로 크다. 방사도관 벽공은 원형 혹은 각형의 단벽공 형태가 많으나 가끔 계단상 혹은 책상의 단벽공을 생성하기도 한다. 방사조직은 평복세포로만 구성되거나 다열부는 평복세포로 가장자리 1열만 직립세포 혹은 방형세포로 나타난다. 섬유세포는 단벽공 혹은 3㎛ 이하로 작은 유연벽공을 생성한다.

접선단면 방사조직 폭은 4~10 세포 폭이고, 1㎜당 방사조직 세포수는 5~12개이다. 주축유세포 스트랜드 수는 3~8개이다.

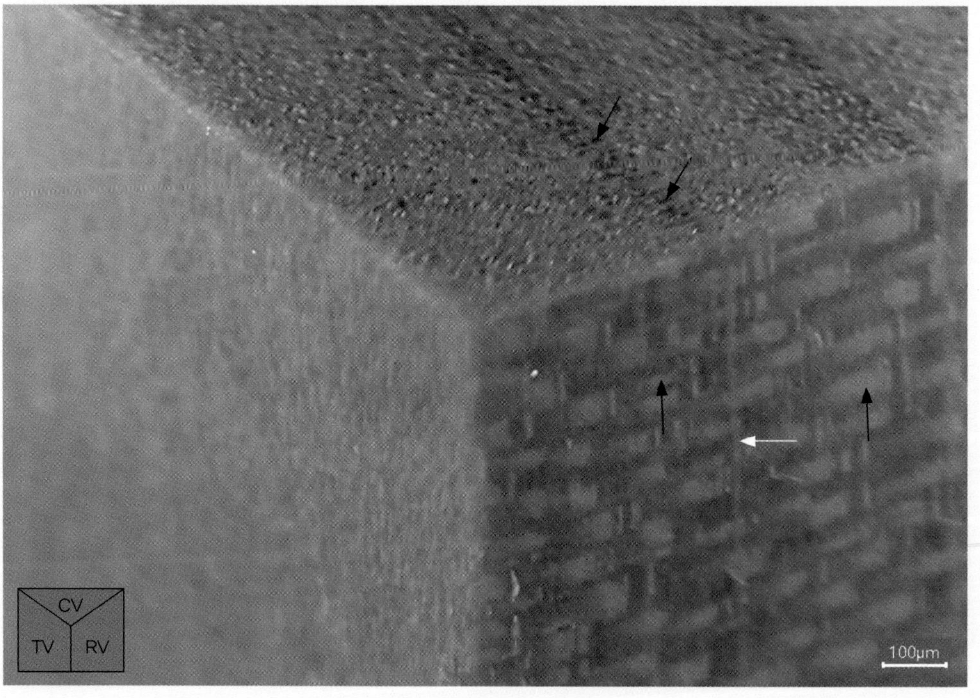

그림 1b. 백합나무의 3단면 해부현미경 사진. CV: 생장륜의 경계는 뚜렷하고, 조재에서 만재로의 이행은 완만하다. 조재에 비교적 큰 검은색의 도관공이 분포하고(검은색 화살표) 만재로 갈수록 작은 도관공이 있다. RV: 횡으로 배열된 10~20 세포 이상 폭의 흰색 띠로 나타나는 방사유세포(검색 화살표)와 주축으로 배열된 연한 갈색의 도관(흰색 화살표).

A(40x)

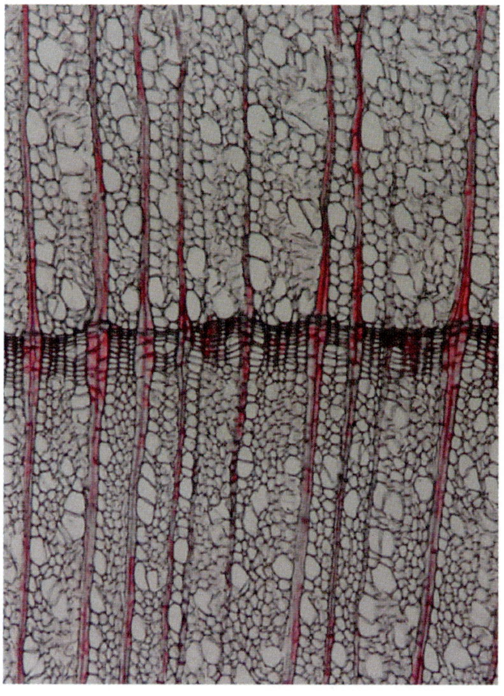

B(150x)

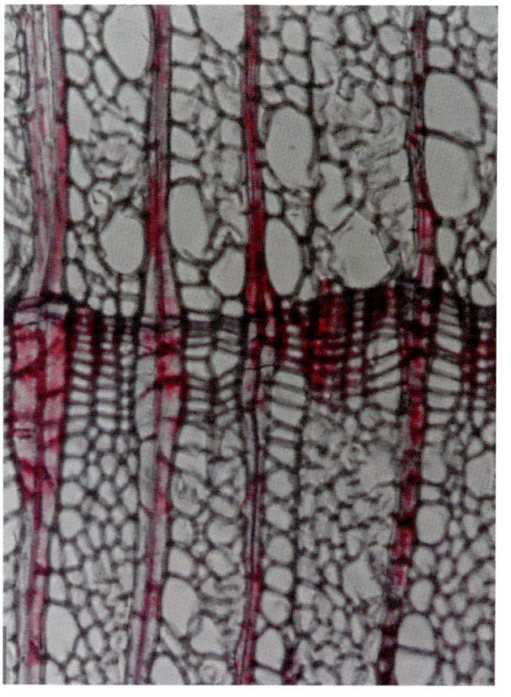

C(150x)

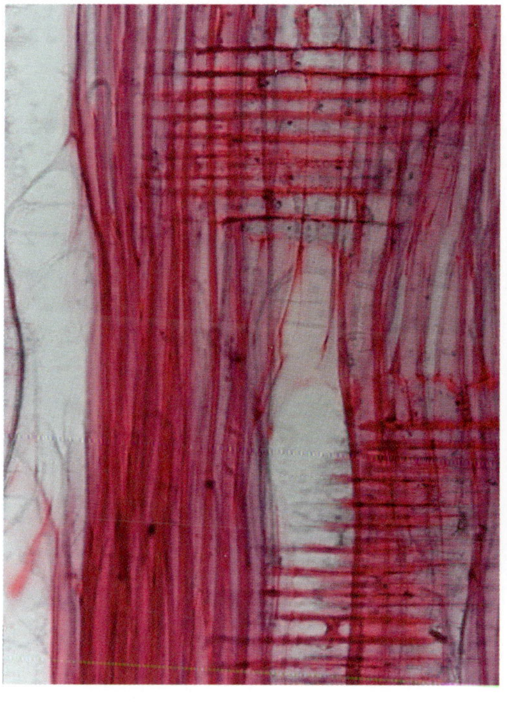

D(150x)

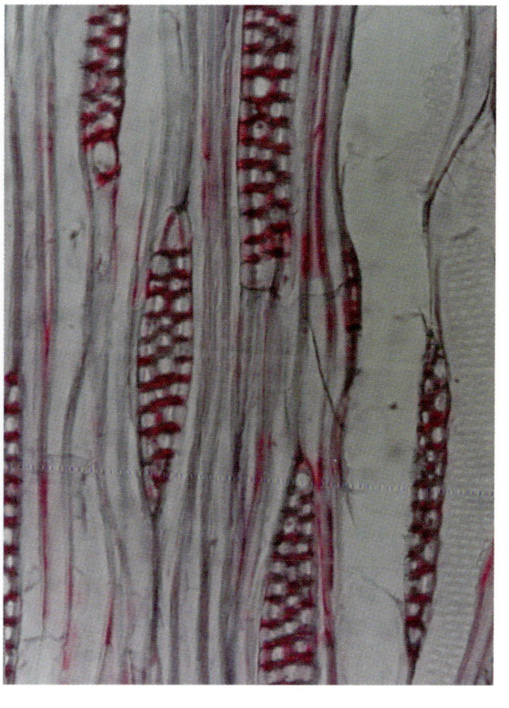

그림 1a. 한국산 백합나무의 횡단면(그림 A, B), 방사단면(그림 C), 접선단면(그림 D)에 대한 현미경 사진.

2. 목련

Magnolia kobus DC.

종	목련
속	목련속
과	목련과

횡단면 생장륜 경계는 뚜렷하다. 도관 분포는 산공재이고, 집단은 주로 고립도관이지만 드물게 방사복합도관도 형성된다. 도관 내강 직경은 51~100㎛로 약간 작고, 1㎟당 도관 수는 41~100개로 많고 드물게 타일로시스를 생성한다. 섬유세포벽 두께는 보통으로 횡단면상 목섬유 내강 직경이 인접한 두 섬유세포벽의 두께와 비슷하다. 주축유조직은 연륜계상 대상유조직을 형성한다.

방사단면 도관 천공은 주로 단천공이고 드물게 10개 이하 계단을 갖는 계단상천공을 형성한다. 도관간 벽공 배열은 대상이고, 크기는 11㎛ 이상으로 크다. 방사도관 벽공은 원형 혹은 각형의 단벽공이 많지만 계단상 혹은 책상의 단벽공이 형성된다. 방사조직은 평복세포로만 구성되어 있지만, 다열부는 평복세포로 가장자리 1열만 직립세포 혹은 방형세포 형태를 생성하기도 한다. 섬유세포는 단벽공 혹은 3㎛ 이하의 작은 유연벽공을 생성한다.

접선단면 방사조직 폭은 1~3 세포 폭이고, 1㎜당 방사조직 세포 수는 5~12개이다. 주축유세포 스트랜드 수는 3~8개이다.

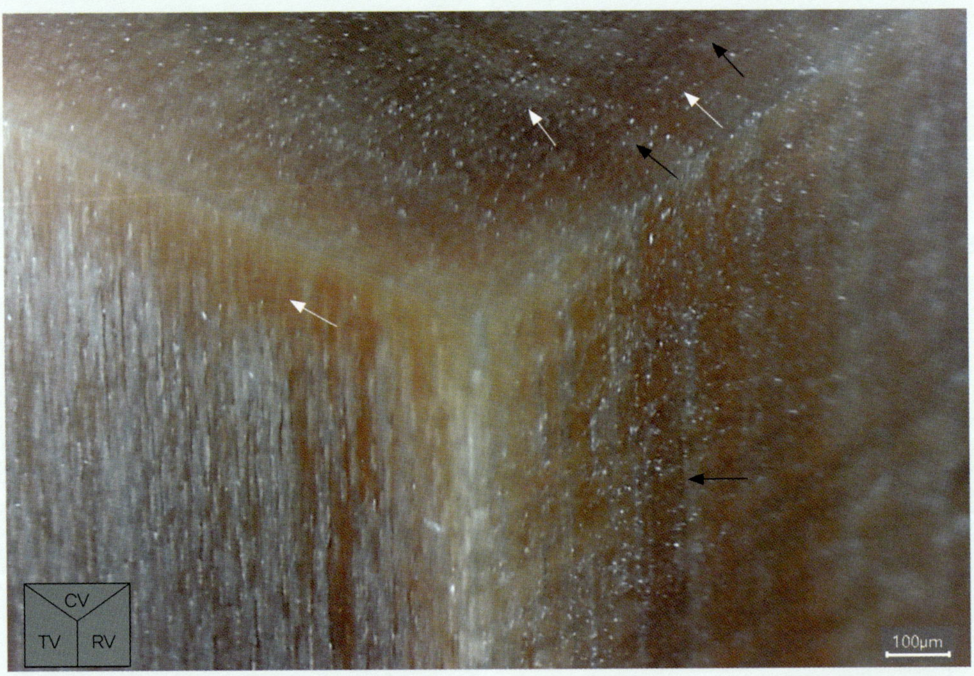

그림 ㅉ. 목련의 3단면 해부현미경 사진. CV: 생장륜의 경계는 3~4 세포 폭으로 뚜렷하고, 산공재이다. 조재에서 만재로의 이행이 완만하다. 1~3 세포 두께의 흰 점선으로 보이는 방사유세포(흰색 화살표)와 연한 흰색의 도관공 집합이 조재와 만재에 분포(검은색 화살표); RV: 주축으로 배열된 연한 갈색의 도관 집합(검은색 화살표); TV: 주축의 접선방향에 나타나는 갈색의 섬유세포 집합(흰색 화살표).

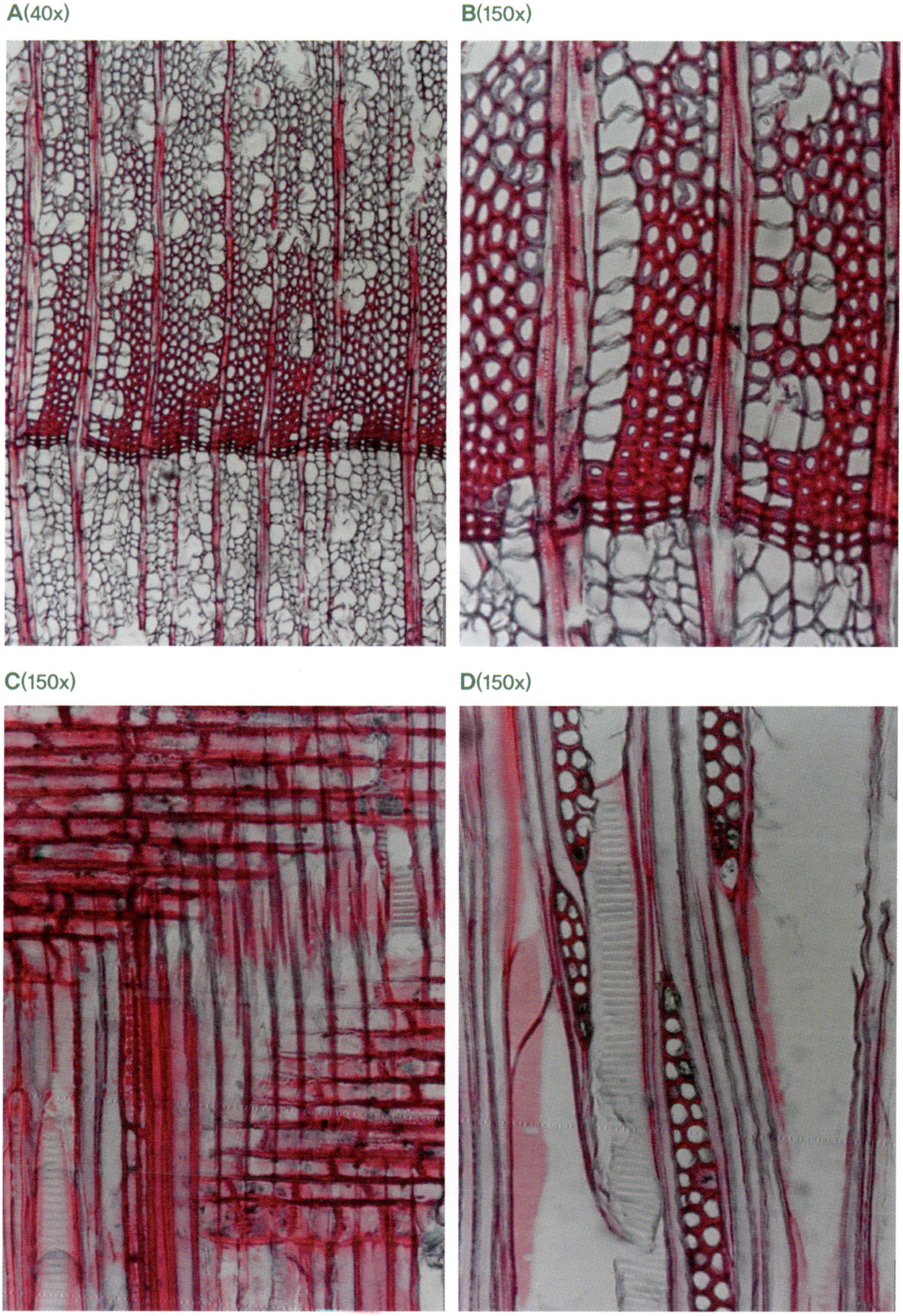

그림 2a. 한국산 목련의 횡단면(그림 A, B), 방사단면(그림 C), 접선단면(그림 D)에 대한 현미경 사진.

3. 월계수

Laurus nobilis L.

종	월계수
속	월계수속
과	녹나무과

횡단면 생장륜 경계는 뚜렷하다. 도관 분포는 산공재이고, 집단은 고립도관 또는 2~4개 세포로 구성된 방사복합도관을 생성한다. 도관 내강 직경은 51~100㎛로 비교적 작고, 1㎟당 도관 수는 5~20개로 보통이다. 섬유세포벽 두께는 비교적 얇아서 세포벽 내강 직경이 인접한 두 섬유세포벽과 비슷하다. 주축유조직은 연륜계상 대상유조직을 형성한다.

방사단면 도관 천공은 주로 단천공이지만 드물게 계단의 수가 10개 이하로 적은 계단상천공도 형성한다. 도관 간 벽공 배열은 교호상이고, 크기는 4㎛ 이하로 작다. 방사도관 벽공은 원형 혹은 각형이다. 방사조직의 다열부는 평복세포이고 가장사리 1열만 직립세포 또는 방형세포인 경우가 많고, 평복세포와 직립세포 그리고 방형세포가 혼재된 경우도 있다. 섬유세포는 단벽공 혹은 3㎛ 이하의 작은 유연벽공을 발생한다.

접선단면 방사조직 폭은 1~3 세포 폭이고, 1㎜당 방사조직 세포수는 5~12개이다. 주축유세포 스트랜드 개수는 3~4개이다.

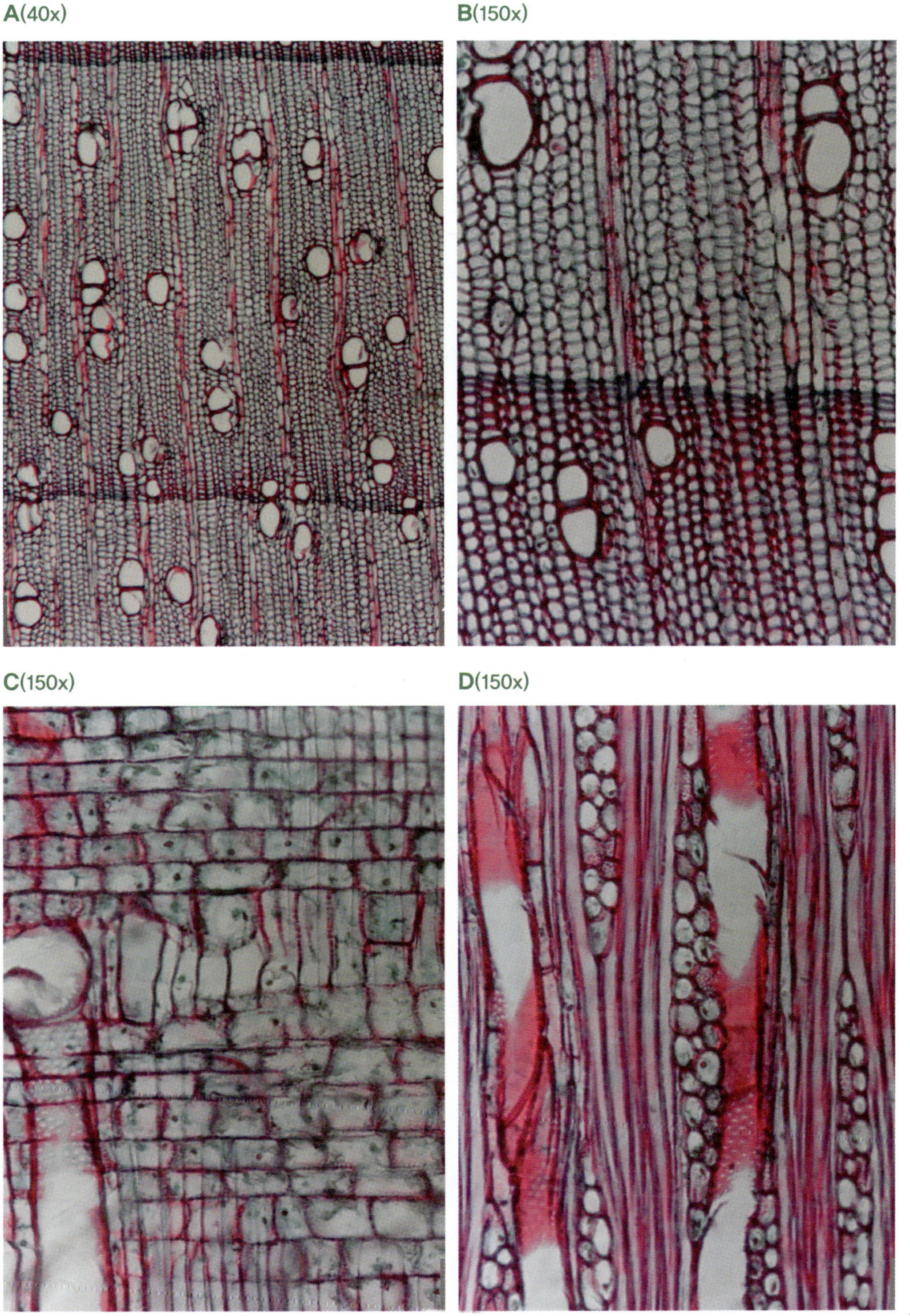

그림 3. 한국산 월계수의 횡단면(그림 A, B), 방사단면(그림 C), 접선단면(그림 D)에 대한 현미경 사진.

4. 생강나무

***Lindera obtusiloba* Blume**

종	생강나무
속	생강나무속
과	녹나무과

횡단면 생장륜 경계는 뚜렷하다. 도관 분포는 산공재이고, 그 집단은 고립도관 또는 2~4개 세포로 된 방사복합도관이다. 도관 내강 직경은 50㎛ 이하로 아주 작고, 1㎟당 도관 수는 21~40개로 보통이다. 섬유세포벽 두께는 보통으로 목섬유 내강 직경이 인접한 두 섬유세포벽의 두께와 비슷하다. 주축유조직은 주위상 수반유조직을 형성한다.

방사단면 도관 천공은 단천공을 생성한다. 도관 간 벽공 배열은 교호상이며, 그 크기는 4㎛ 이하로 작다. 방사도관 벽공은 도관 상호간 벽공과 비슷한 유연벽공과 원형 또는 각형의 단벽공이다. 방사조직의 다열부는 평복세포이고 가장자리 1열만 직립세포 혹은 방형세포 형태이다. 섬유세포에는 단벽공 혹은 3㎛ 이하의 작은 유연벽공이 생성한다. 방사조직 또는 주축유조직과 연결되어 있는 오일 및 점액세포를 생성한다.

접선단면 방사조직 폭은 1~3 세포 폭이고, 1㎜당 방사조직 세포 수는 5~12개이다. 주축유세포 스트랜드 개수는 3~8개이다.

A(40x)

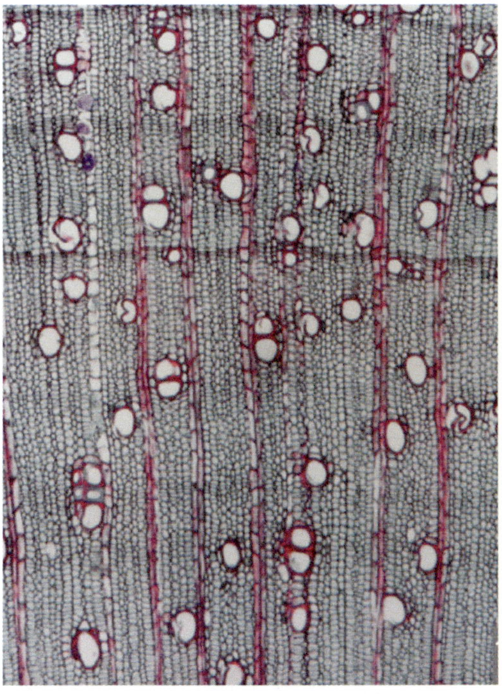

B(150x)

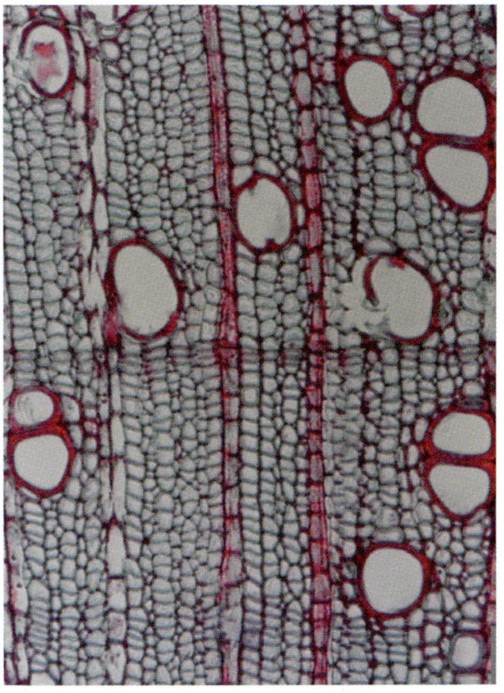

C(150x)

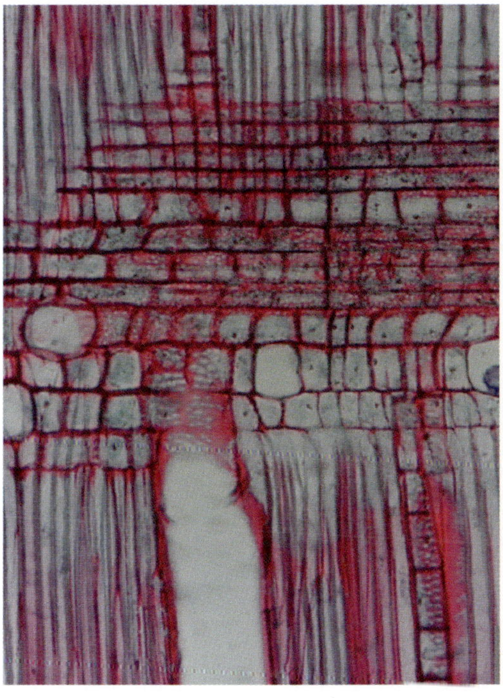

D(150x)

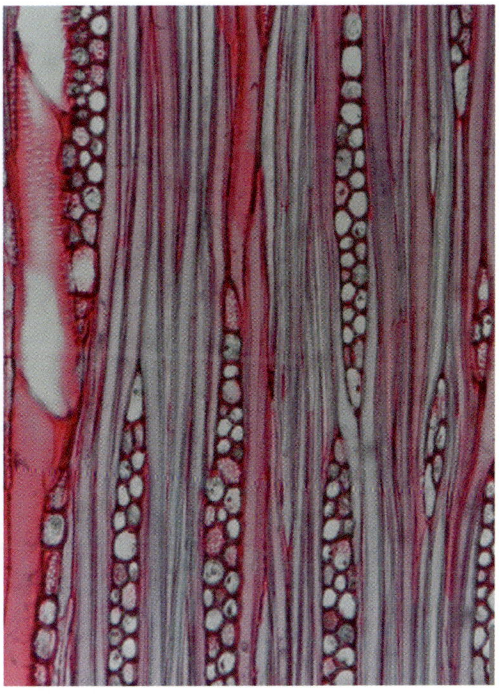

그림 4. 한국산 생강나무의 횡단면(그림 A, B), 방사단면(그림 C), 접선단면(그림 D)에 대한 현미경 사진.

5. 양버즘나무

***Platanus occidentalis* L.**

종	양버즘나부
속	버즘나무속
과	버즘나무과

횡단면 생장륜 경계는 뚜렷하다. 도관 분포는 산공재이고, 그 대부분은 고립도관공이고 외형이 각형이다. 도관 내강 직경은 51~100㎛로 작고, 1㎟당 도관 수는 101개 이상으로 아주 많다. 섬유세포벽 두께는 보통으로 목섬유 내강 직경이 인접한 두 섬유세포벽의 두께와 비슷하다. 주축유조직은 산재상 또는 짧은 접선상 독립유조직을 형성한다.

방사단면 도관 천공은 단천공 또는 계단 수가 11~20개로 적은 계단상천공이다. 도관 간 벽공 배열은 주로 대상이며, 크기는 5~7㎛로 작다. 도관 벽공은 도관 상호간 벽공과 유사한 유연벽공이다. 방사조직은 평복세포만 형성한다. 섬유세포는 유연벽공을 생성하는 섬유상가도관이며, 방사면과 접선면 모두 벽공이 있다. 방사조직 폭은 11 세포 폭 이상이고, 평복세포 내에 프리즘형 결정을 생성한다.

접선단면 방사조직 폭은 11 세포 폭 이상이고, 그 높이는 1㎜ 이상이며, 1㎟당 방사조직 세포 수는 4개 이하이다. 주축유세포 스트랜드 개수는 5~8개이다.

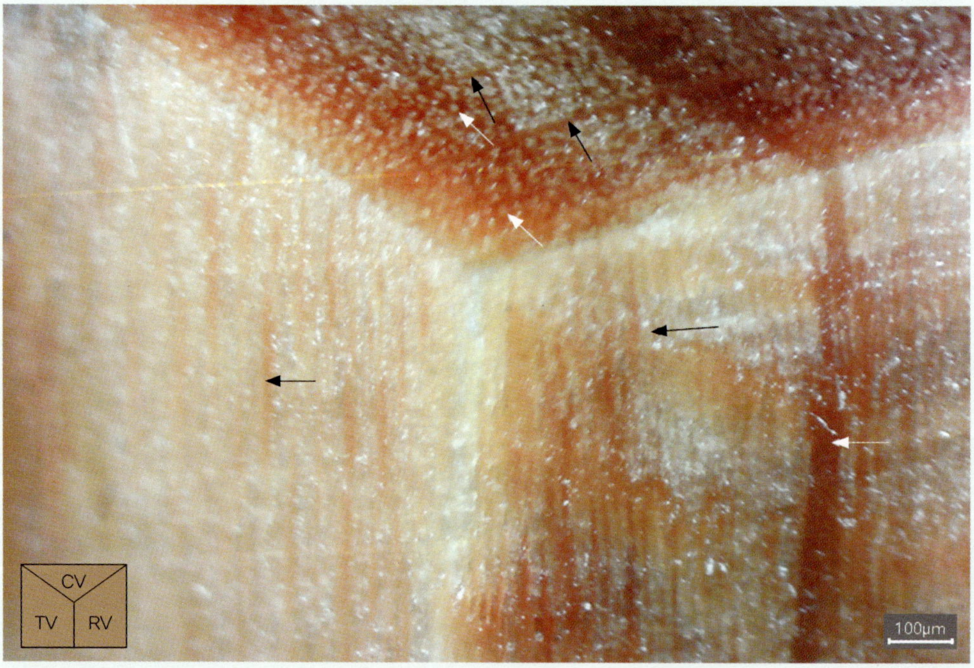

그림 5b. 양버즘나무의 3단면 해부현미경 사진. CV: 생장륜의 경계는 4~6 세포 폭으로 뚜렷하며, 조재에서 만재로의 이행은 완만하고, 산공재이다. 2~10 세포 두께의 방사유세포(검은색 화살표)와 도관공 또는 그 집합이 살색의 점들처럼 분포(검은색 화살표), 갈색은 섬유세포 군집; RV: 주축으로 배열된 살색의 도관(검은색 화살표), 주축 섬유세포 군집이 갈색으로 나타남(흰색 화살표); TV: 주축의 접선으로 나타나는 갈색의 유세포 군집(검은색 화살표).

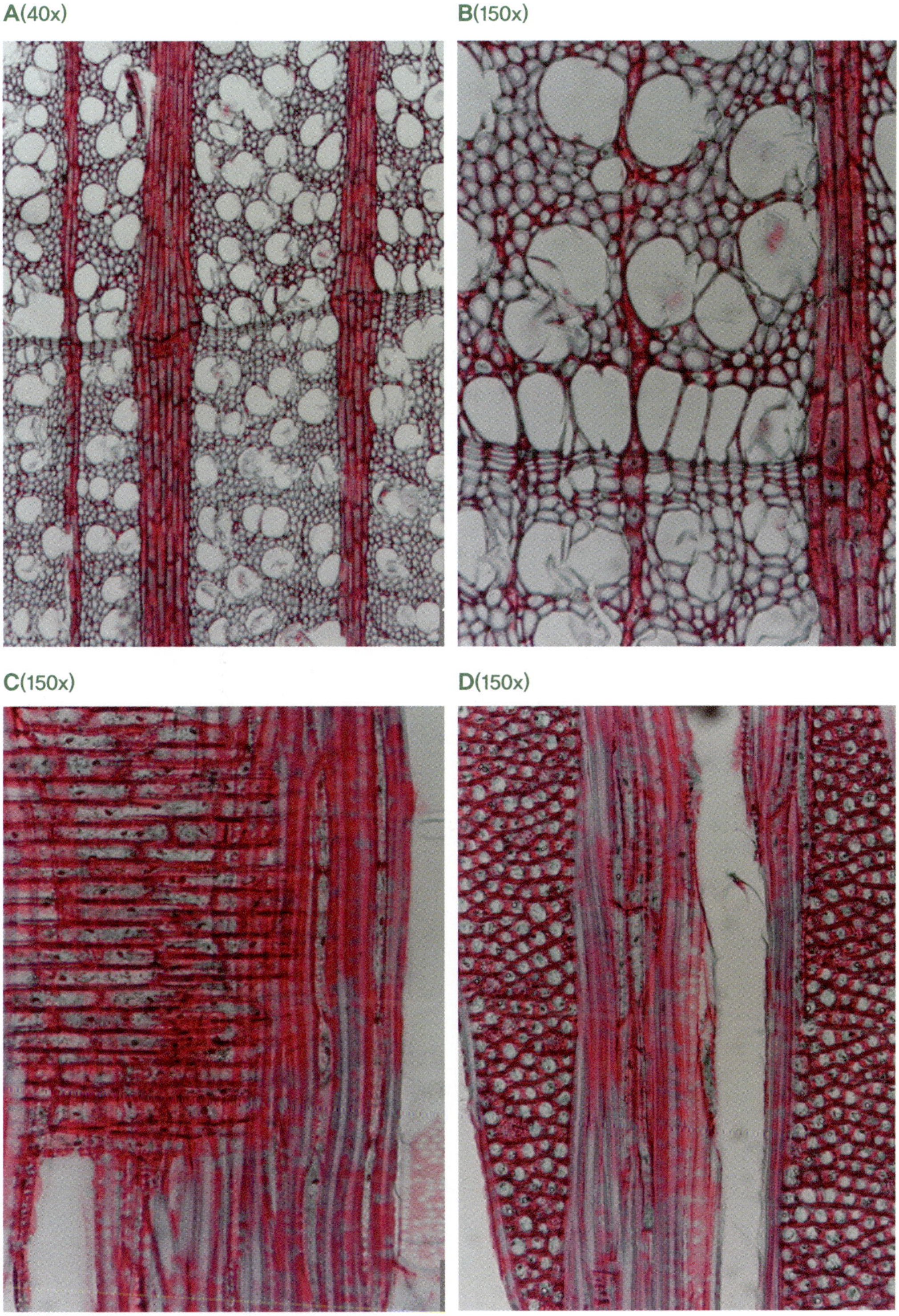

그림 5a. 한국산 양버즘나무의 횡단면(그림 A, B), 방사단면(그림 C), 접선단면(그림 D)의 현미경 사진.

6. 팽나무

Celtis sinensis Pers.

종	팽나무
속	팽나무속
과	느릅나무과

횡단면 생장륜 경계는 뚜렷하다. 도관 분포는 환공재이고, 배열은 접선상 또는 방사상이며, 집단도관 형태가 빈번하게 형성된다. 도관 내강 직경은 101~200㎛로 다소 크고, 타일로시스가 흔하게 생성된다. 섬유세포벽 두께는 보통으로 목섬유 내강 직경이 인접한 두 섬유세포벽의 두께와 비슷하다. 주축유조직은 주위상, 익상, 그리고 연합익상 등 수반유조직과 대상유조직은 연륜계상 생성하는 등 다양한 형태가 있다.

방사단면 도관 천공은 단천공을 형성한다. 도관 간 벽공 배열은 교호상이며, 크기는 10㎛이상으로 보통이다. 방사도관은 원형의 단벽공을 생성한다. 방사조직 다열부는 평복세포이고, 가장자리 1~4열이 직립 또는 방형세포 형태이다. 섬유세포는 단벽공 혹은 3㎛ 이하의 작은 유연벽공을 발생한다. 방사조직의 평복세포, 직립세포, 그리고 방형세포 내에 프리즘형 결정을 생성한다. 도관상 가도관이 발달되어 있다.

접선단면 방사조직 폭은 주로 10열 이상이고, 1㎜당 방사조직 세포 수는 5~12개이다. 방사조직 가장자리에 안쪽 평복세포를 칼집 모양으로 둘러싸고 있는 직립세포인 초상세포를 형성한다. 주축유세포 스트랜드 개수는 2~8개이다. 주축유세포 내에 프리즘형 결정을 생성한다.

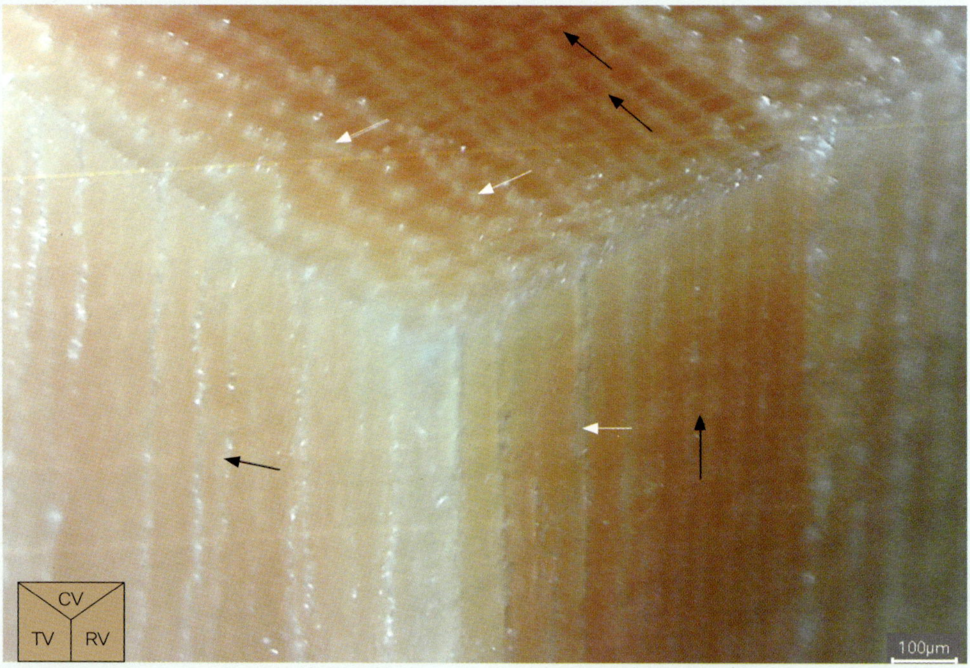

그림 6b. 팽나무의 3단면 해부현미경 사진. CV: 생장륜의 경계는 뚜렷하며, 조재에서 만재로의 이행은 완만하고, 반환공재이다. 1~5 세포 두께의 방사유세포(검은색 화살표)와 흰색의 도관공 집합체(흰색 화살표)가 조재와 만재에 분포; RV: 횡으로 배열된 20 세포 이상 폭의 희미한 흰색 띠로 나타나는 방사유세포(검은색 화살표)와 주축으로 배열된 흰색의 도관 집합(흰색 화살표); TV: 주축의 접선으로 나타나는 흰색의 도관(검은색 화살표).

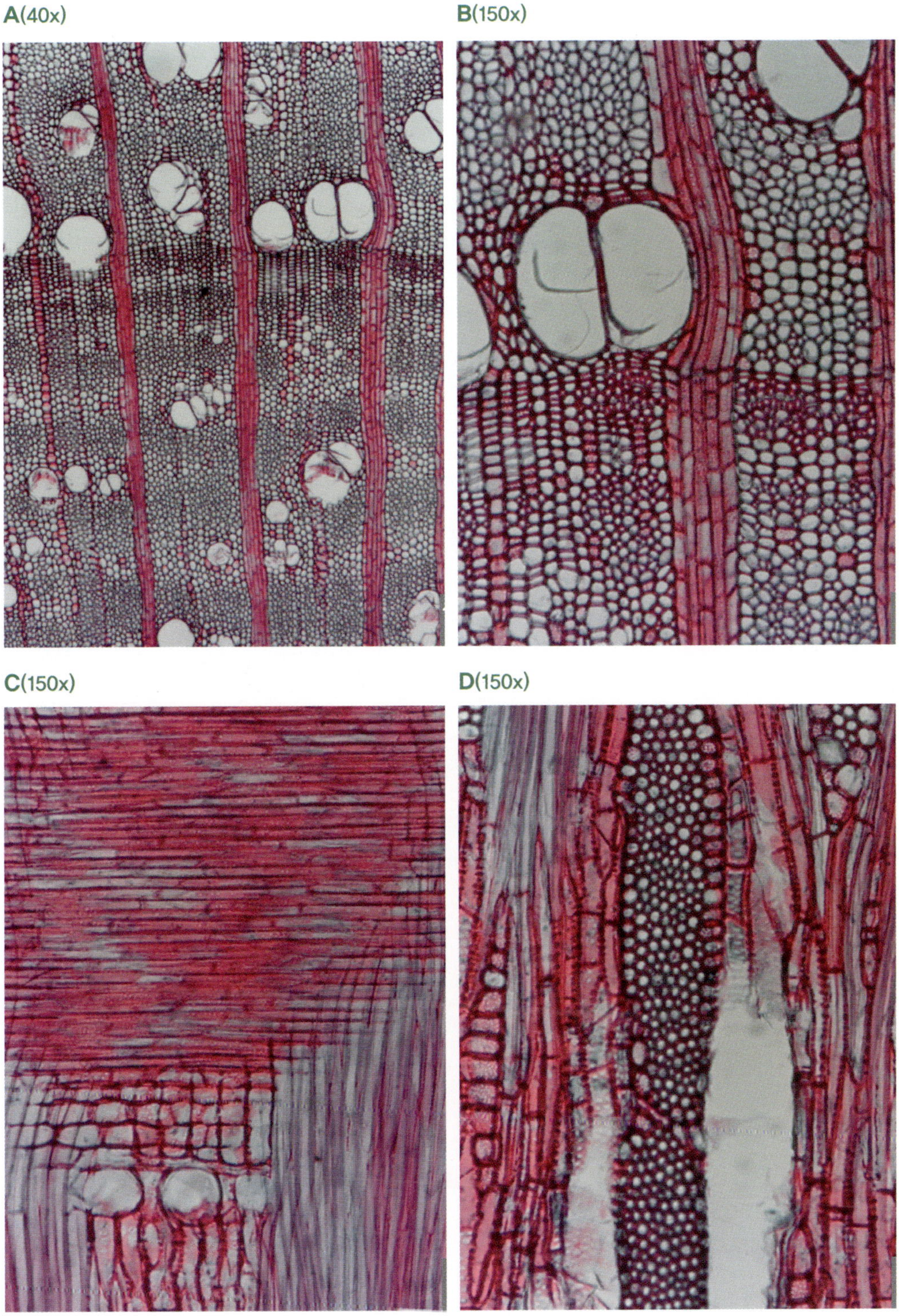

그림 6a. 한국산 팽나무의 횡단면(그림 A, B), 방사단면(그림 C), 접선단면(그림 D)에 대한 현미경 사진.

7. 참느릅나무

Ulmus parvifolia Jacq.

종	참느릅나무
속	느릅나무속
과	느릅나무과

횡단면 생장륜 경계는 뚜렷하다. 도관 분포는 환공재이고, 배열은 접선상 또는 방사상이며, 집단도관이 비번하게 발달된다. 도관 내강 직경은 101~200㎛로 다고 크고, 타일로시스가 다소 생성된다. 섬유세포벽 두께는 매우 두꺼운 편으로 횡단면상 목섬유 내강이 거의 없다. 주축유조직은 산재상 독립유조직, 주위상 수반유조직, 그리고 연륜계상 대상 유조직 등 여러 형태를 발생한다.

방사단면 도관 천공은 대부분 단천공이다. 도관 간 벽공 배열은 교호상이다. 방사도관 벽공은 원형의 단벽공으로, 크기는 8~10㎛으로 보통이다. 방사조직은 평복세포로만 구성되어 있다. 섬유세포에는 단벽공 혹은 3㎛ 이하의 작은 유연벽공이 존재한다. 방사조직의 평복세포 내에 프리즘형 결정을 생성한다. 도관상 가도관이 발달되어 있다.

접선단면 방사조직 폭은 4~10 세포 폭이고 방사조직 높이는 주로 1㎜ 이상이며, 1㎜당 방사조직 세포 수는 5~12개이다. 주축유세포 스트랜드 개수는 2~4개이다. 주축유세포 내에 프리즘형 결정을 생성한다.

그림 7b. 참느릅나무의 3단면 해부현미경 사진. CV: 생장륜의 경계는 뚜렷하고, 환공재와 산공재이다. 2~5 세포 두께의 방사유세포(흰색 화살표)와 흰색의 작은 도관공 집합체들이 조재와 만재에 분포(검은색 화살표), 흰색 테두리 직사각형 내부에 갈색은 섬유세포들의 집합체임; RV: 횡으로 배열된 2~5 세포 이상 폭의 흰색 띠로 나타나는 방사유세포(검은색 화살표)와 주축으로 배열된 흰색의 도관(흰색 화살표). 갈색 바탕은 섬유세포들의 집합임; TV: 주축으로 배열된 조재내 주축으로 삥뚤린 도관(검은색 화살표)과 흰색 줄로 나타나는 만재 작은 도관(검은색 화살표).

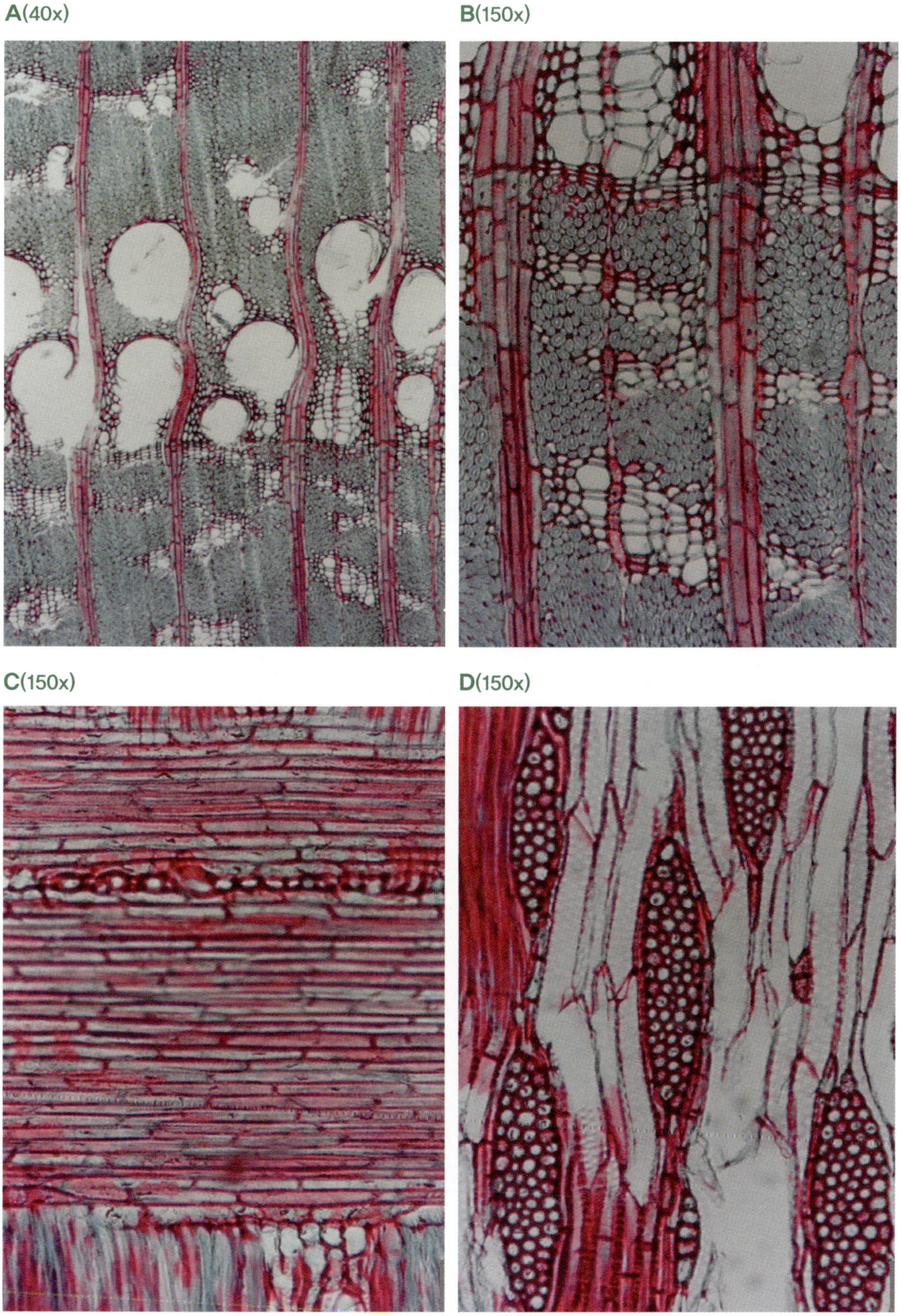

그림 7a. 한국산 참느릅나무의 횡단면(그림 A, B), 방사단면(그림 C), 접선단면(그림 D)에 대한 현미경 사진.

8. 느티나무

Zelkova serrata (Thunb.) Makino

종	느티나무
속	느티나무속
과	느릅나무과

횡단면 생장륜 경계는 뚜렷하다. 도관 분포는 환공재이고, 배열은 접선상 혹은 방사상이며, 집단도관이 빈번하게 나타난다. 도관 내강 직경은 201㎛ 이상으로 매우 크다. 섬유세포벽 두께는 보통으로 목섬유 내강 직경이 인접한 두 섬유세포벽 두께와 비슷하다. 주축유조직은 주위상 수반유조직과 연륜계상 대상유조직을 형성한다.

방사단면 도관은 주로 단천공을 형성한다. 도관 간 벽공 배열은 다각형의 교호상이며, 그 크기는 5~7㎛로 작다. 방사도관 벽공은 도관 상호간 벽공과 유사한 유연벽공이거나 원형 혹은 각형의 단벽공이다. 방사조직 디열부는 평복세포이고 가장자리 1열만 직립세포 혹은 방형세포이다. 섬유세포는 단벽공 혹은 3㎛ 이하의 작은 유연벽공을 발달한다. 방사조직은 평복세포, 직립세포, 그리고 방형세포로 다양하며, 확장된 이형세포 내에 프리즘형 결정을 생성한다.

접선단면 방사조직 폭은 4~10 세포 폭이고, 1㎜당 방사조직 세포 수는 5~12개이다. 주축유세포 스트랜드 개수는 2~4개이다.

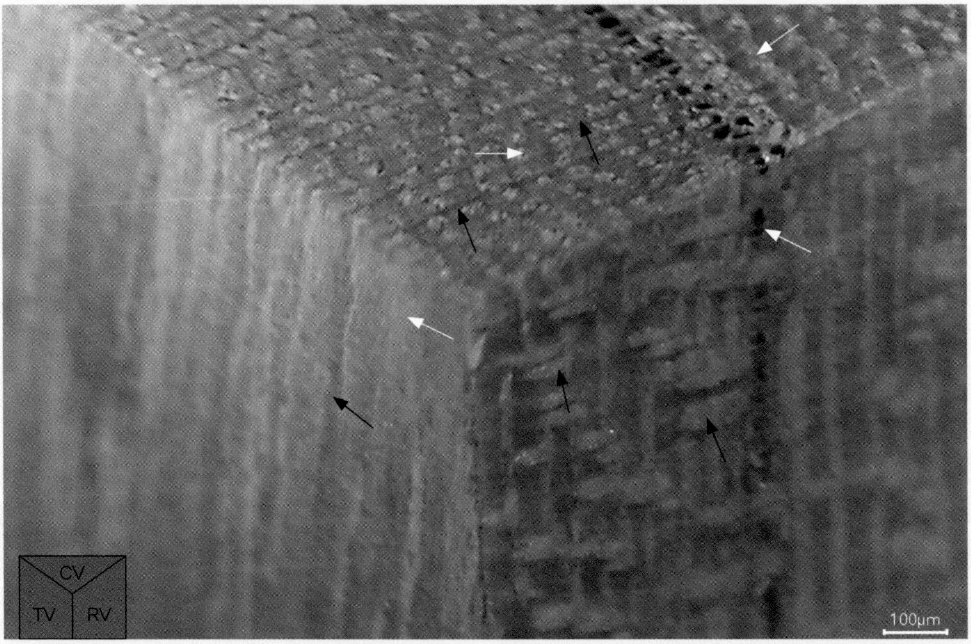

그림 8b. 느티나무의 3단면 해부현미경 사진. CV: 생장륜의 경계는 뚜렷하고, 환공재이다. 조재에서 만재로의 이행이 점진적이다. 1~5 세포 폭의 갈색선으로 보이는 방사유세포(검은색 화살표)와 흰색의 도관공 집단이 띠 모양으로 서로 연결된 것처럼 보임(흰색 화살표), 연한 파랑색 부분은 섬유세포 집단임; RV: 횡으로 배열된 10~20 세포 이상 폭의 흰색 띠로 나타나는 방사유세포(검은색 화살표)와 주축으로 배열된 진갈색의 조재 도관공(흰색 화살표); TV: 주축의 접선으로 나타나는 갈색의 도관 군집(검은색 화살표)와 청색으로 보이는 섬유세포 집단(흰색 화살표).

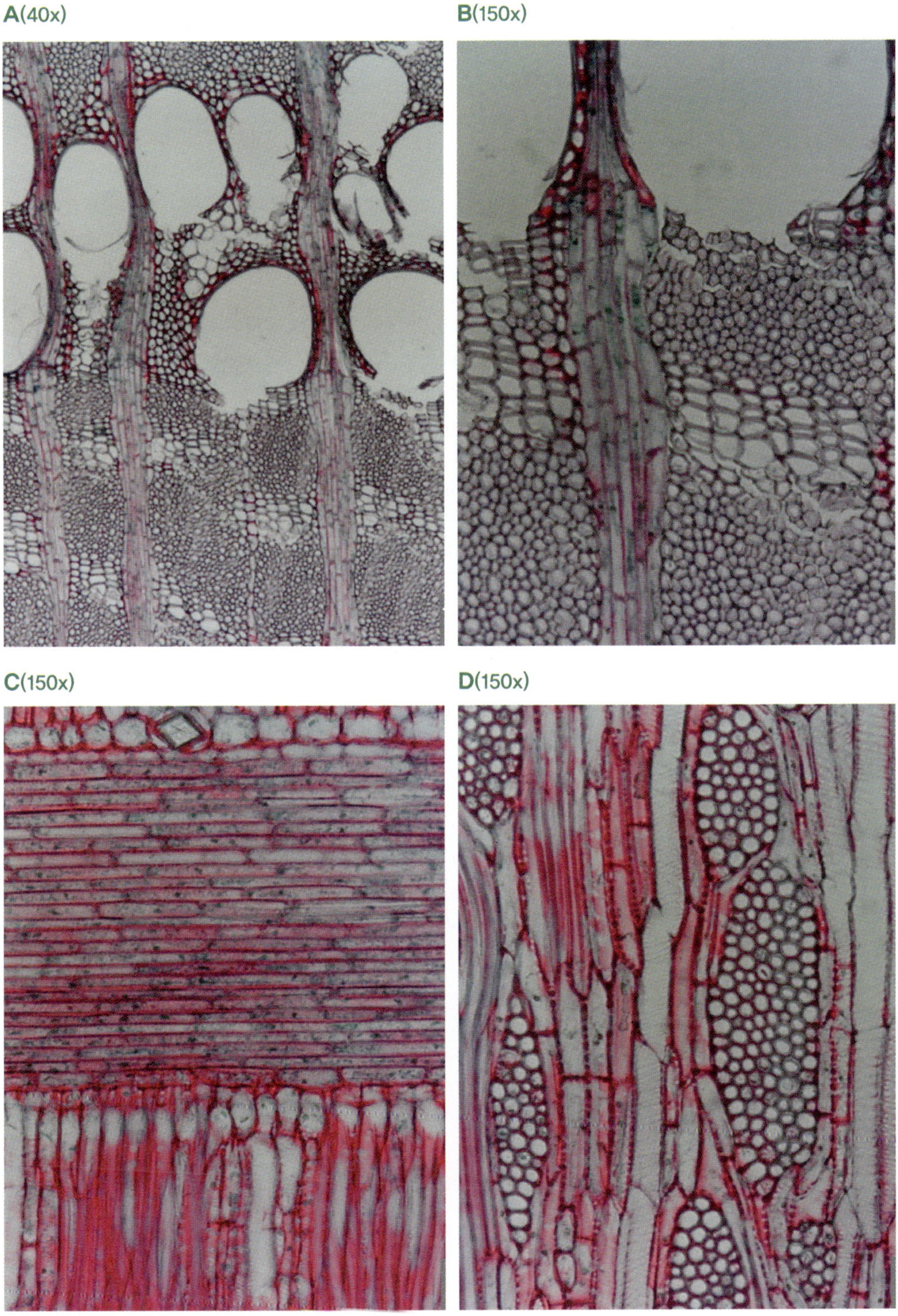

그림 8a. 한국산 느티나무의 횡단면(그림 A, B), 방사단면(그림 C), 접선단면(그림 D)에 대한 현미경 사진.

9. 꾸지나무

Broussonetia papyrifera **(L.) L' Hér. ex Vent.**

종	꾸지나무
속	닥나무속
과	뽕나무과

횡단면 생장륜 경계는 뚜렷하다. 도관 분포는 환공재이고, 배열은 접선상이며, 집단도관이 빈번하다. 도관 내강 직경은 101~200㎛로 다소 크고, 타일로시스가 많이 형성된다. 섬유세포벽 두께는 비교적 얇고, 그 내강 직경이 인접한 두 섬유세포벽 두께보다 3배 이상이다. 주축유조직은 주위상 및 익상의 수반유조직과 연륜계상의 대상유조직을 생성한다.

방사단면 도관은 주로 단천공을 형성한다. 도관 간 벽공 배열은 교호상이며, 그 크기는 8~10㎛로 보통이다. 방사도관 벽공은 원형의 단벽공 또는 계단상과 책상의 단벽공을 생성한다. 방사조직은 평복세포로만 구성되거나, 다열부에는 평복세포로 가장자리 1열은 직립세포 혹은 방형세포가 형성된다. 섬유세포는 단벽공 혹은 3㎛ 이하의 작은 유연벽공이 발달된다. 방사조직은 평복세포, 직립세포, 그리고 방형세포을 형성하고, 방형세포 내에 프리즘형 결정을 생성한다. 도관상 가도관이 발달되어 있다.

접선단면 방사조직 폭은 1~3 세포 폭이고, 1㎜당 방사조직 세포 수는 5~12개이다. 주축유세포 스트랜드 개수는 3~8개이다.

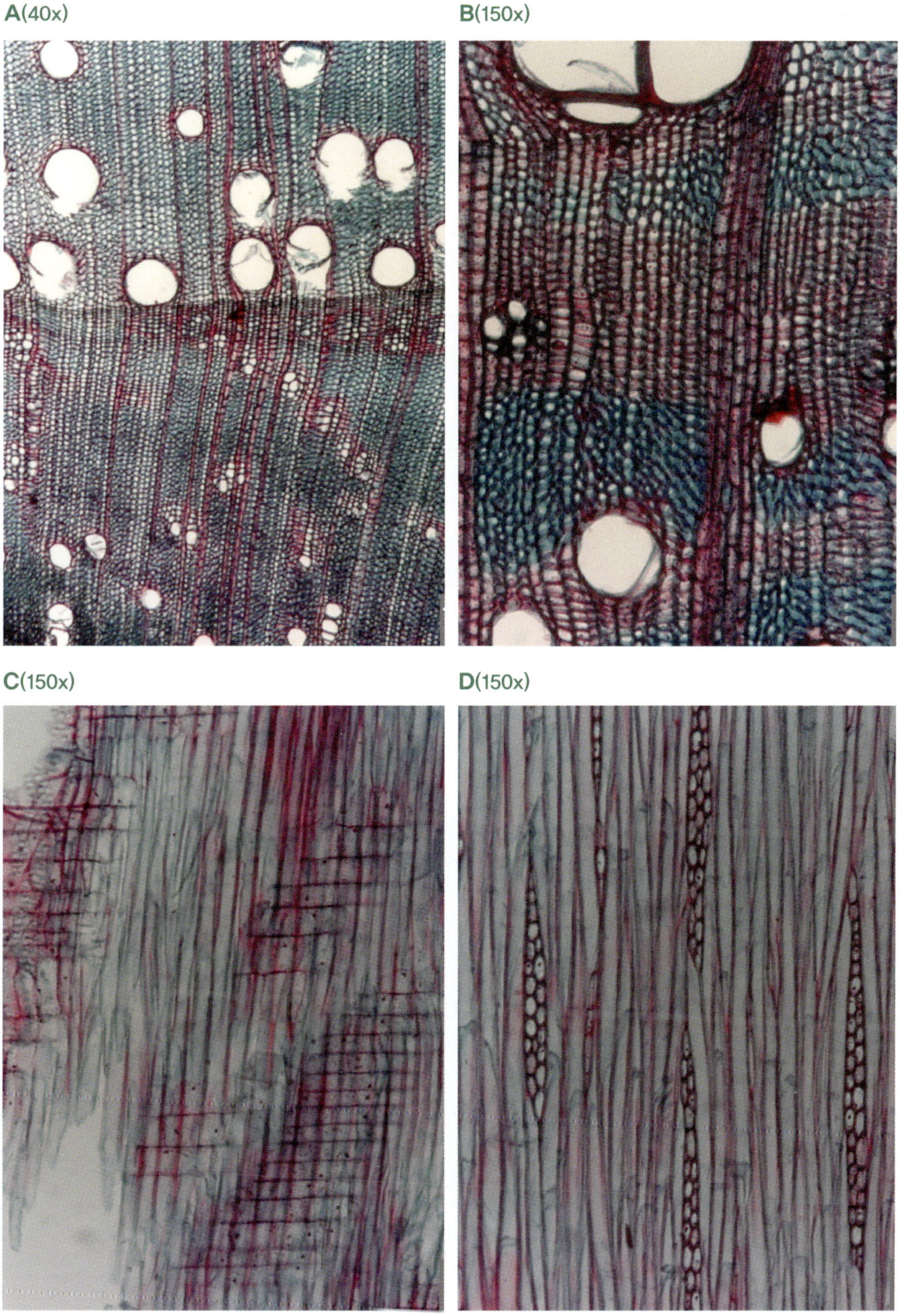

그림 9. 한국산 꾸지나무의 횡단면(그림 A, B), 방사단면(그림 C), 접선단면(그림 D)에 대한 현미경 사진.

10. 꾸지뽕나무

Cudrania tricuspidata (Carrière) Bureau ex Lavallée

종	꾸찌뽕나무
속	꾸찌뽕나무속
과	뽕나무과

횡단면 생장륜 경계는 뚜렷하다. 도관 분포는 환공재이고, 배열은 주로 고립도관이고 집단도관이 가끔 생성된다. 도관 내강 직경은 101~200㎛로 다소 크고 타일로시스가 빈번하다. 섬유세포벽 두께는 매우 두꺼워서 목섬유 내강이 거의 없다. 주축유조직은 주위상과 익상의 수반유조직과 연륜계상 대상유조직이 생성된다.

방사단면 도관 천공은 단천공을 생성한다. 도관 간 벽공 배열은 다각형의 교호상이며, 그 크기는 8~10㎛로 보통이다. 방사도관 벽공은 원형 혹은 각형의 단벽공이다. 방사조직은 평복세포로만 구성되거나 다열부는 평복세포로 가장자리 1열은 직립세포 혹은 방형세포인 형태를 띤다. 섬유세포는 단벽공 혹은 3㎛ 이하의 작은 유연벽공을 발달한다.

접선단면 방사조직 폭은 4~10 세포 폭이고, 그 높이는 1㎜ 이상이며, 1㎜당 방사조직의 세포 수는 5~12개이다. 주축유세포는 방추형유세포와 유세포스트랜드 형태가 발달되고, 유세포 스트랜드 개수는 2~4개이다. 주축유세포에 프리즘형 결정이 생성된다.

A(40x)

B(150x)

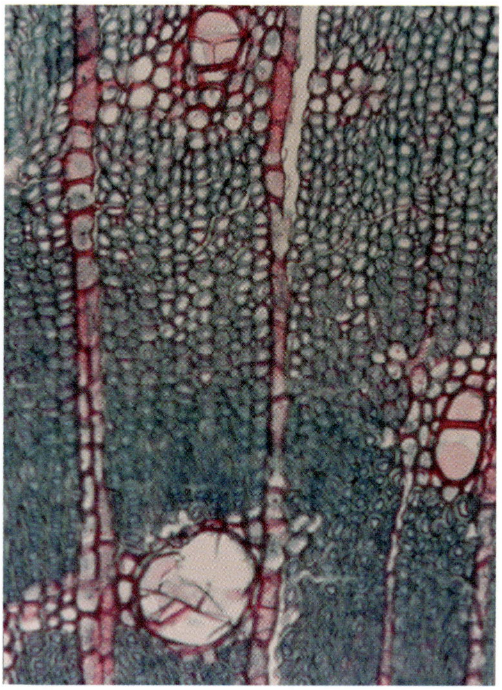

C(150x)

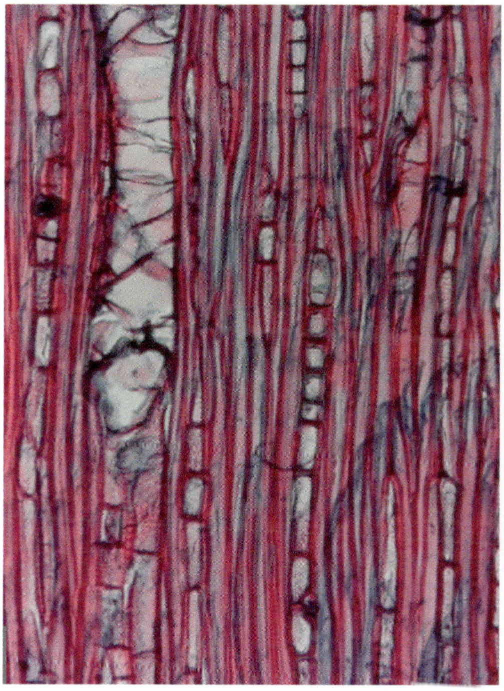

D(150x)

그림 10. 한국산 꾸지뽕나무의 횡단면(그림 A, B), 방사단면(그림 C), 접선단면(그림 D)에 대한 현미경 사진.

11. 모람

Ficus oxyphylla **Miq. ex Zoll.**

종	모람
속	무화과나무속
과	뽕나무과

횡단면 생장륜은 경계가 뚜렷하다. 도관 분포는 산공재이다. 도관 집단은 대부분 2~4개로 된 방사복합도관이다. 도관 내강 직경은 51~100㎛로 비교적 작고, 1㎟당 도관 수는 101개 이상으로 매우 많으며, 타일로시스가 빈번히 생성된다. 섬유세포벽 두께는 매우 두껍게 비후되어 횡단면상 목섬유 내강을 거의 채운다. 주축유조직은 주위상의 수반유조직과 3 세포층 이상의 대상유조직을 형성한다.

방사단면 도관 천공은 단천공을 형성한다. 도관 간 벽공 배열은 계단상이다. 방사도관 벽공은 계단상 혹은 책상의 단벽공이다. 방사조직의 다열부는 평복세포이고 가장자리 1열만 직립세포 또는 방형세포 형태를 생성한다. 섬유세포는 단벽공 혹은 3㎛ 이하의 작은 유연벽공을 형성한다.

접선단면 방사조직 폭은 4~10 세포 폭이고, 높이는 1㎜ 이상이며, 1㎜당 방사조직 세포 수는 5~12개이다. 주축유세포는 방추형과 유세포 스트랜드 형태이며, 스트랜드 개수는 3~8개이다.

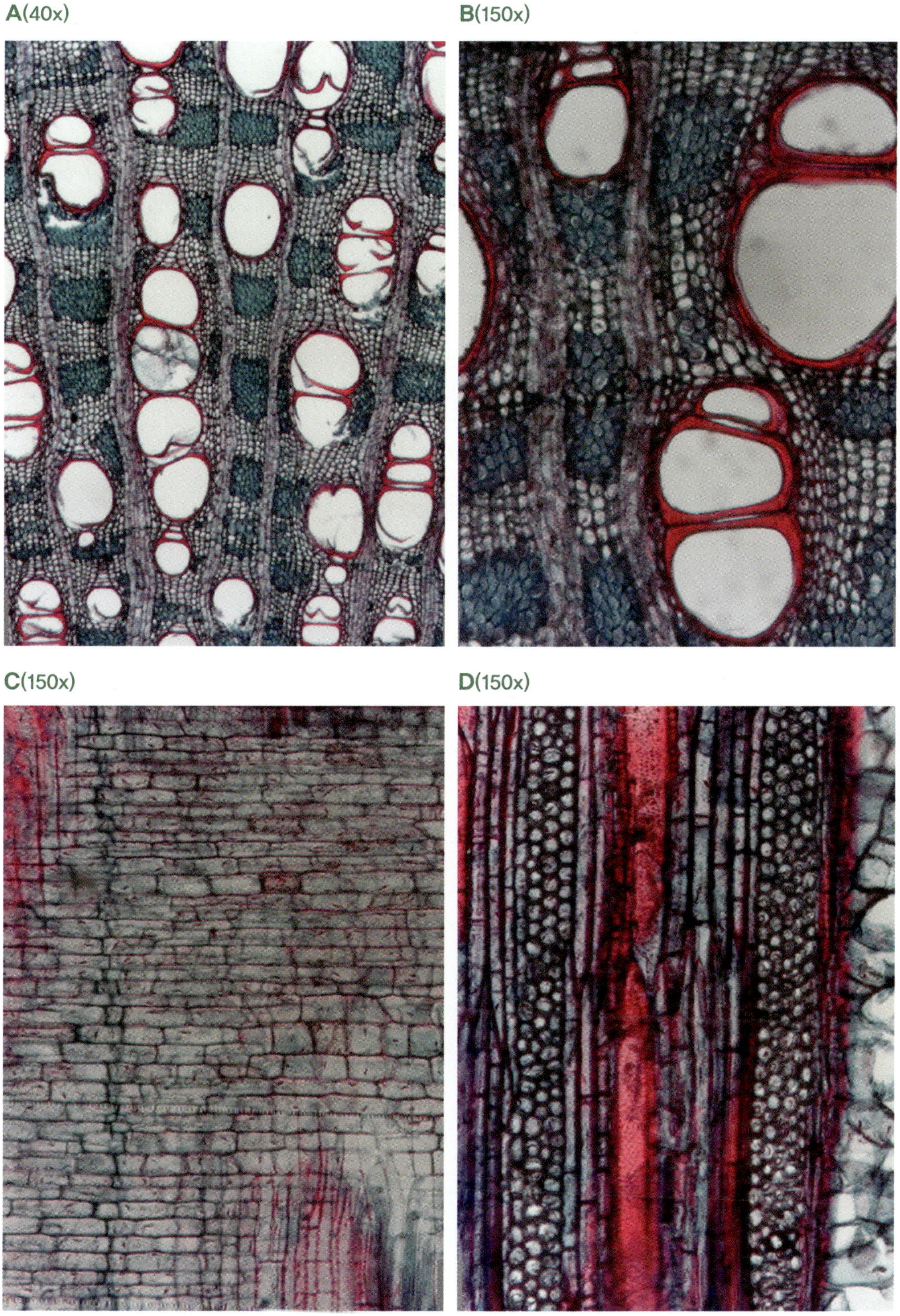

그림 11. 한국산 모람의 횡단면(그림 A, B), 방사단면(그림 C), 접선단면(그림 D)에 대한 현미경 사진.

12. 산뽕나무

***Morus bombycis* Koidz.**

종	산뽕나무
속	뽕나무속
과	뽕나무과

횡단면 생장륜 경계는 뚜렷하다. 도관 분포는 환공재이고, 배열은 접선상이며, 집단도관이 빈번하게 형성된다. 도관 내강 직경은 101~200㎛로 다소 크고, 타일로시스가 빈번하다. 섬유세포벽 두께는 보통으로 목섬유 내강 직경이 인접한 두 섬유세포벽의 두께와 비슷하다. 주축유조직은 주위상 및 익상의 수반유조직과 연륜계상 대상유조직을 생성한다.

방사단면 도관 천공은 주로 단천공을 생성한다. 도관 간 벽공은 교호상 배열을 하며, 크기는 8~10㎛로 보통이다. 방사도관 벽공은 원형 혹은 각형의 단벽공이다. 방사조직 다열부는 평복세포이고 가장자리 1~4열만 직립세포 혹은 방형세포 형태이다. 섬유세포는 단벽공 또는 3㎛ 이하의 작은 유연벽공을 형성한다. 방사조직은 직립세포이다.

접선단면 방사조직 폭은 4~10 세포 폭이고, 높이는 1㎜ 이상이며, 1㎜당 방사조직 세포 수는 5~12개이다. 주축유세포 스트랜드 수는 3~8개이다.

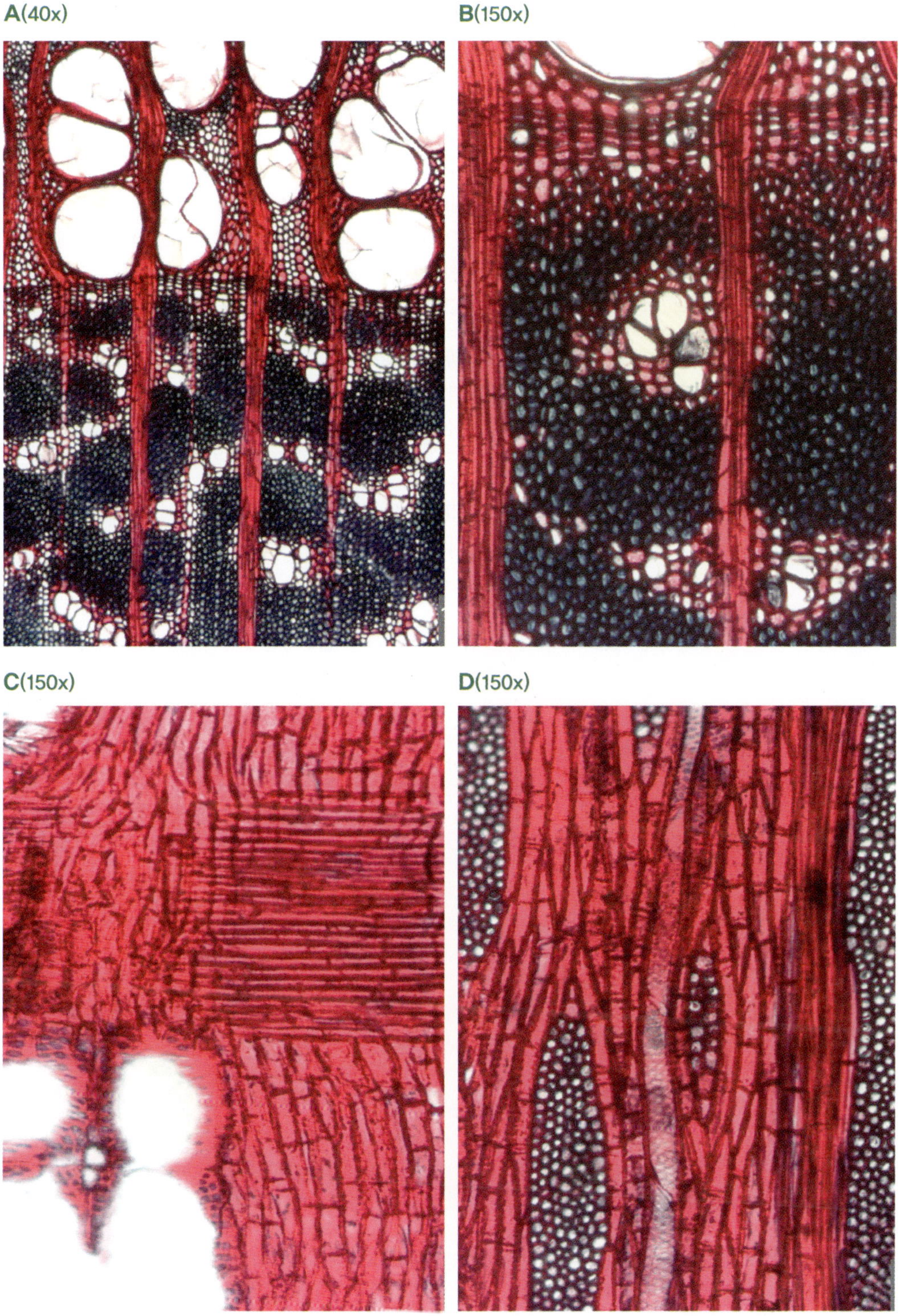

그림 12. 한국산 산뽕나무의 횡단면(그림 A, B), 방사단면(그림 C), 접선단면(그림 D)에 대한 현미경 사진.

13. 가래나무

Juglans mandshurica Maxim.

종	가래나무
속	가래나무속
과	가래나무과

횡단면 생장륜 경계는 뚜렷하다. 도관 분포는 반환공재이며, 주로 고립도관으로 배열한다. 도관 내강 직경은 101~200㎛로 비교적 크고, 타일로시스가 흔하게 생성된다. 1㎟당 도관 수는 5~20개로 다소 적다. 섬유세포벽 두께는 얇은 편이며, 내강 직경은 인접한 두 섬유세포벽의 두께보다 3배 이상이다. 주축유조직은 도관과 무관하게 발달하는 산재상과 짧은 접선상, 도관을 둘러싸는 주위상, 그리고 띠 모양의 연륜계상 등으로 다양한 형태를 형성한다.

방사단면 도관 천공은 단천공이고, 도관간 벽공 배열은 교호상이며, 크기는 8~10㎛로 보통이다. 도관벽공은 도관 상호간 벽공과 유사한 유연벽공이 대부분이지만 더러는 원형 혹은 각형의 단벽공도 형성한다. 방사조직은 평복세포로만 형성되거나 드물게 다열부 가장자리 1열만 직립세포 혹은 방형세포를 생성한다. 섬유세포는 단벽공 혹은 3㎛ 이하의 작은 유연벽공을 생성한다.

접선단면 방사조직의 폭은 주로 1~3 세포이고, 1㎜당 방사조직 세포 수는 5~12개로 보통이다. 주축유세포 스트랜드의 개수는 3~8개이다.

그림 13b. 가래나무의 3단면 해부현미경 사진. CV: 생장륜의 경계는 2~4 세포 폭이고, 조재에서 만재로의 이행이 완만하며, 산공재이다. 1~5 세포 두께의 방사유세포(검은색 화살표)와 갈색의 도관공이 조재와 만재에 분포(흰색 화살표); RV: 횡으로 배열된 10~20 세포 이상 폭의 흰색 띠로 나타나는 방사유세포(검은색 화살표)와 주축으로 배열된 갈색의 도관(흰색 화살표); TV: 주축의 접선으로 나타나는 갈색의 도관(검은색 화살표).

A(40x)

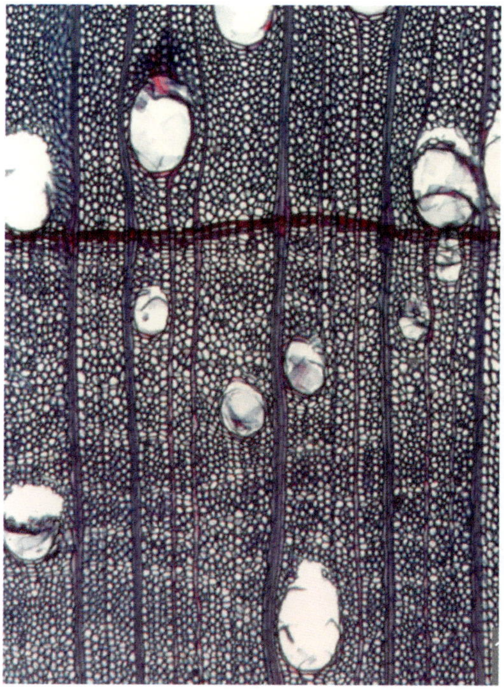

B(150x)

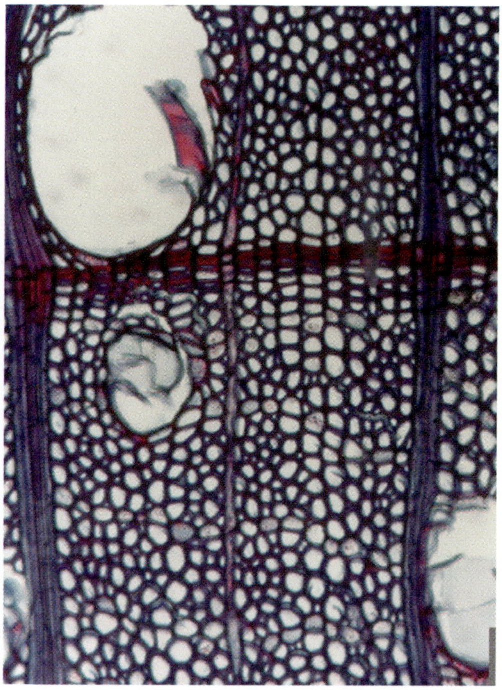

C(150x)

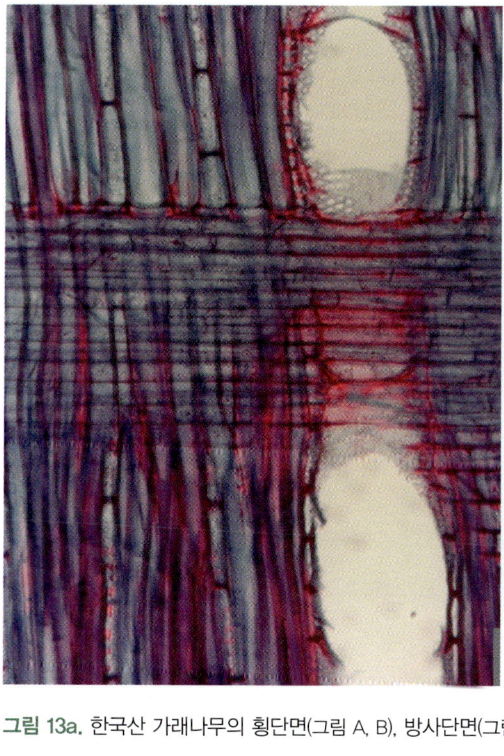

D(150x)

그림 13a. 한국산 가래나무의 횡단면(그림 A, B), 방사단면(그림 C), 접선단면(그림 D)에 대한 현미경 사진.

14. 굴피나무

***Platycarya strobilacea* Siebold & Zucc.**

종	굴피난무
속	굴피나무속
과	가래나무과

횡단면 생장륜 경계는 완만하다. 도관 분포는 환공재이고, 방사상 또는 문양상 배열이며, 집단도관공이다. 도관 내강 직경은 평균 201㎛ 이상으로 비교적 크고, 타일로시스를 흔하게 생성한다. 섬유세포벽 두께는 보통으로 목섬유 내강 직경이 인접한 두 섬유세포벽의 두께와 비슷하다. 주축유조직은 도관과 떨어져 발생하는 산재상과 짧은 접선상, 도관을 둘러싸는 주위상, 그리고 띠를 이루는 계단상과 연륜계상 등으로 다양하게 생성된다.

방사단면 도관 천공은 단천공을 형성하고, 도관 간 벽공배열은 다각형이 교호상으로 배열하며, 그 크기는 8~10㎛로 보통이다. 벽공은 도관 상호간 뚜렷한 유연벽공, 원형, 그리고 각형의 단벽공을 생성한다. 방사조직 다열부는 평복세포이고, 가장자리 1~4열은 직립세포 혹은 방형세포이다. 섬유세포는 단벽공 혹은 3㎛ 이하의 작은 유연벽공을 형성한다. 유조직은 평복세포, 직립세포, 방형세포 등이 있고, 확장된 이형세포 내에는 프리즘형 결정을 생성한다.

접선단면 방사조직은 4~10 세포 폭이고, 그 높이는 1㎜ 이상이며, 1㎜당 세포 수는 5~12개이다. 주축유세포 스트랜드 개수는 3~4개이며, 그 스트랜드 내에 프리즘형 결정을 생성한다.

그림 14b. 굴피나무의 3단면 해부현미경 사진. CV: 생장륜의 경계는 다소 완만하며, 연한 흰색의 조재내 갈색 도관공의 직경이 크고 타원형(흰색 화살표)이지만 만재는 작은 직사각형임. 2~4 세포 두께의 방사유세포(검은색 화살표); RV: 횡으로 배열된 20층 이상 세포 높이의 흰색 띠와 무리로 나타나는 방사유세포(흰색 화살표), 갈색으로 보이는 주축 조재내 도관(검은색 화살표); TV: 접선면 주축 배열의 만재내 도관(검은색 화살표).

A(40x)

B(150x)

C(150x)

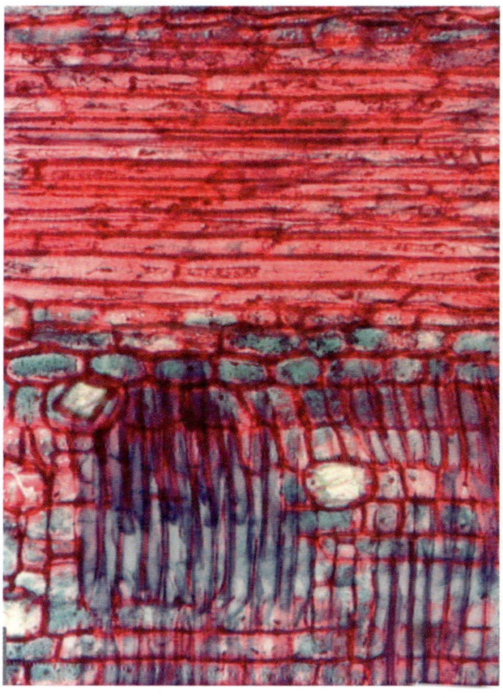

D(150x)

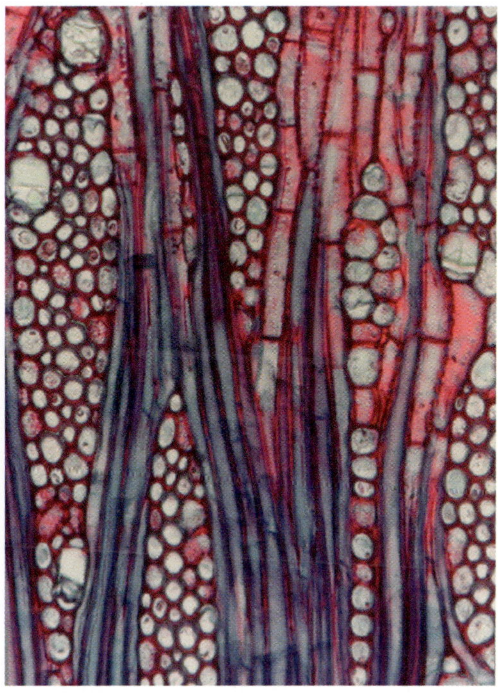

그림 14a. 한국산 굴피나무의 횡단면(그림 A, B), 방사단면(그림 C), 접선단면(그림 D)에 대한 현미경 사진.

15. 중국굴피나무

Pterocarya stenoptera C. DC.

종	중국굴피나무
속	중국굴피나무속
과	가래나무과

횡단면 생장륜 경계는 뚜렷하다. 도관 분포는 반환공재이고, 고립도관 배열이이다. 도관 내강 직경은 101~200㎛이상으로 크고, 타일로시스 생성을 많이 한다. 1㎟당 도관 수는 5~20개로 다소적다. 섬유세포벽 두께는 비교적 얇고, 내강 직경이 인접한 두 섬유세포 세포벽 두께보다 3배 이상이다. 주축유조직은 도관에 떨어져 발생하는 접선상, 도관을 둘러싸는 주위상, 그리고 띠 모양으로 배열하는 망상과 연륜계상 등으로 다양하게 생성된다.

방사단면 도관 천공은 단천공을 형성한다. 도관 간 벽공 배열은 교호상이며, 직경은 11㎛ 이상으로 크다. 도관 벽공은 원형 혹은 각형의 단벽공이다. 방사유조직은 평복세포로만 형성되어 있다. 섬유세포는 유연벽공을 가진 섬유상가도관이다.

접선단면 방사조직은 1~3 세포 폭이고, 1㎜당 방사조직 세포 수는 5~12개이다. 주축유세포 스트랜드의 개수는 9개 이상이다.

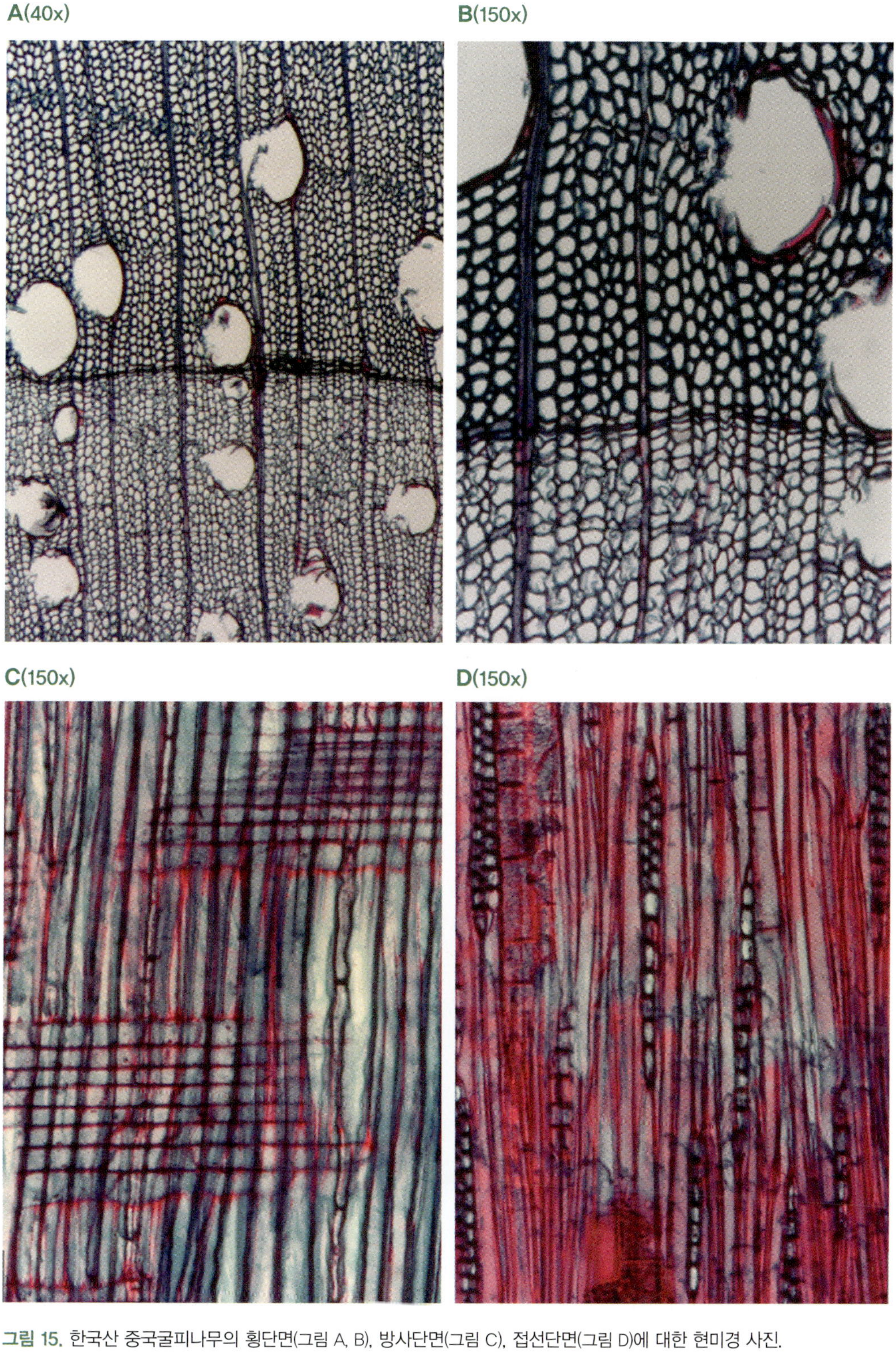

그림 15. 한국산 중국굴피나무의 횡단면(그림 A, B), 방사단면(그림 C), 접선단면(그림 D)에 대한 현미경 사진.

16. 밤나무

Castanea crenata Siebold & Zucc.

종	밤나무
속	밤나무속
과	참나무과

횡단면 생장륜 경계는 뚜렷하다. 도관 분포는 환공재이고, 문양상 배열이며, 고립도관인 경우 외형이 각형이다. 도관 내강 직경은 평균 201㎛ 이상으로 크고, 타일로시스가 드물게 생성된다. 섬유세포벽 두께는 얇아서 내강 직경이 인접한 두 섬유세포벽의 두께보다 3배 이상이다. 주축유조직은 독립적으로 발생하는 산재상과 짧은 접선상을 형성한다.

방사단면 도관천공은 단천공이 많고, 계단상천공은 계단 수가 10개 이하로 적다. 도관 간 벽공의 배열은 교호상이며, 벽공직경은 8～10㎛로 보통이다. 주축 도관벽공은 원형의 단벽공 또는 계단상 혹은 책상의 단벽공으로 나타난다. 방사유조직은 평복세포로만 구성되어 있다. 섬유세포에는 단벽공 혹은 3㎛ 이하의 작은 유연벽공이 존재한다.

접선단면 단열방사조직이 주이고 가끔 2열도 생성되고, 1㎜당 방사조직의 수는 5～12개이다. 주축유세포 스트랜드의 개수는 3～8개이다. 주축 유세포 내에 프리즘형 결정이 드물게 형성된다.

그림 16b. 밤나무의 3단면 해부현미경 사진. CV: 생장륜의 경계는 뚜렷하며, 조재와 만재의 구분이 뚜렷한 환공재이다. 조재내에 직경이 큰 갈색의 도관공이 있고(흰색 화살표) 만재내에는 직경이 작은 갈색의 도관공이 있다(흰색 화살표); RV: 횡으로 배열된 2～20 세포 이상 폭의 흰색 띠로 보이는 방사유세포(검은색 화살표)와 주축으로 배열된 갈색의 도관(흰색 화살표); TV: 주축의 접선으로 나타나는 갈색의 도관(흰색 화살표).

A(40x)

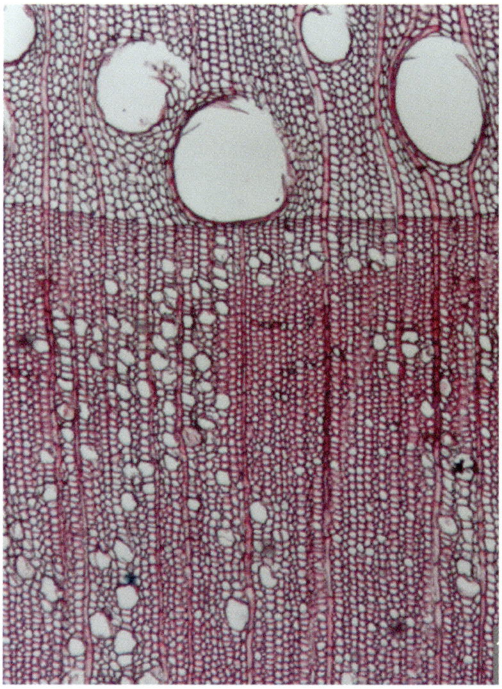

B(150x)

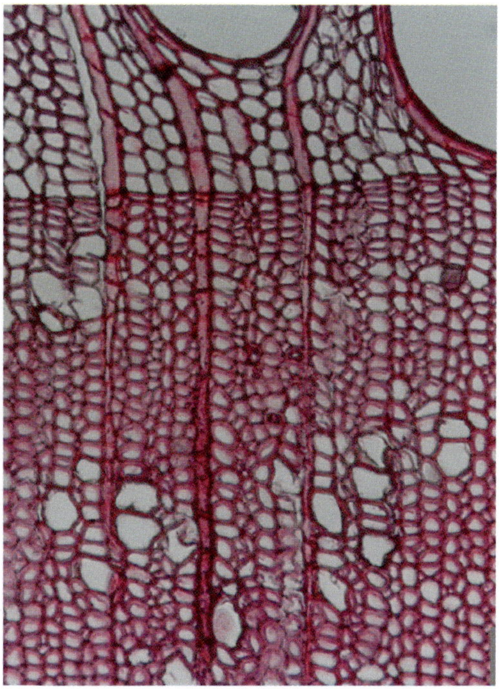

C(150x)

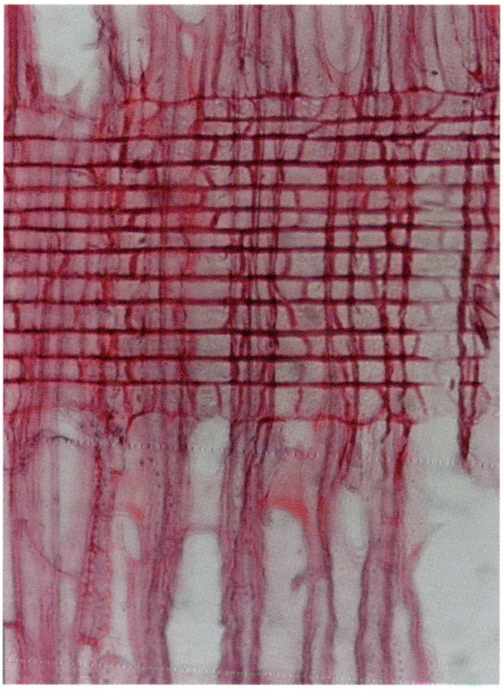

D(150x)

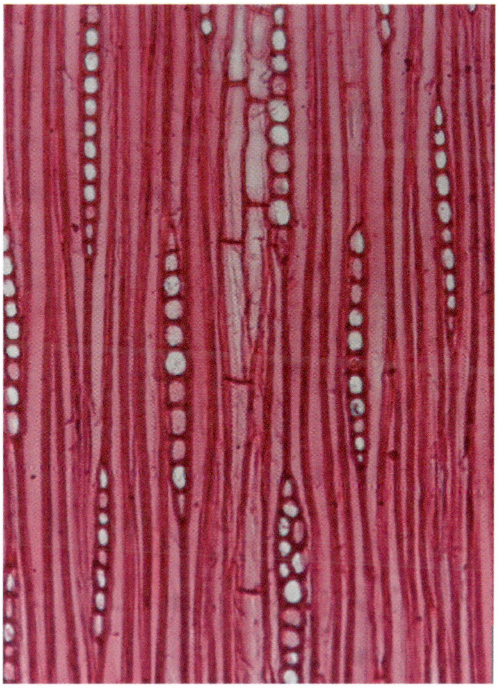

그림 16a. 한국산 밤나무의 횡단면(그림 A, B), 방사단면(그림 C), 접선단면(그림 D)에 대한 현미경 사진.

17. 구실잣밤나무

Castanopsis sieboldii (Makino) Hatus ex Yamaz & Mashiba

종	구실잣밤나무
속	잣밤나무속
과	참나무과

횡단면 생장륜 경계는 뚜렷하다. 도관 분포는 환공재이고, 방사상 또는 문양상 배열한다. 고립도관인 경우 외형이 각형이다. 도관 내강 직경은 101~200㎛로 다소 크고, 타일로시스 생성이 빈번하다. 섬유세포벽 두께는 보통으로 횡단면상 목섬유 내강 직경이 인접한 두 섬유세포벽 두께와 비슷하다. 주축유조직은 산재상과 짧은 접선상 독립유조직을 형성하고, 또한 주위상 수반유조직과 1~3 세포층의 좁은 대상유조직 등도 다양하게 형성한다.

방사단면 도관 천공은 주로 단천공이고, 드물게 계단 수가 10개 이하인 계단상천공을 생성한다. 도관간 벽공 배열은 대상이며, 크기는 5~8㎛로 비교적 작다. 방사도관 벽공은 원형내지 각형의 단벽공, 또는 계단상 혹은 책상의 단벽공을 형성한다. 방사조직 다열부는 평복세포이고, 가장자리 1열은 직립 혹은 방형세포인 형태이다. 섬유세포는 단벽공 혹은 3㎛ 이하의 작은 유연벽공을 생성한다. 주위상 가도관이 발달되어 있다.

접선단면 방사조직 폭은 단열이고, 1㎜당 방사조직 세포 수는 5~12개이다. 주축유세포 스트랜드 개수는 3~4개이다. 주축유세포 내에 프리즘형 결정을 생성한다.

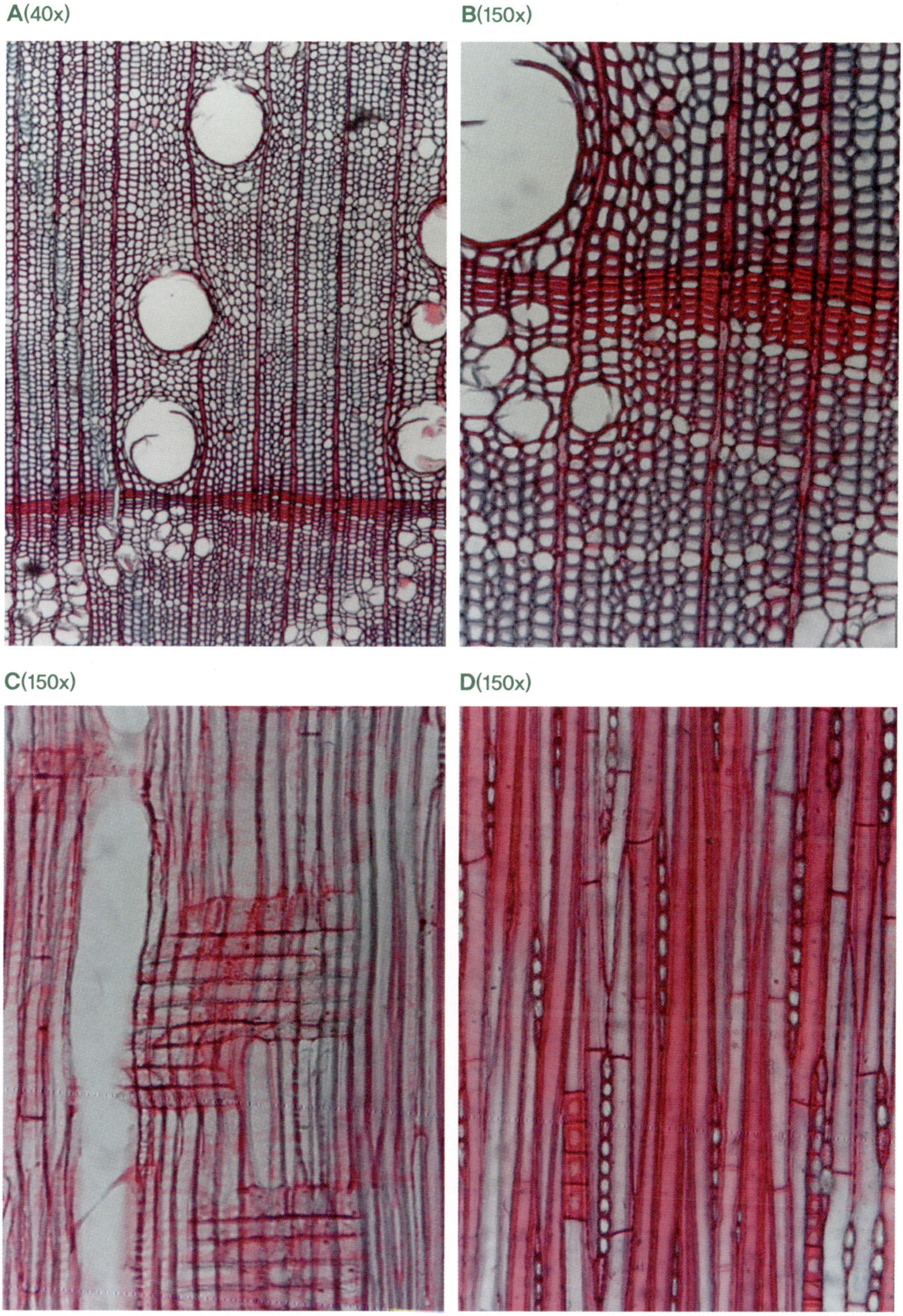

그림 17. 한국산 구실잣밤나무의 횡단면(그림 A, B), 방사단면(그림 C), 접선단면(그림 D)에 대한 현미경 사진.

18. 참개암나무

***Corylus sieboldiana* Blume**

종	참개암나무
속	개암나무속
과	참나무과

횡단면 생장륜 경계는 뚜렷하다. 도관 분포는 산공재이고, 방사복합도관으로 대부분 4개 이상 세포가 집단을 이룬다. 도관 내강 직경은 50㎛로 매우 작고, 1㎟당 도관 수는 101개 이상으로 많다. 섬유세포 두께는 비교적 얇고, 내강 직경이 인접한 두 섬유세포벽 두께보다 3배 이상이다. 주축유조직은 산재상과 짧은 접선상의 독립유조직을 형성한다.

방사단면 도관 천공은 계단상천공을 형성하고, 계단 수는 11~20개이다. 도관 간 벽공 배열은 교호상이며, 그 크기는 5~7㎛로 비교적 작다. 방사도관 벽공은 원형 혹은 각형의 단벽공이다. 방사조직은 평복세포로만 구성되어 있거나, 또는 다열부는 평복세포로 가장자리 1열은 직립세포내지 방형세포 형태이다. 섬유세포는 단벽공 혹은 3㎛ 이하의 작은 유연벽공을 형성한다.

접선단면 방사조직 폭은 주로 1~3열이지만, 짧고 작은 방사조직이 모여서 넓은 하나의 방사조직처럼 보이는 특이한 집합방사조직 형태를 형성한다. 1㎜당 방사조직 세포 수는 13개 이상이다. 주축유세포 스트랜드 개수는 9개 이상이다.

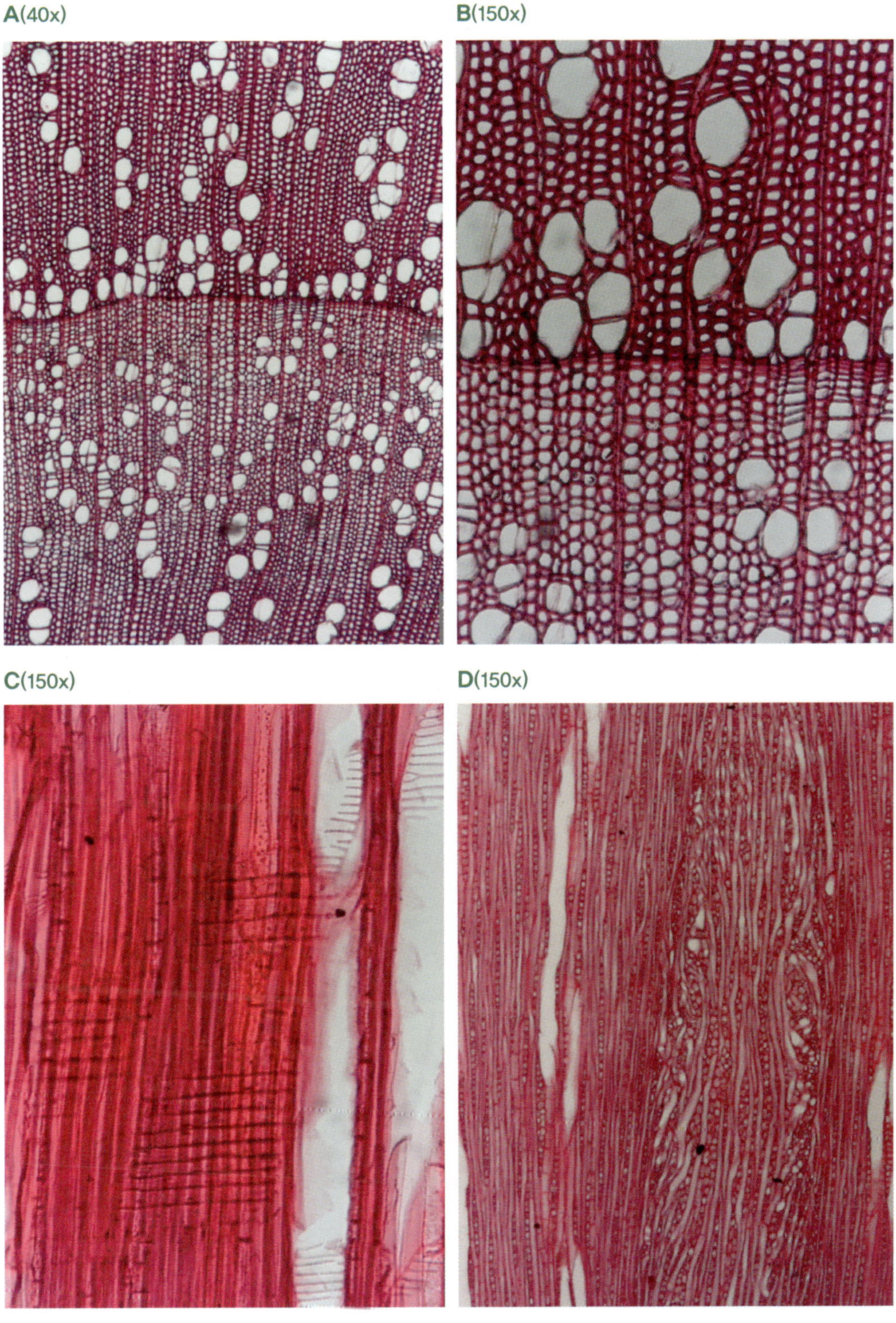

그림 18. 한국산 참개암나무의 횡단면(그림 A, B), 방사단면(그림 C), 접선단면(그림 D)에 대한 현미경 사진.

19. 신갈나무

Quercus mongolica **Fisch. ex Ledeb.**

종	신갈나무
속	참나무속
과	참나무과

횡단면 생장륜 경계는 뚜렷하다. 도관 분포는 환공재이고, 배열은 방사상 또는 문양상이며, 고립도관은 각형이다. 도관 내강 직경은 201㎛ 이상으로 다소 크고 타일로시스 생성이 빈번하다. 섬유세포벽 두께는 매우 두꺼워서 횡단면상 목섬유 내강이 거의 없다. 주축유조직은 산재상과 짧은 접선상의 독립유조직과 1~3 세포층의 좁은 대상유조직이 형성된다.

방사단면 도관 천공은 단천공을 생성한다. 도관간 벽공 배열은 교호상이며, 직경은 8~10㎛로 보통이다. 방사도관 벽공은 원형과 각형의 단벽공, 또는 계단상과 책상형 단벽공을 생성한다. 방사조직은 평복세포로만 구성되어 있다. 섬유세포는 단벽공 또는 3㎛ 이하의 작은 유연벽공을 갖고 있다. 주위상 가도관이 발달되어 있다.

접선단면 방사조직의 폭과 높이가 뚜렷하게 구분되는 크고 작은 두 가지 형태를 생성한다. 작은 방사조직은 단열방사조직이고, 큰 방사조직은 10 세포 폭 이상이고 높이가 1㎜ 이상이다. 1㎜ 당 방사조직 세포 수는 5~12개이다. 주축유세포 스트랜드 개수는 3~8개이다. 주축유세포 내에 프리즘형 결정을 생성한다.

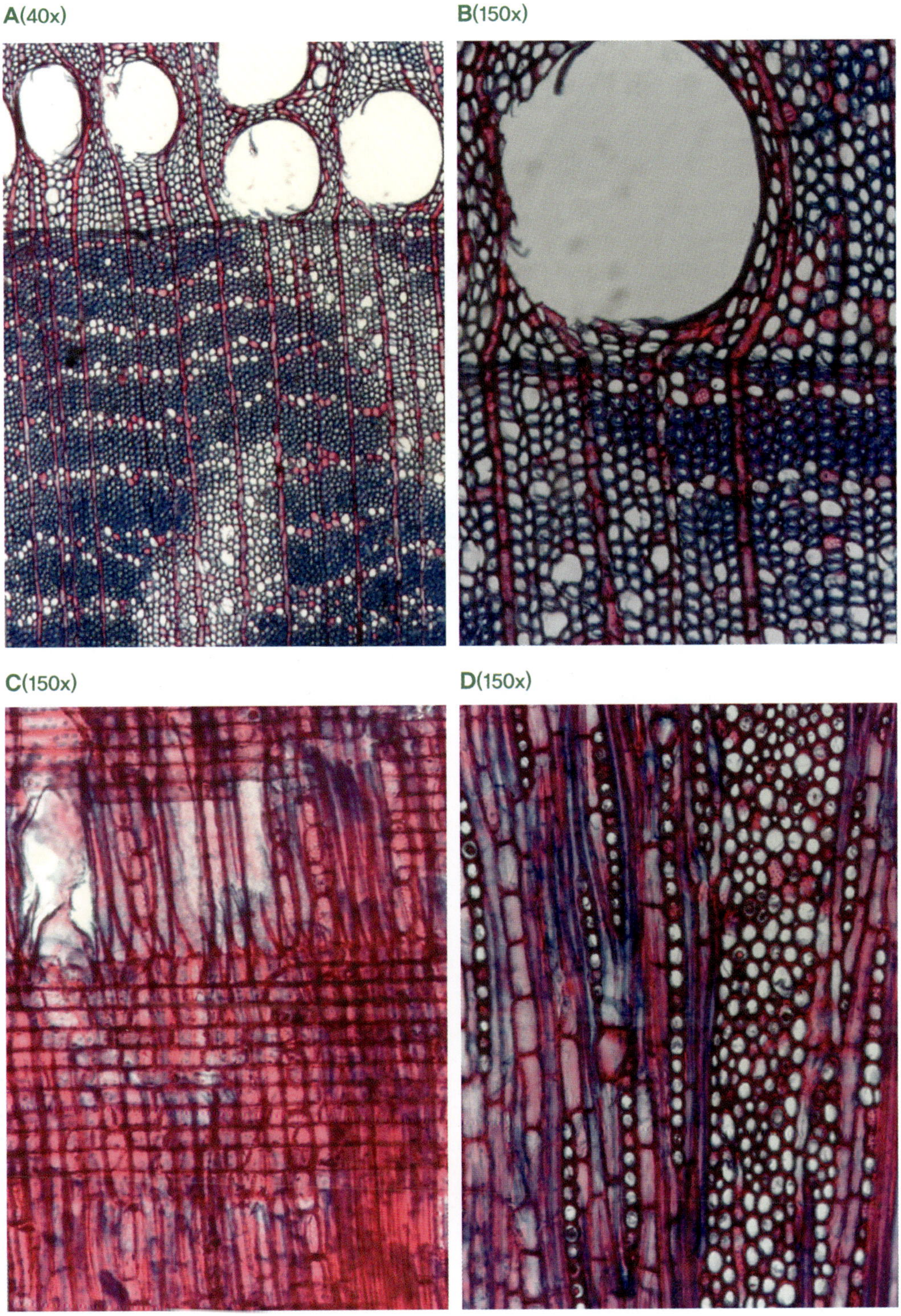

그림 19. 한국산 신갈나무의 횡단면(그림 A, B), 방사단면(그림 C), 접선단면(그림 D)에 대한 현미경 사진.

20. 오리나무

Alnus japonica (Thunb.) Steud.

종	오리나무
속	오리나무속
과	자작나무과

횡단면 생장륜 경계는 뚜렷하다. 도관 분포는 산공재이고, 대다수는 2~4개 세포로 구성된 방사복합도관이며, 고립도관의 경우 외형이 각형이다. 도관 내강 직경은 51~100㎛로 약간 작고, 1㎟당 수는 101개 이상으로 많다. 섬유세포벽 두께는 얇은 편으로, 그 내강 직경이 인접한 두 섬유세포벽의 두께보다 3배 이상이다. 주축유조직은 도관과 별도로 발달하는 독립유조직으로 산재형과 짧은 접선형을 생성한다.

방사단면 도관 천공은 계단상다천공으로 계단 수는 11~20개이다. 도관 간 벽공 배열은 대상 또는 다각형의 교호상이다. 벽공 직경은 5~7㎛로 작다. 벽공은 도관 상호간 벽공과 유사한 뚜렷한 유연벽공이다. 방사유조직은 평복세포로만 구성되어 있다. 섬유세포는 단벽공 혹은 3㎛ 이하의 작은 유연벽공을 생성한다.

접선단면 방사조직은 주로 단열방사조직이고, 드물게 짧고 작은 방사조직이 모여서 넓은 방사조직으로 보이는 집합방사조직을 생성하기도 한다. 1㎜당 방사조직의 수는 13개 이상이다. 주축유세포 스트랜드의 개수는 3~8개이다.

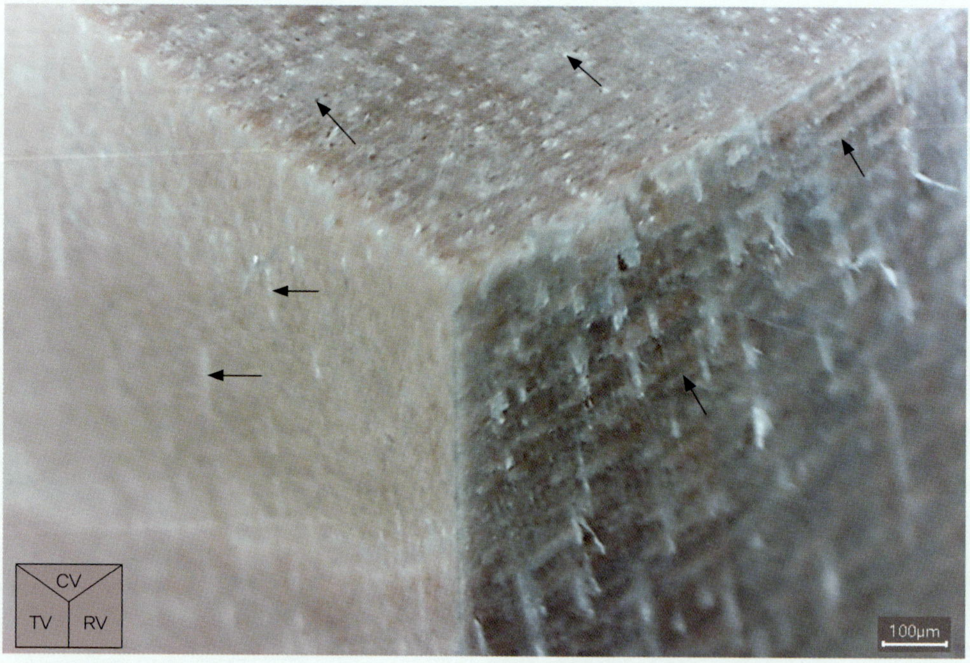

그림 20b. 오리나무의 3단면 해부현미경 사진. CV: 생장륜의 경계는 비교적 뚜렷하고, 조재와 만재의 색이 흰색과 연한 갈색으로 구별이된다. 도관공은 직경이 크지 않고 조재와 만재에 널리 분포하는 산공재(검은색 화살표); RV: 횡으로 배열된 4~20층 이상 높이의 흰색 띠로 나타나는 방사유세포(검은색 화살표); TV: 주축의 접선으로 나타나는 흰색의 도관(검은색 화살표).

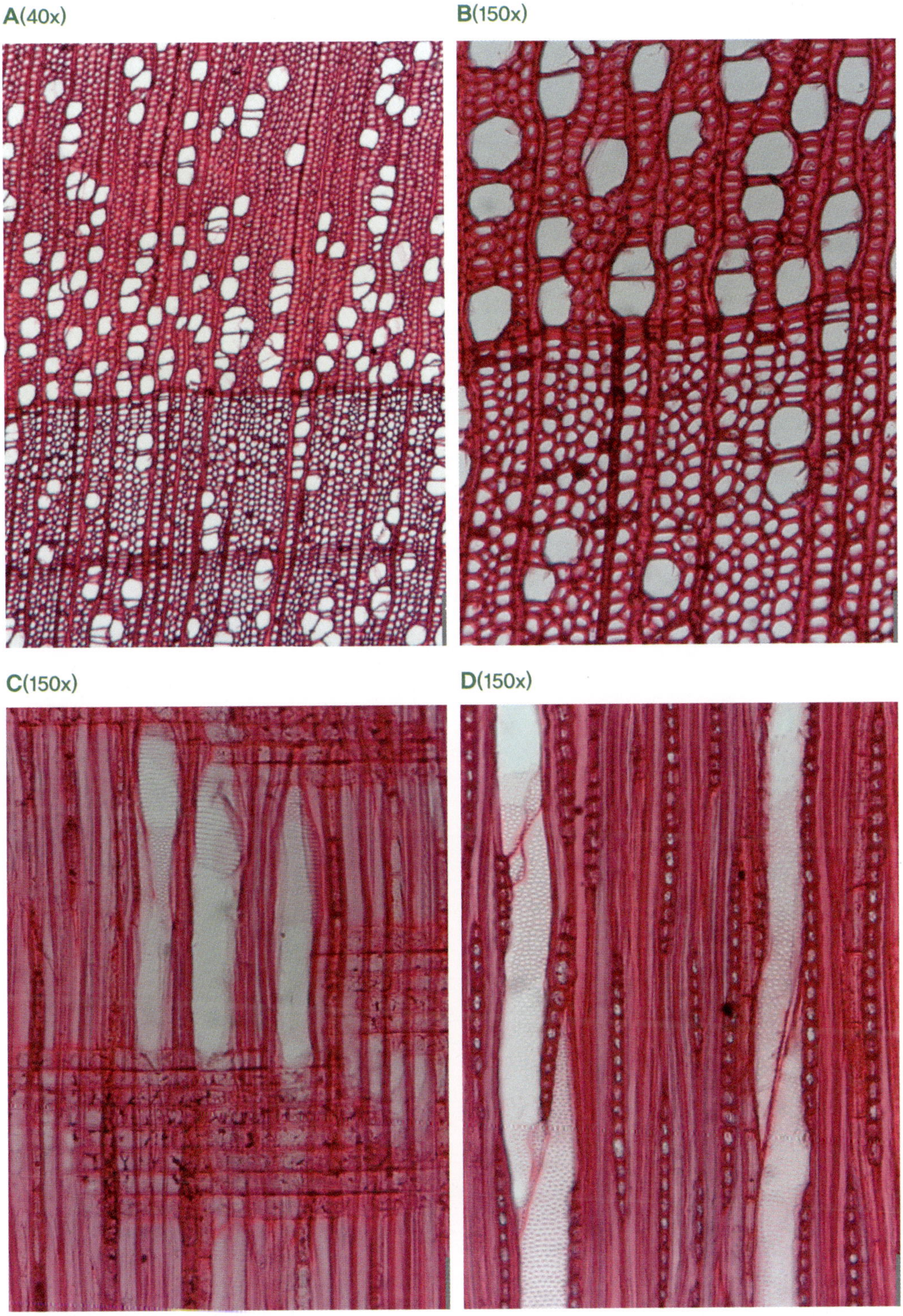

그림 20a. 한국산 오리나무의 횡단면(그림 A, B), 방사단면(그림 C), 접선단면(그림 D)에 대한 현미경 사진.

21. 자작나무

Betula pendula Roth

종	자작나무
속	자작나무속
과	자작나무과

횡단면 생장륜 경계는 뚜렷하다. 도관 분포는 산공재이고, 배열은 대부분 3개 이상의 세포로 구성된 방사복합도관이며, 고립도관인 경우는 외형이 각형이다. 도관 내강 직경은 51~100㎛로 약간 작은 편이고, 1㎟당 도관의 수는 41~100개로 많은 편이다. 섬유세포벽 두께는 보통으로 횡단면상 목섬유의 내강 직경이 인접한 두 섬유세포벽 두께와 비슷하다. 주축유세포는 독립유조직으로 산재상이고, 드물게 짧은 접선상이 생성된다.

방사단면 도관천공은 계단상천공을 생성하고, 계단 수는 11~20개이다. 도관 간 벽공 배열은 대상 또는 다각형의 교호상이며, 그 크기는 4㎛ 이하로 작다. 방사도관 벽공은 도관 상호간에 벽공과 유사한 뚜렷한 유연벽공이다. 방사조직은 평복세포로만 구성되어 있다. 섬유세포에는 단벽공 혹은 3㎛ 이하의 작은 유연벽공을 생성시킨다.

접선단면 방사조직 폭은 1~3 세포 폭이고, 1㎜당 방사조직 세포 수는 5~12개이다. 주축유세포 스트랜드의 개수는 5~8개이다.

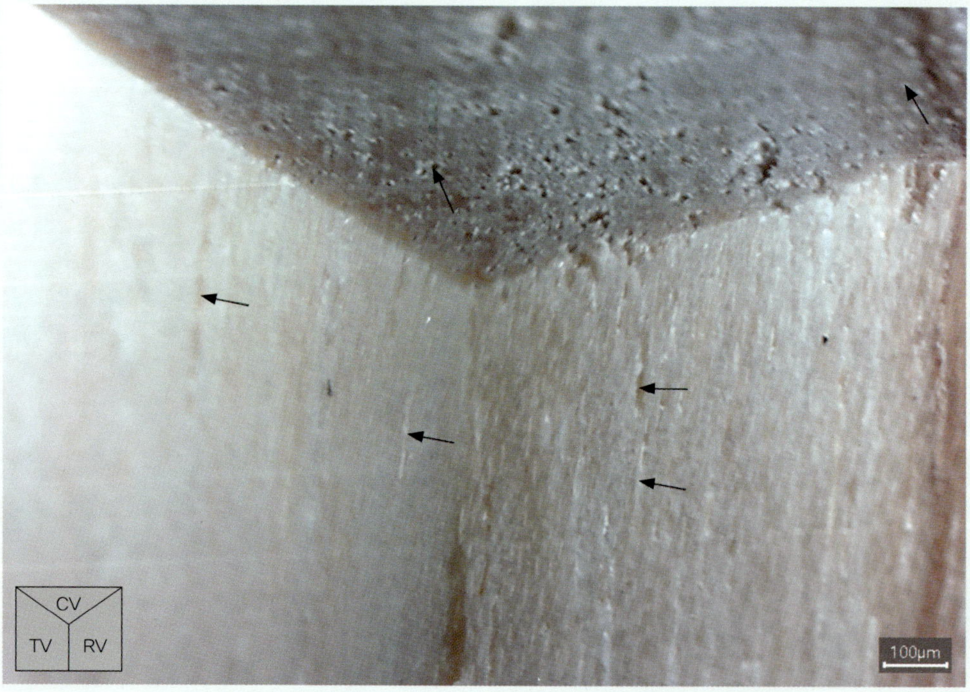

그림 21b. 자작나무의 3단면 해부현미경 사진. CV: 생장륜의 경계는 연한 갈색 선으로 나타나지만, 조만재의 구분이 거의 없다. 갈색 또는 흰색의 도관공이 조재와 만재에 분포(검은색 화살표); RV: 주축으로 배열된 갈색 또는 흰색의 도관공(검은색 화살표); TV: 주축의 접선으로 나타나는 갈색 또는 흰색의 도관(검은색 화살표).

A(40x)

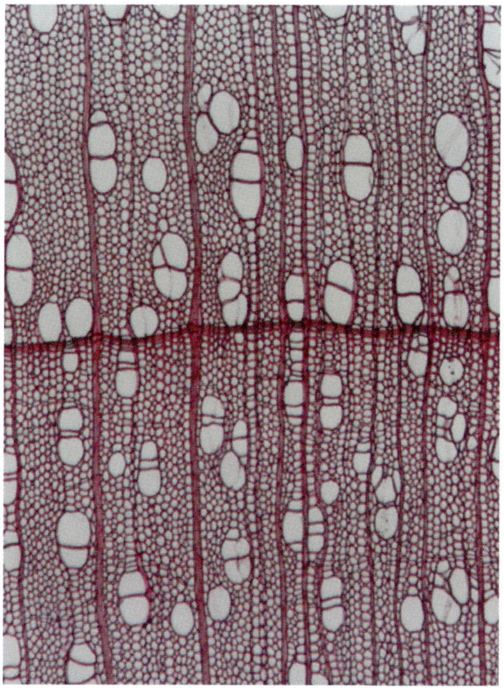

B(150x)

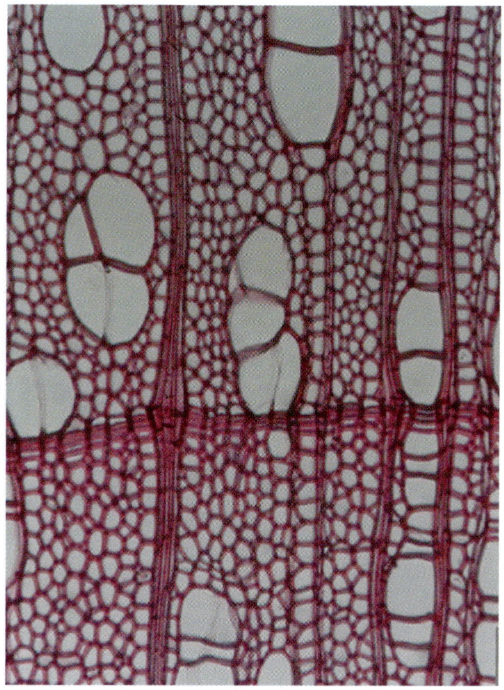

C(150x)

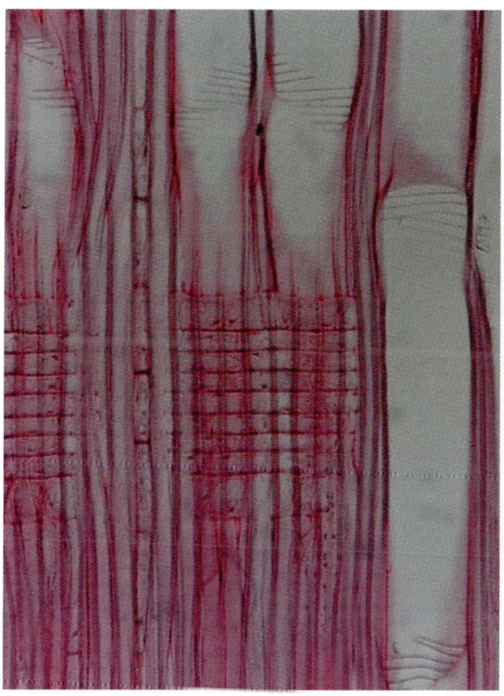

D(150x)

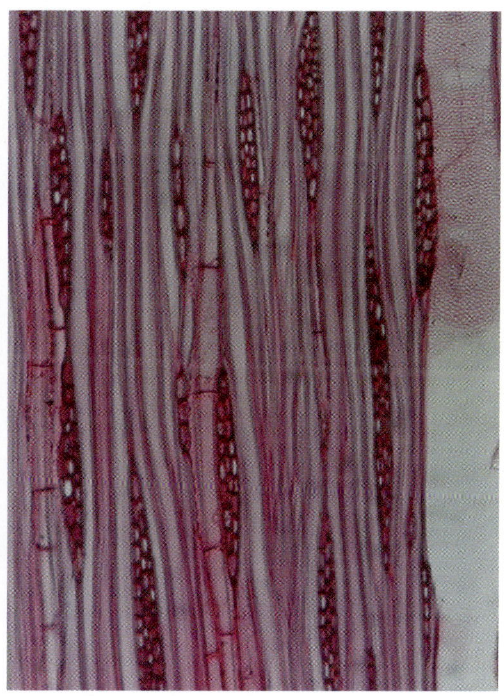

그림 21a. 한국산 자작나무의 횡단면(그림 A, B), 방사단면(그림 C), 접선단면(그림 D)에 대한 현미경 사진.

22. 서어나무

Carpinus laxiflora **(Siebold & Zucc.) Blume**

종	서어나무
속	서어나무속
과	자작나무과

횡단면 생장륜 경계는 뚜렷하다. 도관 분포는 산공재이고, 대부분 4개 이상의 방사복합도관 배열을 형성한다. 도관 내강 직경은 51~100㎛로 약간 작고, 1㎟당 도관의 수는 41~100개로 많은 편이다. 섬유세포벽 두께는 얇아서 횡단면상 섬유세포 내강 직경이 인접한 두 섬유세포벽의 두께보다 3배 이상이다. 주축유조직은 산재상과 짧은 접선상이 대부분이고, 드물게 대상과 연륜계상이 다양하게 나타나기도 한다.

방사단면 도관천공은 주로 단천공이고, 드물게 계단 수가 10개 이하인 계단상천공을 형성한다. 도관 간 벽공 배열은 대상 또는 다각형의 교호상이고, 그 크기는 8~10㎛로 보통이다. 방사도관 벽공은 원형 혹은 각형의 단벽공이다. 방사조직은 평복세포로만 구성되거나, 또는 다열부는 평복세포, 가장자리 1열만 직립 혹은 방형세포 형태이다. 섬유세포는 단벽공 혹은 3㎛ 이하의 작은 유연벽공이 발생된다. 방사조직의 평복세포, 직립세포, 방형세포 내에 프리즘형 결정이 생성된다.

접선단면 방사조직 폭은 주로 4~10열이고, 짧고 작은 방사조직이 모여 있어 넓은 하나의 방사조직으로 보이는 집합방사조직을 형성하기도 한다. 1㎜당 방사조직의 수는 13개 이상이다. 주축유세포 스트랜드 개수는 3~8개이다.

그림 22b. 서어나무의 3단면 해부현미경 사진. CV: 생장륜의 경계는 2~4 세포 폭으로 가느다랗게 나타나며, 조재와 만재의 차이가 거의 없다. 1~4 세포 두께의 갈색으로 보이는 방사유세포(흰색 화살표)와 흰색의 도관공이 조재와 만재에 분포(검은색 화살표); RV: 횡으로 배열된 2~20 세포 이상 폭의 연한 갈색 띠로 나타나는 방사유세포(검은색 화살표); TV: 1~2 세포 폭의 검은색으로 길게 나타나는 방사유세포(검은색 화살표).

A(40x)

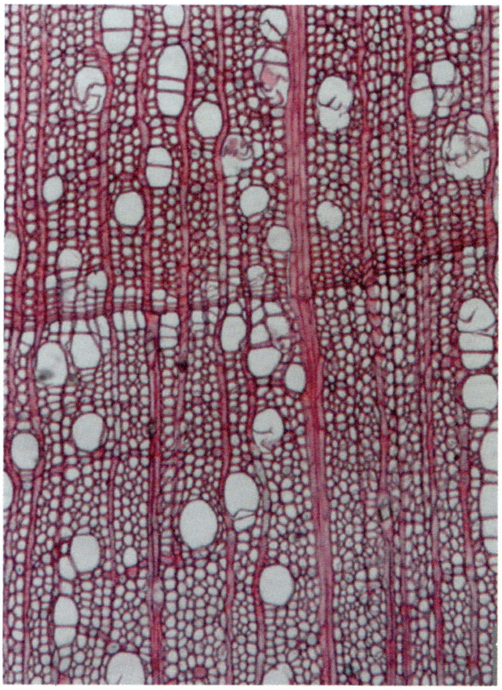

B(150x)

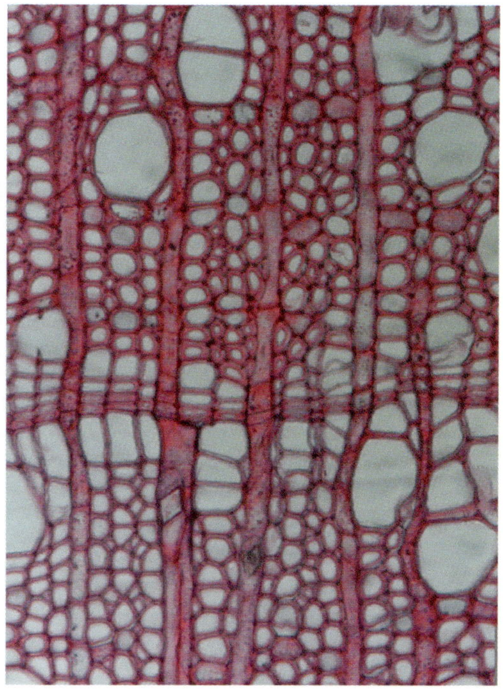

C(150x)

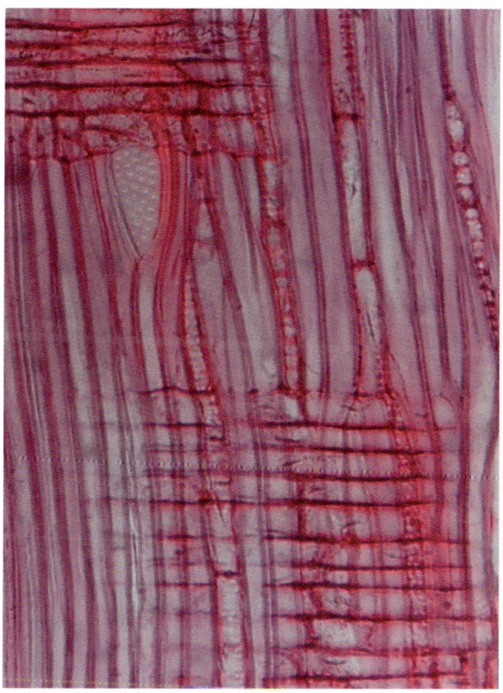

D(150x)

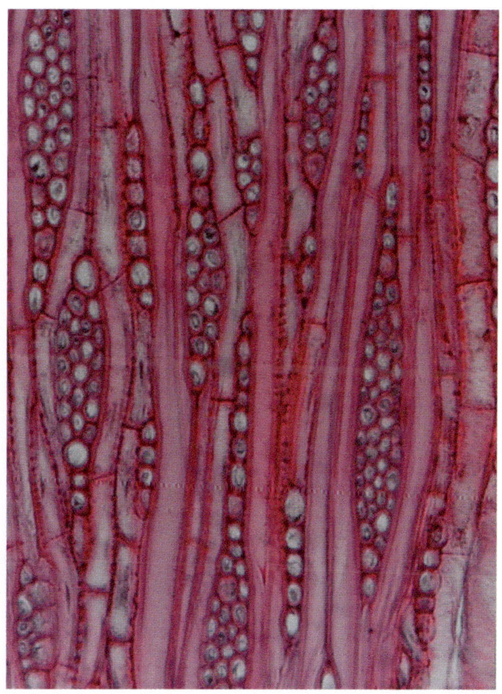

그림 22a. 한국산 서어나무의 횡단면(그림 A, B), 방사단면(그림 C), 접선단면(그림 D)에 대한 현미경 사진.

23. 동백나무

Camellia japonica L.

종	동백나무
속	동백나무속
과	차나무과

횡단면 생장륜 경계는 뚜렷하다. 도관 분포는 반환공재로 주로 고립도관공이고, 외형이 각형이다. 도관 내강 직경은 50㎛ 이하로 작고, 1㎟당 도관 수는 101개 이상으로 많다. 섬유세포벽 두께는 얇은 편으로 섬유세포 내강 직경이 인접한 두 섬유세포 세포벽 두께보다 3배 이상이다. 주축유조직은 산재상 또는 짧은 접선상 독립유조직을 형성한다.

방사단면 도관은 계단상천공으로 계단 수는 11~20개로 적은 편이다. 도관 간 벽공 배열은 주로 계단상 또는 대상이다. 방사도관 벽공은 원형 혹은 각형의 단벽공과 계단상 혹은 책상의 단벽공을 형성한다. 방사조직 다열부는 평복세포이고, 가장자리 2~4열만 직립 혹은 방형세포를 형성하거나 평복세포, 직립세포 그리고 방형세포가 혼재된 형태이다. 섬유세포는 유연벽공을 갖는 섬유상가도관이다. 방사조직은 직립세포와 방형세포가 주이며 확장된 이형세포 내에는 프리즘형 결정을 생성한다.

접선단면 방사조직 폭은 1~3 세포 폭이고, 단열방사조직과 다열방사조직 폭이 비슷하여 다열방사조직만큼 넓은 단열방사조직이 존재한다. 1㎜당 방사조직 세포 수는 5~12개이다. 주축유세포 스트랜드 개수는 5~8개이다.

A(40x)

B(150x)

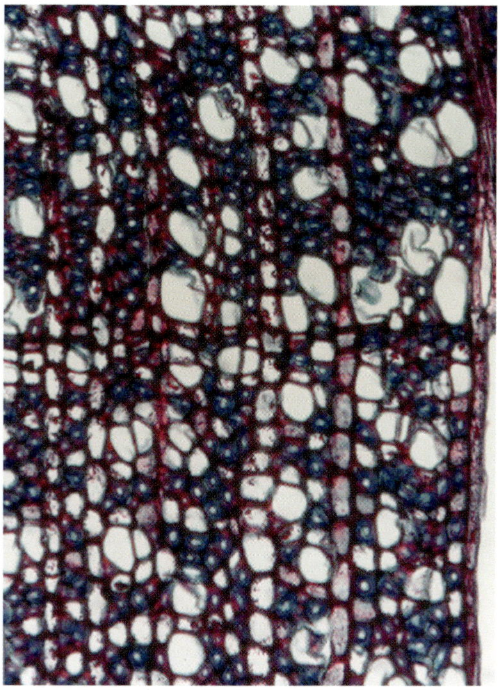

C(150x)

D(150x)

그림 23. 한국산 동백나무의 횡단면(그림 A, B), 방사단면(그림 C), 접선단면(그림 D)에 대한 현미경 사진.

24. 비쭈기나무

Cleyera japonica Thunb.

종	비쭈기나무
속	비쭈기나무속
과	차나무과

횡단면 생장륜 경계는 뚜렷하다. 도관 분포는 산공재이고, 고립도관공은 외형이 각형이다. 도관 내강 직경은 50㎛ 이하로 작고, 1㎟당 도관 수는 101개 이상으로 많다. 섬유세포벽 두께는 보통으로 목섬유 내강 직경이 인접한 두 섬유세포벽 두께와 비슷하다. 주축유조직은 산재상 또는 짧은 접선상 독립유조직이다.

방사단면 도관은 계단상천공 형성하고, 천공 계단의 수는 21~40개이다. 도관 간 벽공 배열은 계단상 또는 대상이 많다. 방사도관 벽공은 원형 또는 각형의 단벽공이다. 방사조직 다열부는 평복세포이고, 가장자리 1~4열만 직립세포 혹은 방형세포를 형성한다. 불규칙한 2차벽 비후를 가진 방사유세포도 생성한다. 섬유세포는 유연벽공을 갖는 섬유상가도관이고, 방사면 및 접선면 모두 벽공을 형성하고, 나선비후가 발달되어 있다.

접선단면 방사조직은 단열방사조직이고, 1㎜당 방사조직 세포 수는 13개 이상이다. 주축유세포 스트랜드 개수는 5~8개이다.

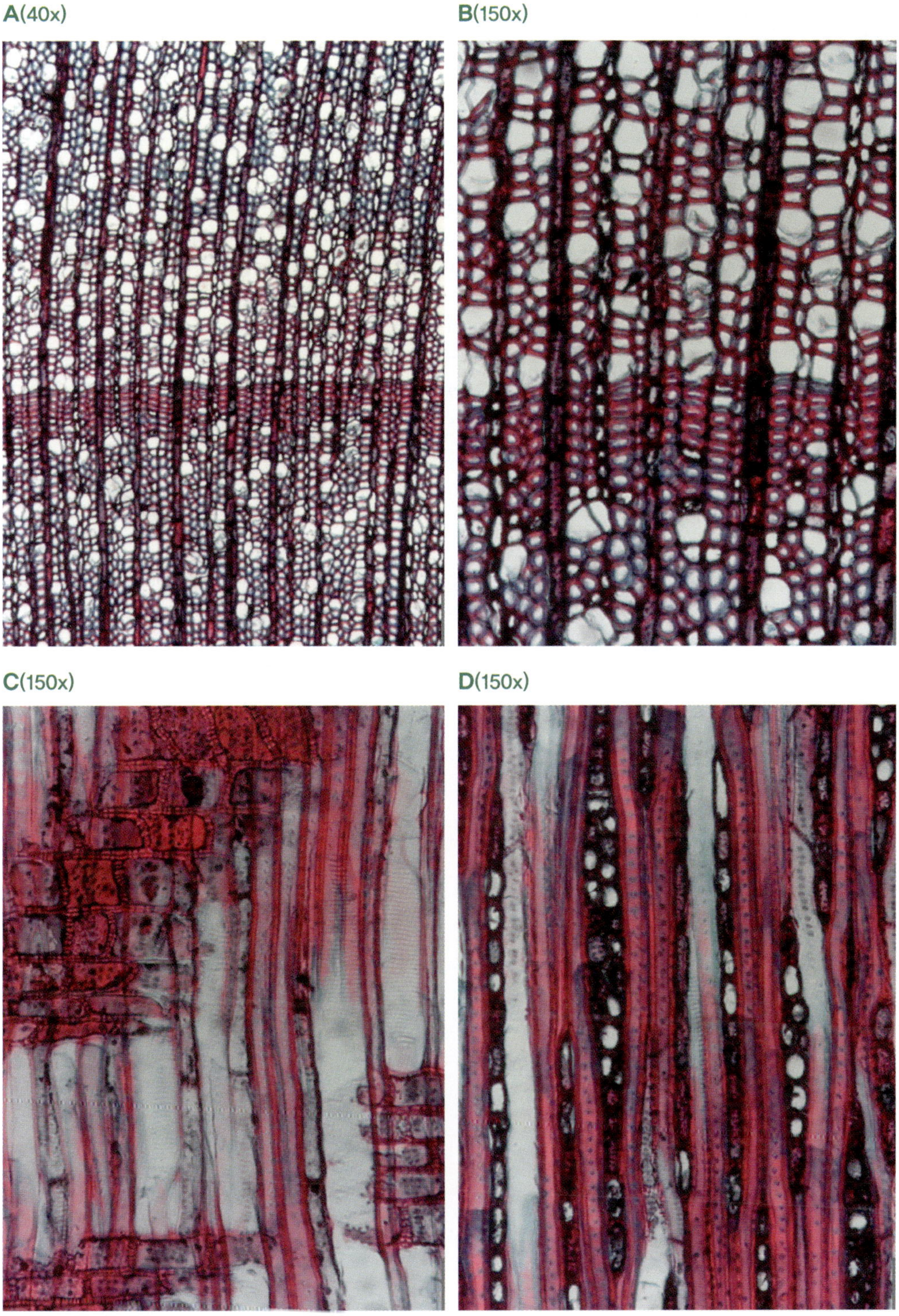

그림 24. 한국산 비쭈기나무의 횡단면(그림 A, B), 방사단면(그림 C), 접선단면(그림 D)에 대한 현미경 사진.

25. 사스레피나무

Eurya japonica Thunb.

종	사스레피나무
속	사스레피나무
과	차나무과

횡단면 생장륜 경계는 뚜렷하다. 도관 분포는 산공재이고, 고립도관공은 외형이 각형이다. 도관 내강 직경은 50㎛ 이하로 작고, 1㎟당 도관 수는 101개 이상으로 많다. 섬유세포벽 두께는 보통으로 횡단면상 목섬유 내강 직경이 인접한 두 섬유세포벽 두께와 비슷하다. 주축유조직은 산재상 또는 짧은 접선상 독립유조직이다.

방사단면 도관은 계단상천공을 형성하고 계단 수는 41개 이상으로 많다. 도관 간 벽공 배열은 주로 계단상 또는 대상이고, 벽공 크기는 지름이 4㎛ 이하로 작다. 방사도관 벽공은 원형 혹은 각형의 단벽공과 계단상 혹은 책상의 단벽공을 생성하기도 한다. 방사조직 다열부는 평복세포이고 가장자리 2~4열 이상이 직립세포 혹은 방형세포이며, 때로는 평복세포, 직립세포, 그리고 방형세포 등이 혼재되어 형성한다. 불규칙한 2차벽 비후 방사유세포가 형성된다. 섬유세포는 유연벽공을 갖는 섬유상가도관이고, 방사면과 접선면에 모두 벽공을 형성하고, 나선비후 형태도 있다.

접선단면 방사조직 폭은 1~3 세포 폭이고, 단열방사조직과 다열방사조직 폭이 비슷하며, 1㎜당 방사조직 세포 수는 13개 이상이다. 주축유세포 스트랜드 개수는 5~8개이다.

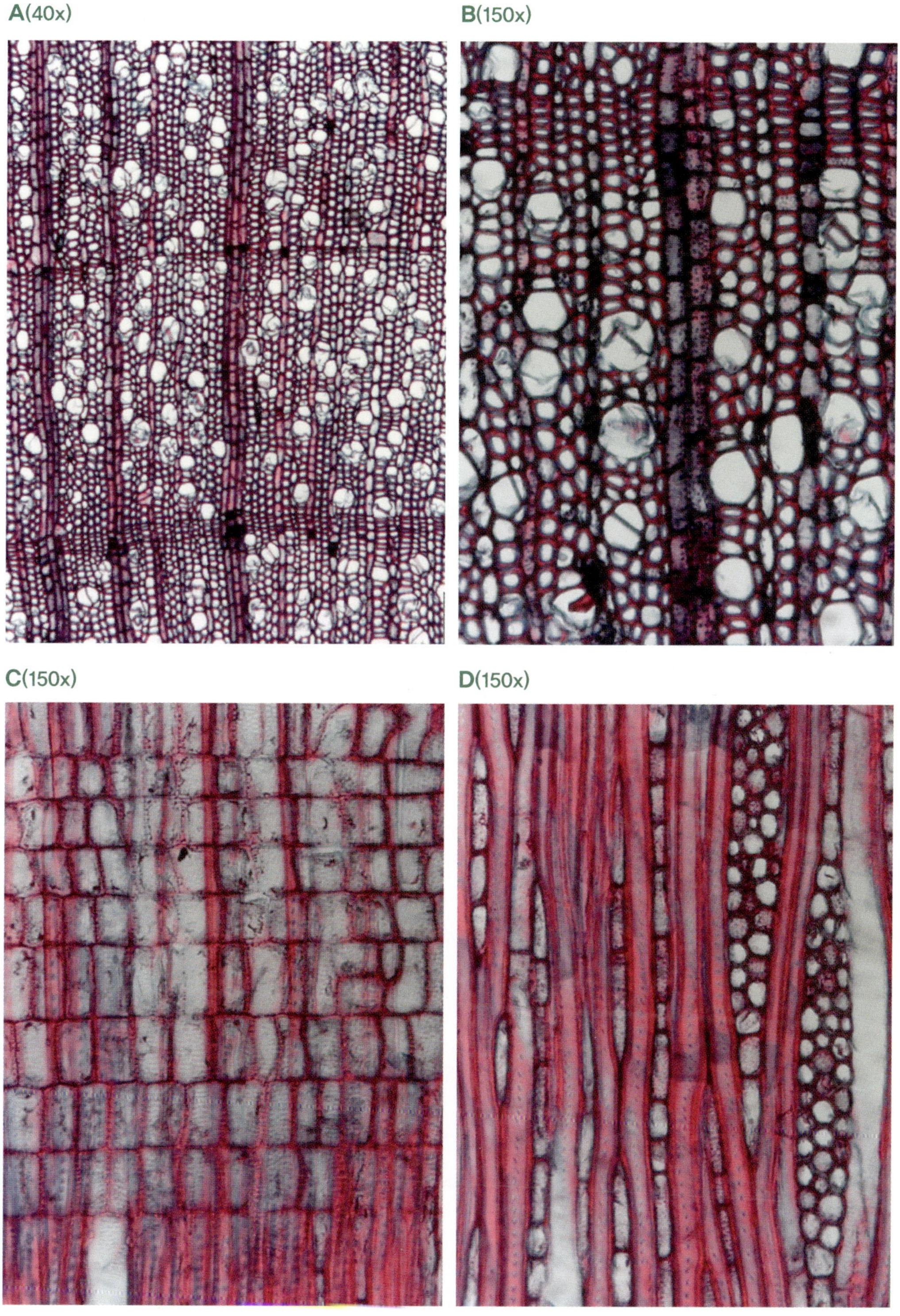

그림 25. 한국산 사스레피나무의 횡단면(그림 A, B), 방사단면(그림 C), 접선단면(그림 D)에 대한 현미경 사진.

26. 노각나무

***Stewartia koreana* Nakai ex Rehder**

종	노각나무
속	노각나무속
과	차나무과

횡단면 생장륜 경계는 뚜렷하다. 도관 분포는 산공재이고, 고립도관공이 많고 외형이 각형이다. 도관 내강 직경은 51~100㎛로 작고, 1㎟당 도관 수는 41~100개로 많다. 섬유세포벽 두께는 보통으로 목섬유 내강 직경이 인접한 두 섬유세포벽 두께와 비슷하다. 주축유조직은 산재상 또는 짧은 접선상 독립유조직이다.

방사단면 도관은 계단상천공을 형성하고, 계단 수는 11~20개로 적다. 도관 간 벽공 배열은 주로 계단상이다. 방사도관 벽공은 원형 또는 각형 단벽공과 계단상 책상 단벽공도 생성한다. 방사조직의 다열부는 평복세포이고 가장자리 1열만 직립세포 혹은 방형세포 형태이다. 불규칙한 2차벽 비후를 갖는 방사유세포를 형성한다. 섬유세포는 유연벽공을 갖는 섬유상가도관이고, 방사면과 접선면 모두에 벽공을 형성한다.

접선단면 방사조직 폭은 1~3 세포 폭이고, 1㎜당 방사조직 세포 수는 5~12개이다. 주축유세포 스트랜드 개수는 3~8개이다.

A(40x)

B(150x)

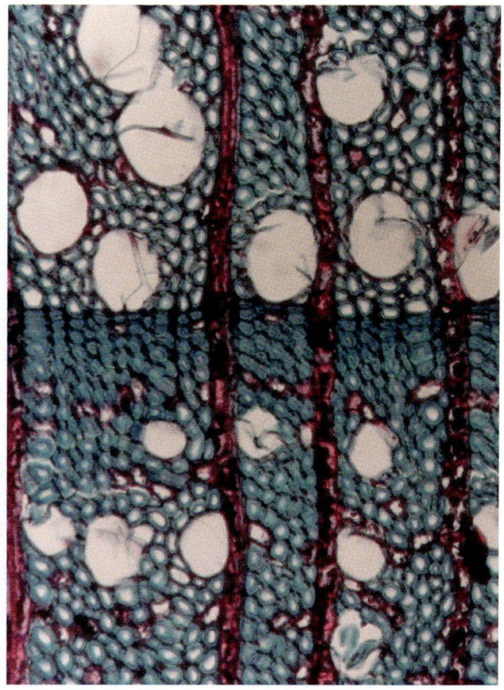

C(150x)

D(150x)

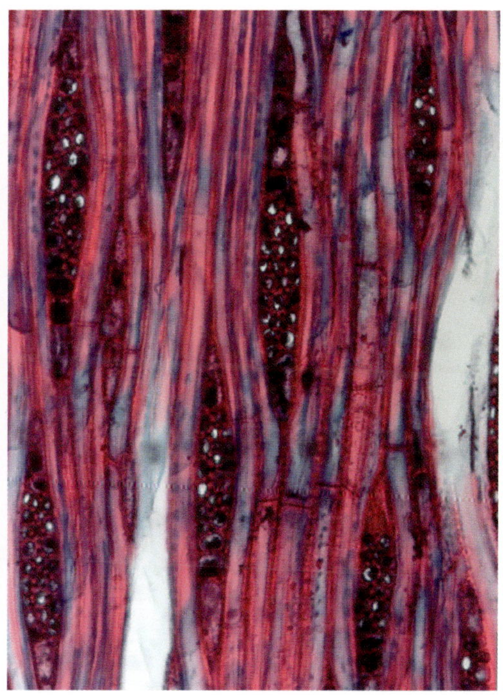

그림 26. 한국산 노각나무의 횡단면(그림 A, B), 방사단면(그림 C), 접선단면(그림 D)에 대한 현미경 사진.

27. 후피향나무

Ternstroemia gymnanthera (Wight & Arn.) Bedd.

종	후피향나무
속	후피향나무속
과	차나무과

횡단면 생장륜 경계는 뚜렷한다. 도관 분포는 산공재이고, 도관의 외형이 각형이다. 도관 내강 직경은 50㎛ 이하로 작고, 1㎟당 도관 수는 101개 이상으로 많다. 섬유세포벽 두께는 보통으로 횡단면상 목섬유 내강 직경이 인접한 두 섬유세포벽 두께와 비슷하다. 주축유조직은 산재상 또는 짧은 접선상 독립 유조직이다.

방사단면 도관은 계단상천공을 형성하고, 계단 수는 21~40개로 많은 편이다. 도관 간 벽공 배열은 계단상 또는 대상이고, 크기는 4㎛ 이하로 작다. 방사도관 벽공은 도관 상호간 벽공과 비슷한 유연벽공이다. 방사조직 다열부는 평복세포이고 가장자리 2~4열 이상이 직립 또는 방형세포 형태이다. 불규칙한 2차벽 비후를 가진 방사유세포도 생성한다. 섬유세포는 유연벽공을 갖는 섬유상가도관이고, 방사면과 접선면 모두 벽공을 형성한다.

접선단면 방사조직 폭은 4~10 세포 폭이고, 높이는 1㎜ 이상이며, 1㎜당 방사조직 세포 수는 5~12개이다. 주축유세포 스트랜드 개수는 5~8개이다.

A(40x)

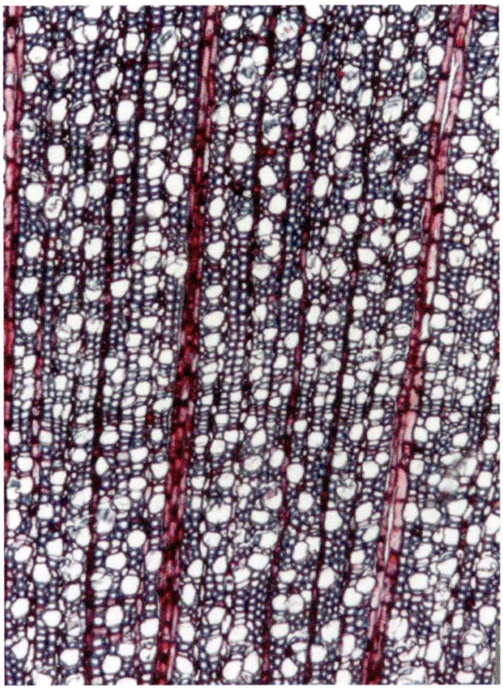

B(150x)

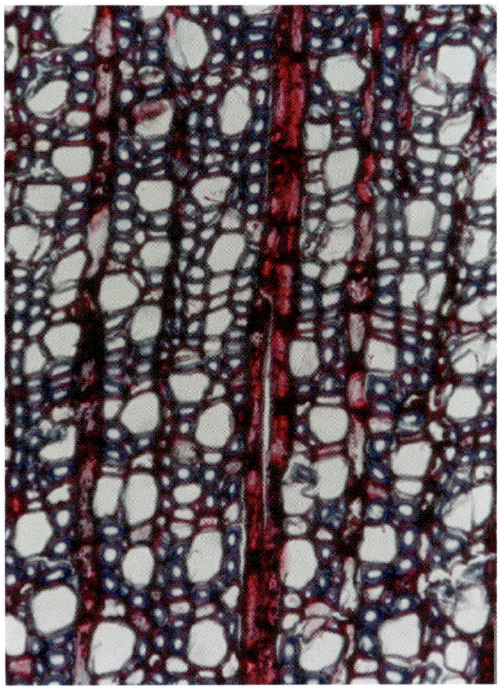

C(150x)

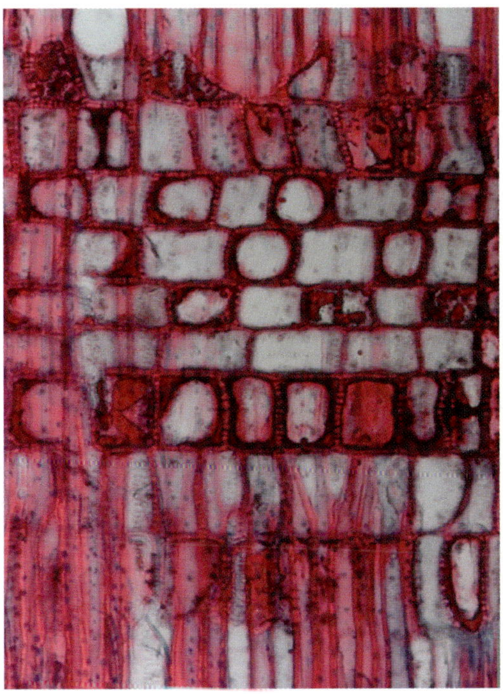

D(150x)

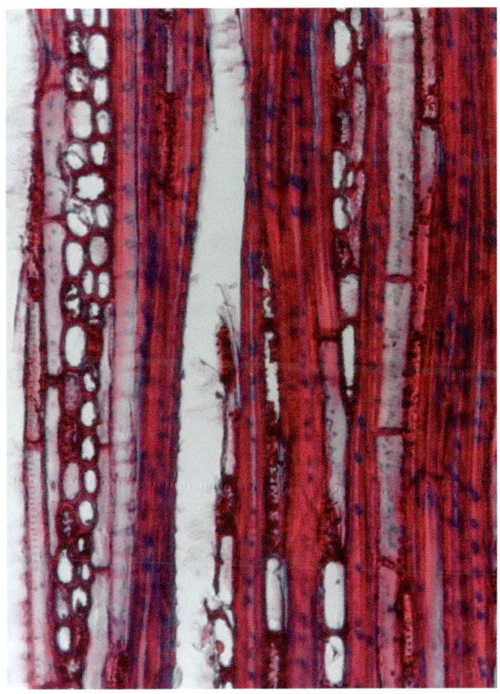

그림 27. 한국산 후피향나무의 횡단면(그림 A, B), 방사단면(그림 C), 접선단면(그림 D)에 대한 현미경 사진.

28. 다래

Actinidia arguta (Siebold & Zucc.) Planch. ex Miq.

종	다래
속	다래나무속
과	다래나무과

횡단면 생장륜 경계는 뚜렷하다. 도관 분포는 환공재이고, 대부분 고립도관공이며, 외형이 각형이다. 도관 내강 직경은 평균 201㎛ 이상으로 큰 편이다. 섬유세포벽 두께는 얇은 편으로 횡단면상 섬유세포 내강 직경이 인접한 두 섬유세포벽 두께보다 3배 이상이다. 주축유조직은 산재상 또는 짧은 접선상 독립유조직을 형성한다.

방사단면 도관은 단천공을 형성한다. 도관 간 벽공 배열은 계단상 또는 대상이며, 크기는 8~10㎛이다. 방사도관 벽공은 도관 상호간 벽공과 비슷한 유연벽공이다. 방사조직은 다열부가 평복세포이고 가장자리 2~4열이 직립세포 혹은 방형세포을 형성한다. 불규칙한 2차벽 비후를 하는 방사유세포도 생성한다. 섬유세포는 유연벽공을 갖는 섬유상가도관이고 방사면과 접선면 모두 벽공을 형성한다.

접선단면 방사조직은 폭과 높이가 뚜렷하게 구분되는 두 가지 형태로 존재한다. 작은 방사조직은 단열방사조직이고, 큰 방사조직은 4~10 세포 폭으로 높이는 1㎜ 이상이다. 1㎜당 방사조직 세포 수는 4개 이하이다. 주축유세포 스트랜드 개수는 5~9개 이상이다.

A(40x)

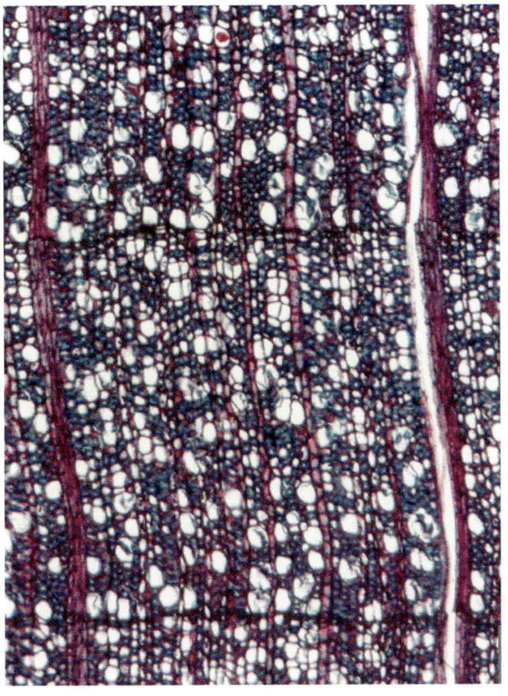

B(150x)

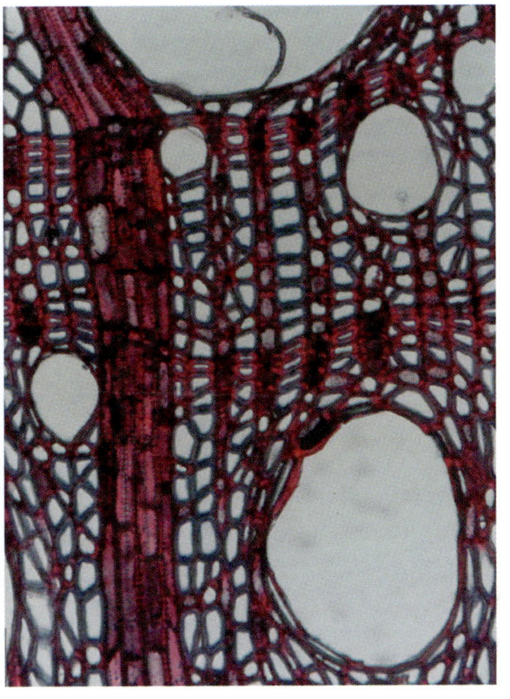

C(150x)

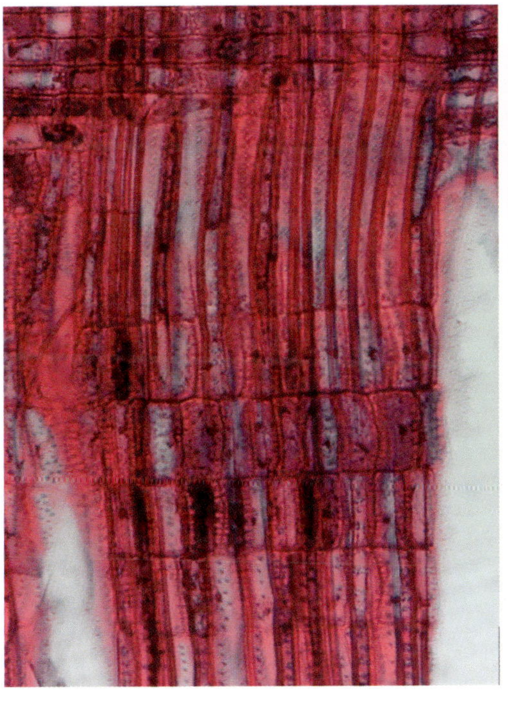

D(150x)

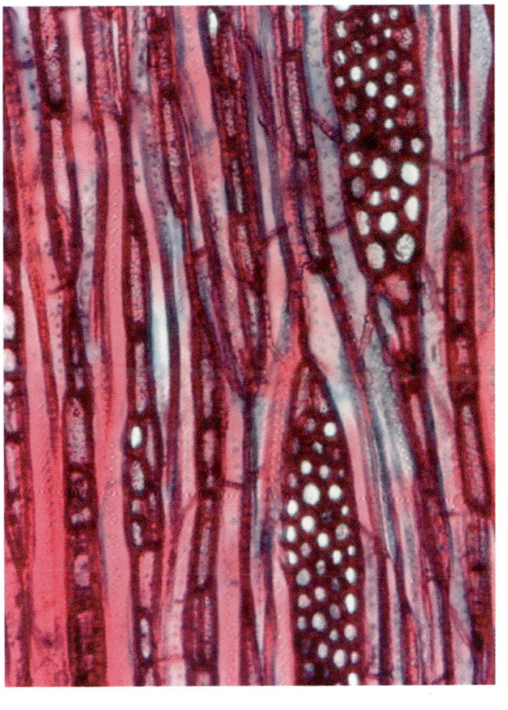

그림 28. 한국산 다래의 횡단면(그림 A, B), 방사단면(그림 C), 접선단면(그림 D)에 대한 현미경 사진.

29. 사시나무

종	사시나무
속	사시나무속
과	버드나무과

Populus davidiana **L. var.** ***davidiana*** **(Dode) C. K. Schneid**

횡단면 생장륜의 경계는 얇지만 뚜렷하다. 도관 분포는 산공재이고, 방사복합도관 배열이다. 이들의 내강 직경은 평균 50㎛ 이하로 작고, 1㎟당 도관의 수는 101개 이상으로 많은 편이다. 섬유세포벽 두께는 얇고, 그 내강 직경이 인접한 두 섬유세포벽 두께의 3배 이상이다. 주축 유조직은 대상유조직으로 연륜계상을 형성한다.

방사단면 도관 천공은 단천공을 생성하고, 도관 간 벽공배열은 교호상이다. 벽공직경은 9~11㎛로 보통이다. 방사도관 벽공은 원형 또는 각형의 단벽공이고, 방사유세포의 가장자리에만 생성된다. 방사조직은 평복세포로만 형성되고, 섬유세포에는 단벽공 혹은 3㎛ 이하의 작은 유연벽공이 생성된다.

접선단면 방사조직은 단열이고, 1㎜당 방사조직의 수는 5~12개로 보통이다. 주축 유세포 스트랜드의 개수는 3~8개이다.

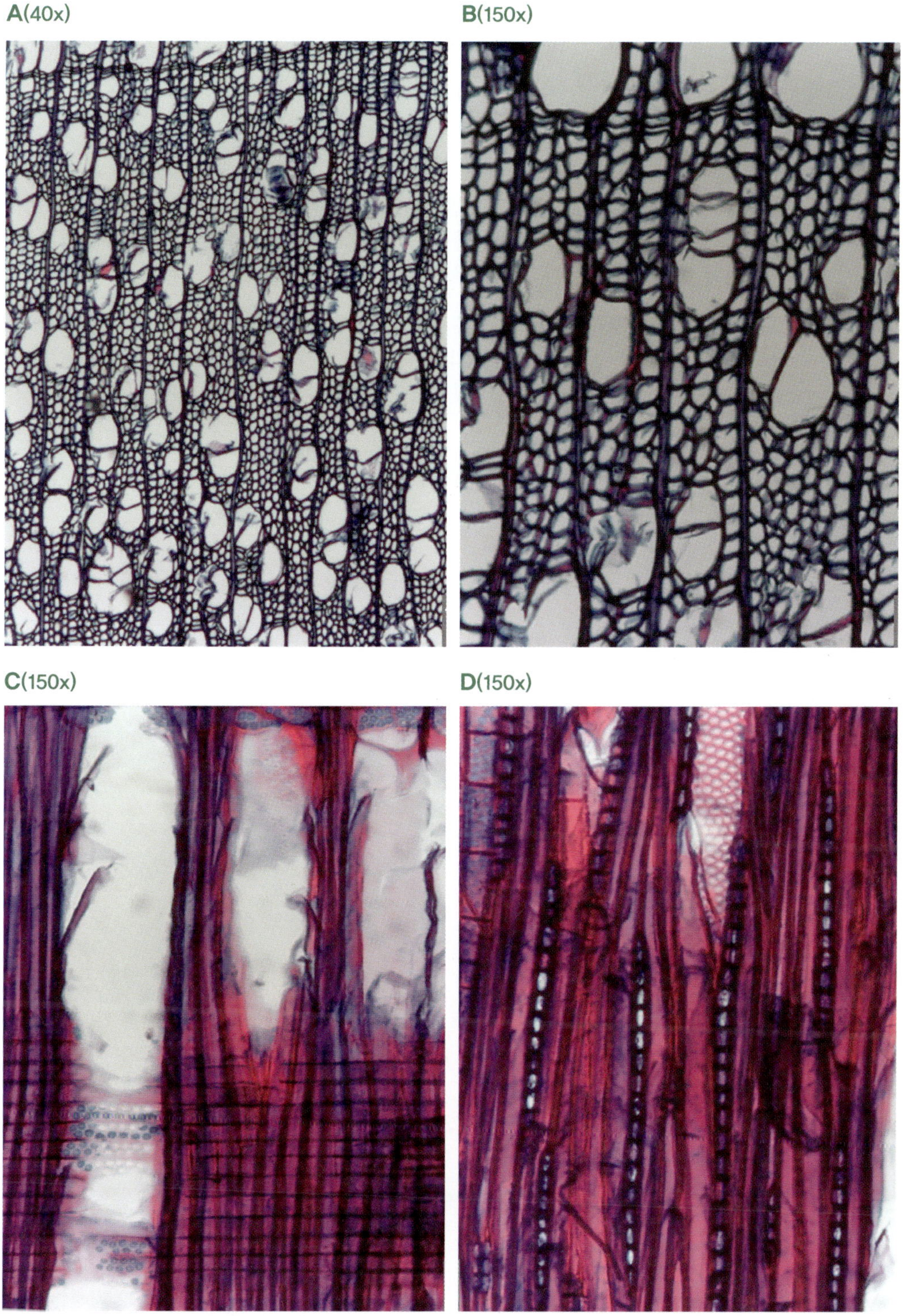

그림 29. 한국산 사시나무의 횡단면(그림 A, B), 방사단면(그림 C), 접선단면(그림 D)에 대한 현미경 사진.

30. 왕버들

Salix chaenomeloides Kimura

종	왕버들
속	버드나무속
과	버드나무과

횡단면 생장륜 경계는 뚜렷하다. 도관 분포는 산공재이고, 방사복합도관 배열이다. 도관 내강 직경은 평균 50㎛ 이하로 비교적 작고, 타일로시스가 흔하게 발달한다. 1㎟당 도관의 수는 101개 이상으로 매우 많다. 섬유세포 벽의 두께는 다소 얇아 내강의 직경이 인접한 두 섬유세포 세포벽 두께보다 3배 이상이다. 주축 유조직은 대상유조직으로 연륜계상이다.

방사단면 도관 천공은 단천공을 생성하고, 도관 간 벽공 배열은 교호상이며, 벽공 지름은 8~11㎛로 보통이다. 벽공은 원형 또는 각형의 단벽공이다. 방사유조직의 다열부는 평복세포이고, 가장자리 1열만 직립세포 혹은 방형세포이다. 섬유세포에는 단벽공 혹은 3㎛ 이하의 작은 유연벽공을 형성한다.

접선단면 방사조직은 단열을 형성하고, 1㎜당 방사조직 세포 수는 5~12개로 보통이다. 주축 유세포 스트랜드 개수는 5~8개이다.

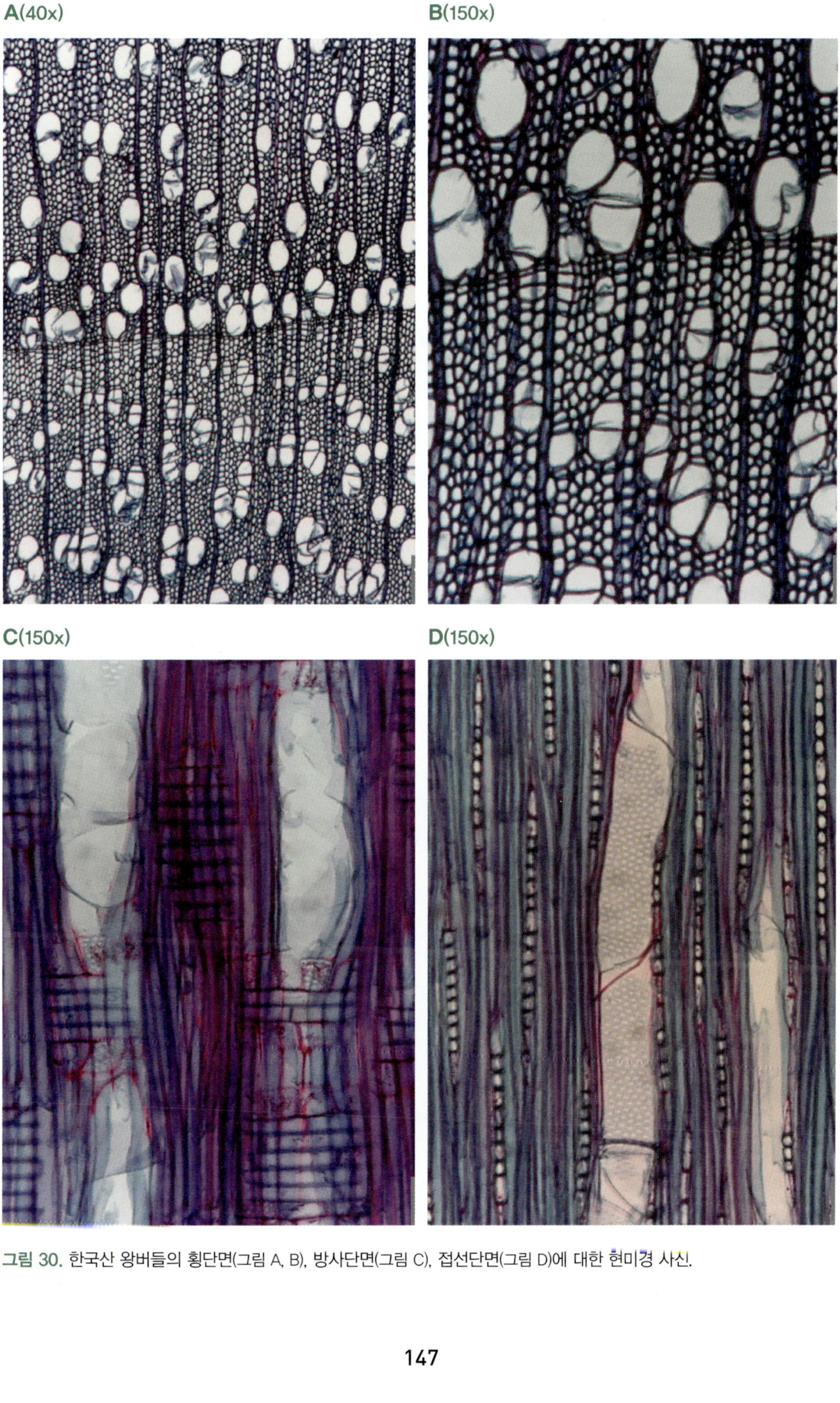

그림 30. 한국산 왕버들의 횡단면(그림 A, B), 방사단면(그림 C), 접선단면(그림 D)에 대한 현미경 사진.

31. 고욤나무

Diospyros lotus L.

종	고욤나무
속	감나무속
과	감나무과

횡단면	생장륜 경계는 뚜렷하다. 도관 분포는 산공재이고, 고립도관공이 많으며, 내강 직경은 51∼100㎛로 다소 작다. 1㎟당 도관 수는 5∼20개로 다소 적다. 섬유세포벽 두께는 보통으로 목섬유 내강 직경이 인접한 두 섬유세포벽 두께와 비슷하다. 주축유조직은 짧은 접선상 독립유조직, 주위상 수반유조직이 있다. 대상유조직은 1∼3 세포층의 좁은 대상, 망상, 그리고 연륜계상 등 다양한 형태를 형성한다.
방사단면	도관은 단천공을 형성하고, 도관간 벽공 배열은 교호상이며, 크기는 5∼7㎛로 작다. 방사도관벽공은 도관 상호간 벽공과 유사한 명확한 유연벽공이다. 방사조직 다열부는 평복세포이고, 가장자리 1∼4열만 직립세포 혹은 방형세포이거나, 또는 평복세포, 직립세포, 그리고 방형세포가 혼재한다. 섬유세포는 단벽공 또는 3㎛ 이하의 작은 유연벽공을 형성한다.
접선단면	방사조직 폭은 1∼3 세포 폭이고, 단열방사조직과 다열방사조직 폭이 비슷하며, 1㎜당 방사조직 세포 수는 5∼12개이다. 주축유세포는 방추형 유세포와 스트랜드 형태로 나타나며, 스트랜드 개수는 3∼8개이다. 방사조직, 주축유세포, 도관요소, 그리고 섬유세포가 층계상 배열을 형성한다.

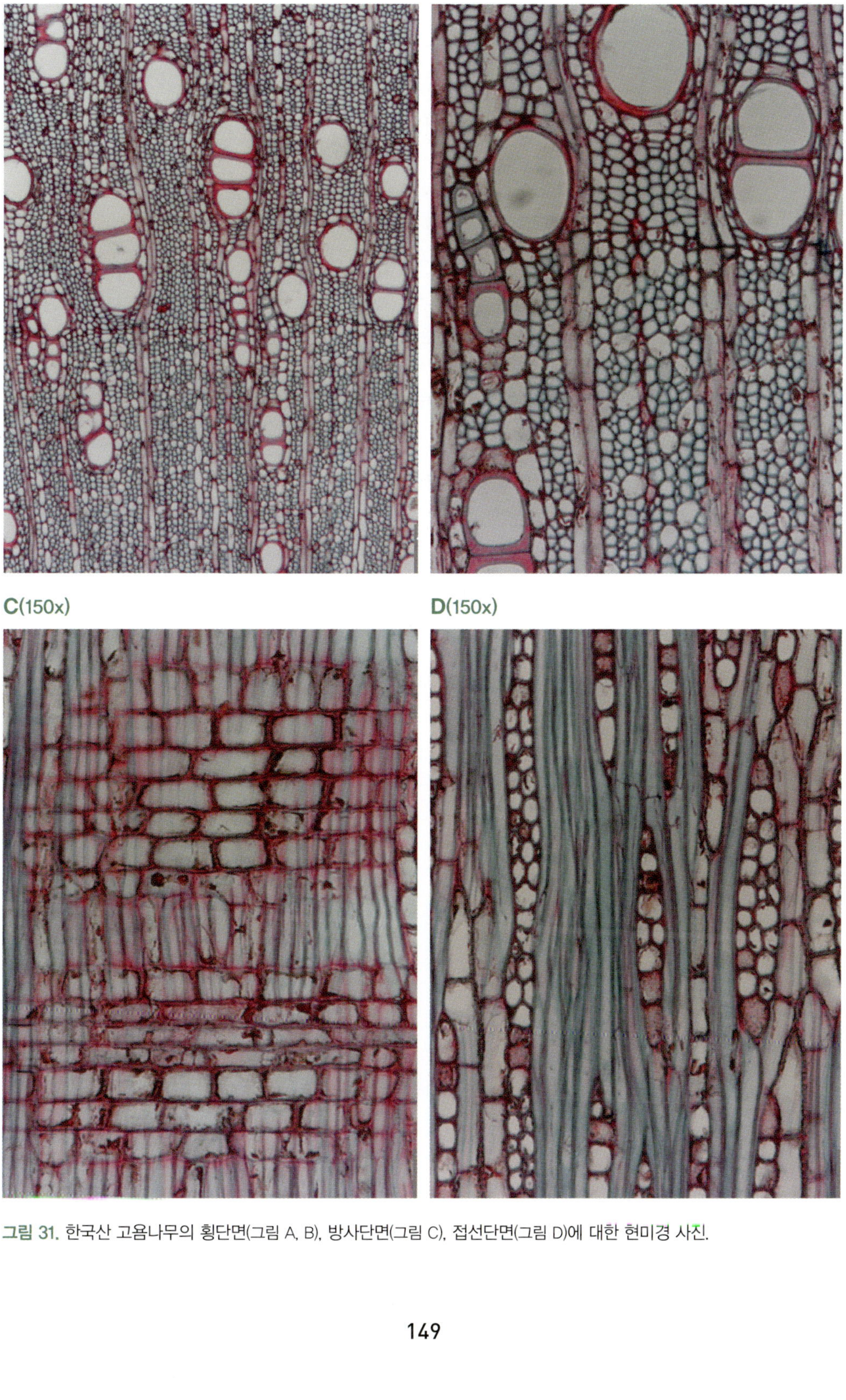

그림 31. 한국산 고욤나무의 횡단면(그림 A, B), 방사단면(그림 C), 접선단면(그림 D)에 대한 현미경 사진.

32. 때죽나무

Styrax japonicus Siebold & Zucc.

종	때죽나무
속	때죽나무속
과	때죽나무과

횡단면 생장륜 경계는 뚜렷하다. 도관 분포는 산공재이고, 방사복합도관으로 대부분 4개 이상 도관공이 뭉쳐있으며, 고립도관의 경우 외형이 각형이다. 도관 내강 직경은 50㎛ 이하로 작고, 1㎟당 도관 수는 41~100개로 다소 많다. 섬유세포벽 두께는 얇은 편으로 섬유세포 내강 직경이 인접한 두 섬유세포 세포벽의 두께보다 3배 이상이다. 주축유조직은 산재상과 짧은 접선상의 독립유조직을, 1~3 세포층의 좁은 대상과 연륜계상의 대상유조직을 형성하여 형태가 다양하다.

방사단면 도관은 계단상천공을 형성하고, 계단의 수는 11~20개로 적다. 도관 간 벽공 배열은 교호상이며, 크기는 5~7㎛로 작다. 방사도관 벽공은 도관 상호간 벽공과 비슷한 유연벽공이다. 방사조직 다열부는 평복세포이고 가장자리 2~4열 이상이 직립세포 또는 방형세포를 형성한다. 섬유세포는 단벽공 혹은 3㎛ 이하의 작은 유연벽공을 생성한다.

접선단면 방사조직 폭은 1~3 세포 폭이고, 1㎜당 방사조직 세포 수는 5~12개로 보통이다. 주축유세포 스트랜드 개수는 3~8개이다. 주축유세포 내에 프리즘형 결정을 생성한다.

A(40x)

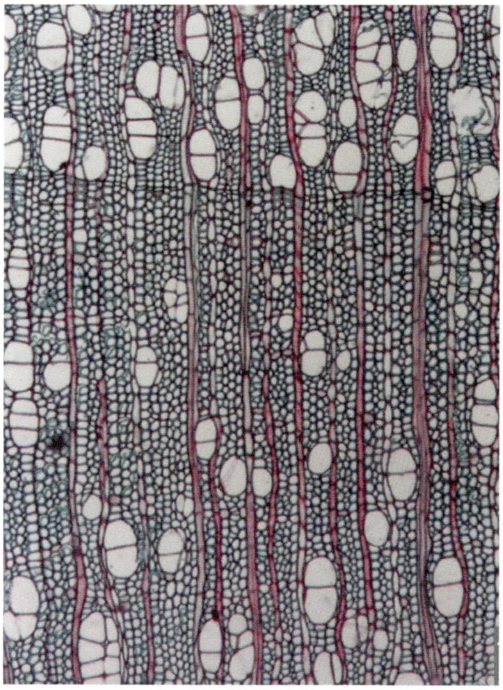

B(150x)

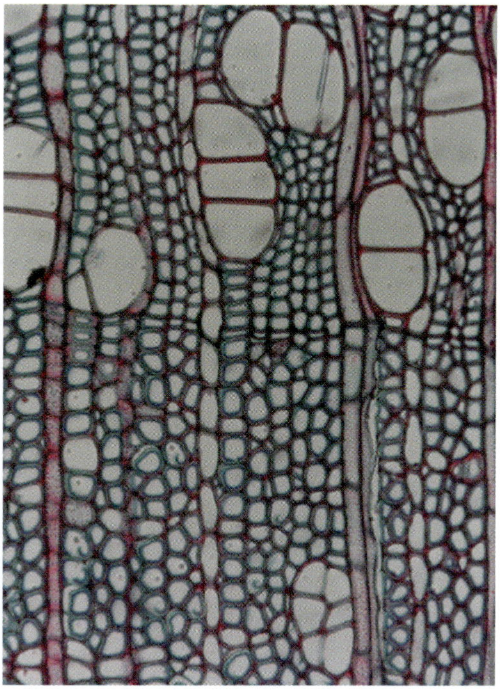

C(150x)

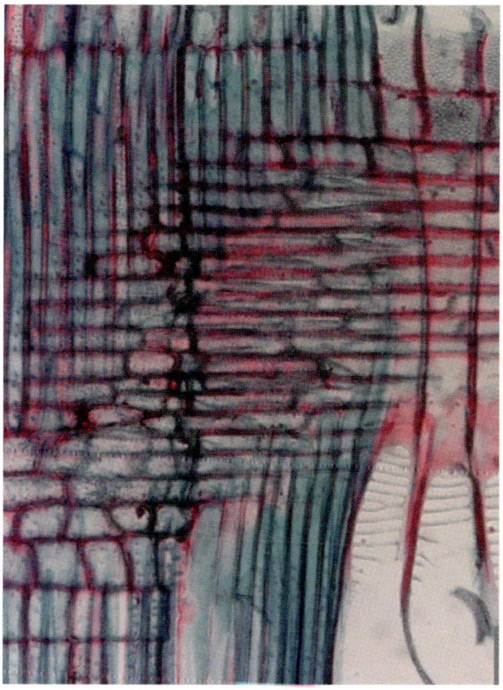

D(150x)

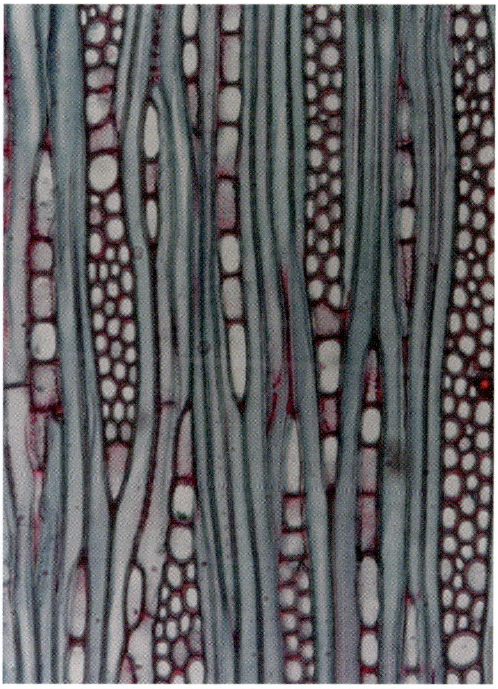

그림 32. 한국산 때죽나무의 횡단면(그림 A, B), 방사단면(그림 C), 접선단면(그림 D)에 대한 현미경 사진.

33. 노린재나무

Symplocos sawafutagi Nagam.

종	노린재나무
속	노린재나무속
과	노린재나무과

횡단면 생장륜 경계는 뚜렷하다. 도관 분포는 산공재이고, 대부분 고립도관공이다. 도관 내강 직경은 50㎛ 이하로 매우 작고, 1㎟당 도관 수는 101개 이상으로 많다. 섬유세포벽 두께는 보통으로 목섬유 내강 직경이 인접한 두 섬유세포벽 두께와 비슷하다. 주축유조직은 산재상과 짧은 접선상 독립유조직을, 그리고 망상과 연륜계상 대상유조직을 형성하여 여러 형태가 있다.

방사단면 도관은 계단상천공을 형성하고, 계단 수는 21~40개로 다소 많다. 도관 간 벽공 배열은 계단상 또는 대상이다. 방사도관 벽공은 도관 상호간 벽공과 비슷한 뚜렷한 유연벽공이다. 방사조직 다열부는 평복세포이고 가장자리 2~4열만 직립세포 혹은 방형세포이거나, 또는 평복세포, 직립세포, 그리고 방형세포가 혼재한다. 섬유세포는 유연벽공을 갖는 섬유상가도관이고 방사면 및 접선면 모두 벽공을 형성한다.

접선단면 방사조직 폭은 1~3 세포 폭이고 단열방사조직과 다열방사조직 폭이 비슷하여 다열방사조직 만큼 넓은 단열방사조직이 존재한다. 1㎜당 방사조직 세포 수는 13개 이상이다. 주축유세포 스트랜드 개수는 5~8개이다.

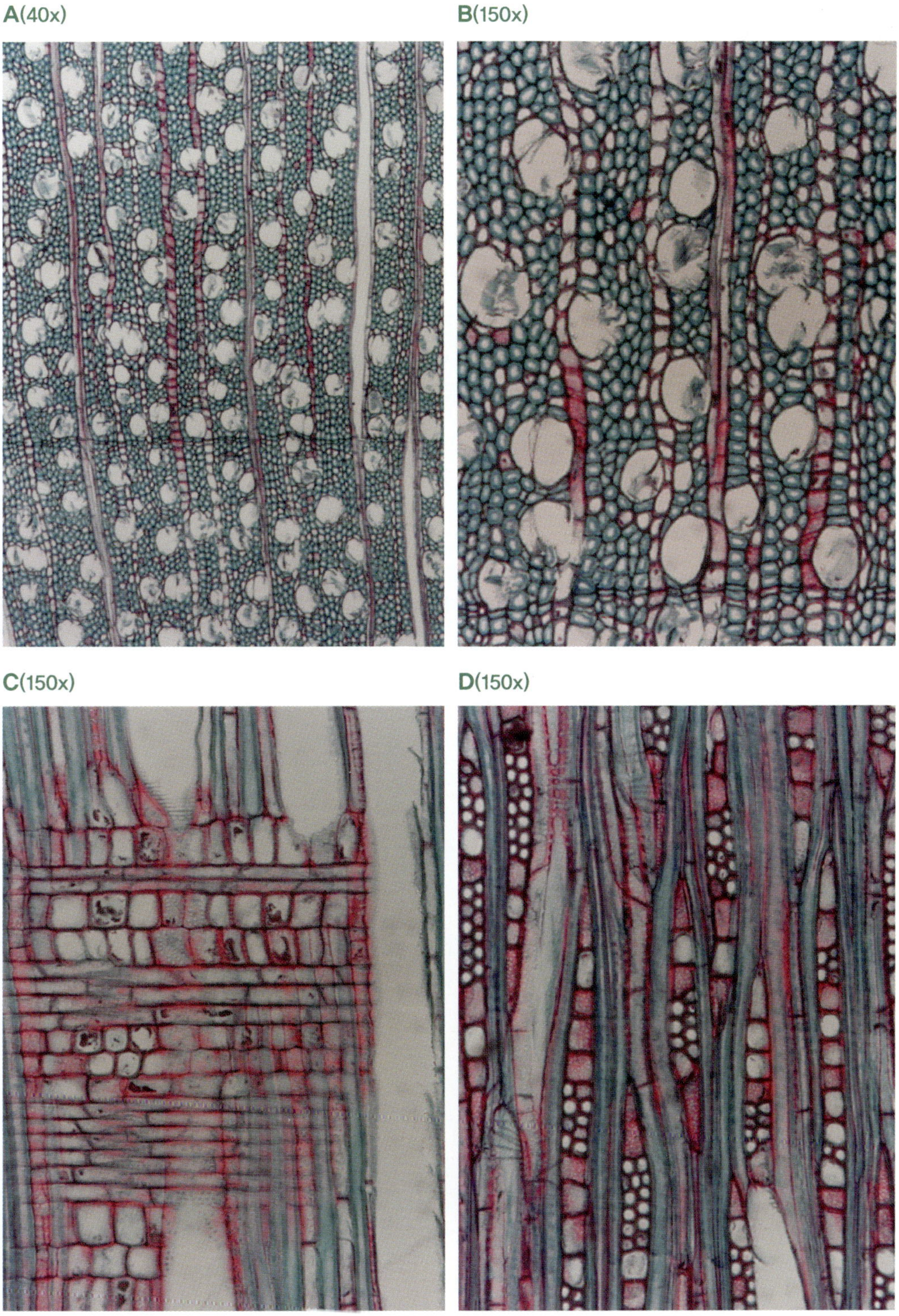

그림 33. 한국산 노린재나무의 횡단면(그림 A, B), 방사단면(그림 C), 접선단면(그림 D)에 대한 현미경 사진.

34. 명자꽃

***Chaenomeles speciosa* (Sweet) Nakai**

종	명자꽃
속	명자나무속
과	장미과

횡단면 생장륜 경계는 뚜렷하다. 도관 분포는 산공재이고, 그 집단은 대부분 고립도관공이고 외형이 각형이다. 도관 내강 직경은 51~100㎛으로 작고, 1㎟당 도관 수는 101개 이상으로 많다. 섬유세포벽 두께는 보통으로 목섬유 내강 직경이 인접한 두 섬유세포벽 두께와 비슷하다. 주축유조직은 산재상 독립유조직, 주위상 수반유조직, 그리고 연륜계상 대상 유조직 등으로 다양하다.

방사단면 도관 천공은 단천공을 형성한다. 도관 간 벽공 배열은 대상이며, 그 크기는 4㎛ 이하로 작다. 방사도관 벽공은 도관 상호간 벽공과 유사한 유연벽공이다. 방사조직은 평복세포로만 구성되어 있다. 섬유세포는 유연벽공을 갖는 섬유상가도관이며, 나선비후 벽이 있다. 확장된 이형세포 내에 프리즘형 결정을 생성한다.

접선단면 방사조직 폭은 1~3 세포 폭이고, 1㎜당 방사조직 세포 수는 5~12개이다. 주축유세포 스트랜드 개수는 3~8개이다. 주축유세포 내에 프리즘형 결정을 생성한다.

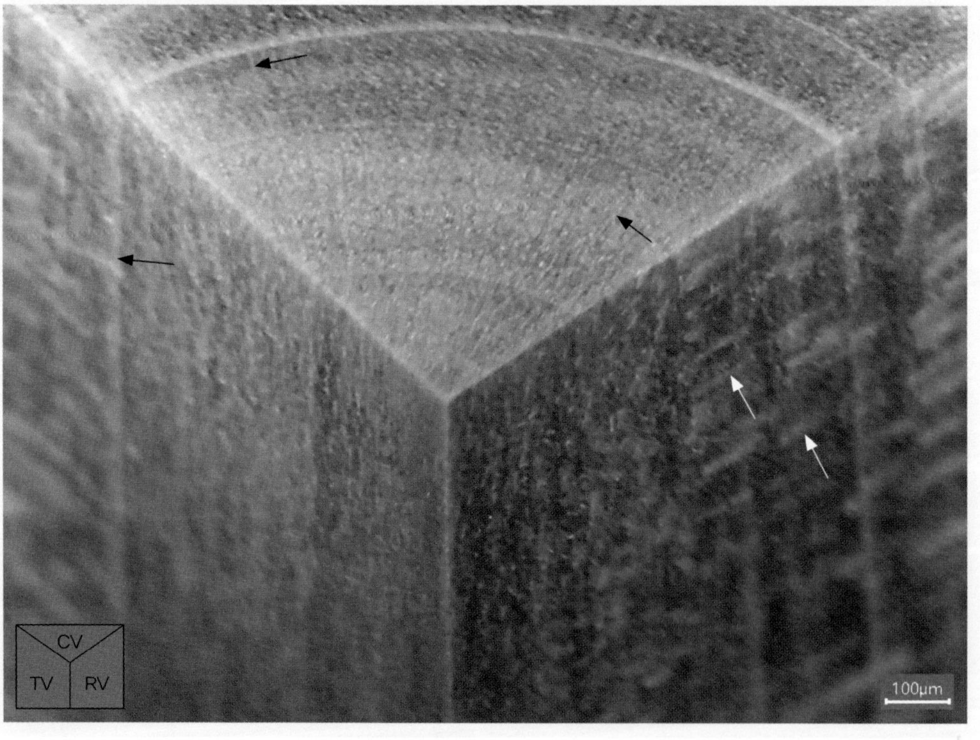

그림 34b. 명자꽃의 3단면 해부현미경 사진. CV: 생장륜의 경계는 2~4 세포 폭으로 뚜렷하게 나타나며, 조재에서 만재로의 이행이 완만하고, 산공재이다. 1~2 세포 폭의 방사유사포가 흰색줄로 나타난다(검은색 화살표); RV: 횡으로 배열된 7~15 세포 폭의 흰색 띠로 나타나는 방사유세포(검은색 화살표); TV: 주축의 접선으로 나타나는 흰색의 생장륜(검은색 화살표).

A(40x)

B(150x)

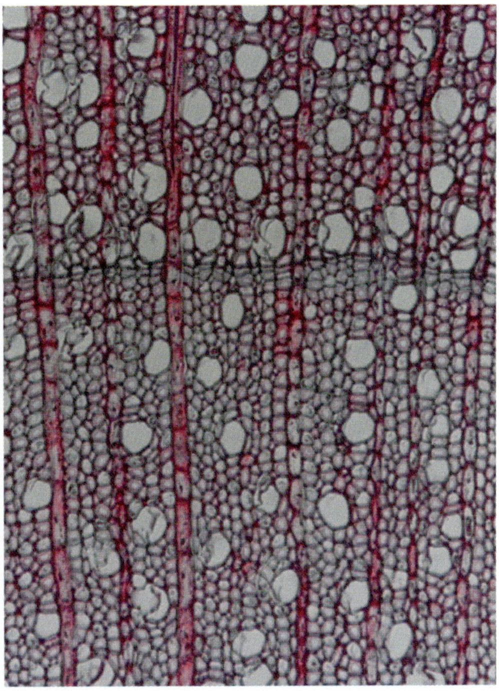

C(150x)

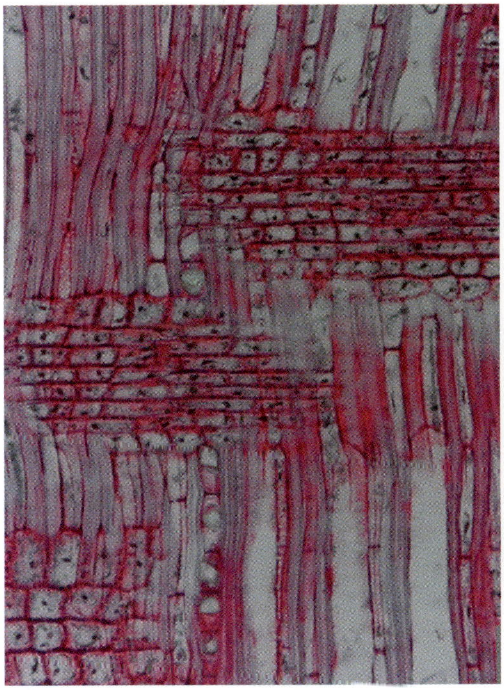

D(150x)

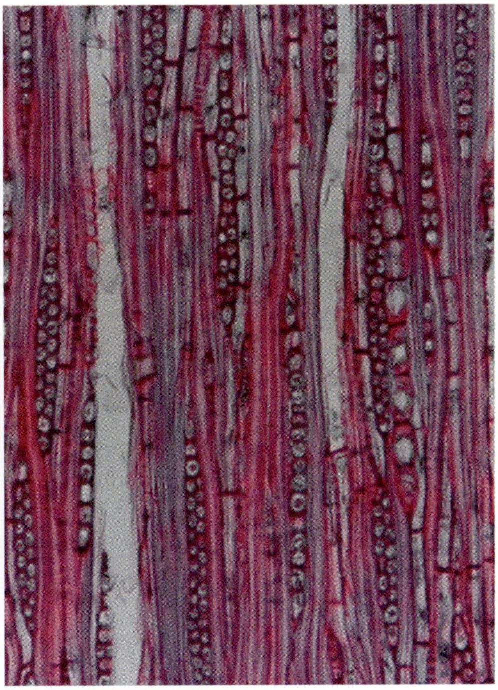

그림 34a. 한국산 명자꽃의 횡단면(그림 A, B), 방사단면(그림 C), 접선단면(그림 D)에 대한 현미경 사진.

35. 황매화

Kerria japonica (L.) DC.

종	황매화
속	황매화속
과	장미과

횡단면 생장륜 경계는 뚜렷하다. 도관 분포는 산공재이고, 도관은 대부분 고립도관공이다. 도관 내강 직경은 50㎛ 이하로 작고, 1㎟당 도관 수는 21~40개로 보통이다. 섬유세포벽 두께는 보통으로 목섬유 내강 직경이 인접한 두 섬유세포벽의 두께와 비슷하다. 주축유조직은 산재상 독립유조직과 연륜계상 대상유조직을 생성한다.

방사단면 도관 천공은 단천공을 형성한다. 도관 간 벽공 배열은 계단상 또는 대상이며, 크기는 5~7㎛ 이하로 작다. 도관 벽공은 원형 혹은 각형의 단벽공이다. 방사조직은 직립 혹은 방형세포만 형성한다. 섬유세포는 유연벽공을 갖는 섬유상가도관이다. 방사조직은 직립세포와 방형세포 내에 프리즘형 결정을 생성한다.

접선단면 방사조직은 폭과 높이가 명확하게 구분되는 두 가지 형태를 생성한다. 작은 방사조직은 단열방사조직이다. 큰 방사조직은 4~10 세포 폭이고, 높이가 1㎜ 이상이며, 1㎜당 방사조직 세포 수는 20개 이상이다. 주축유세포 스트랜드 개수는 5~8개이다.

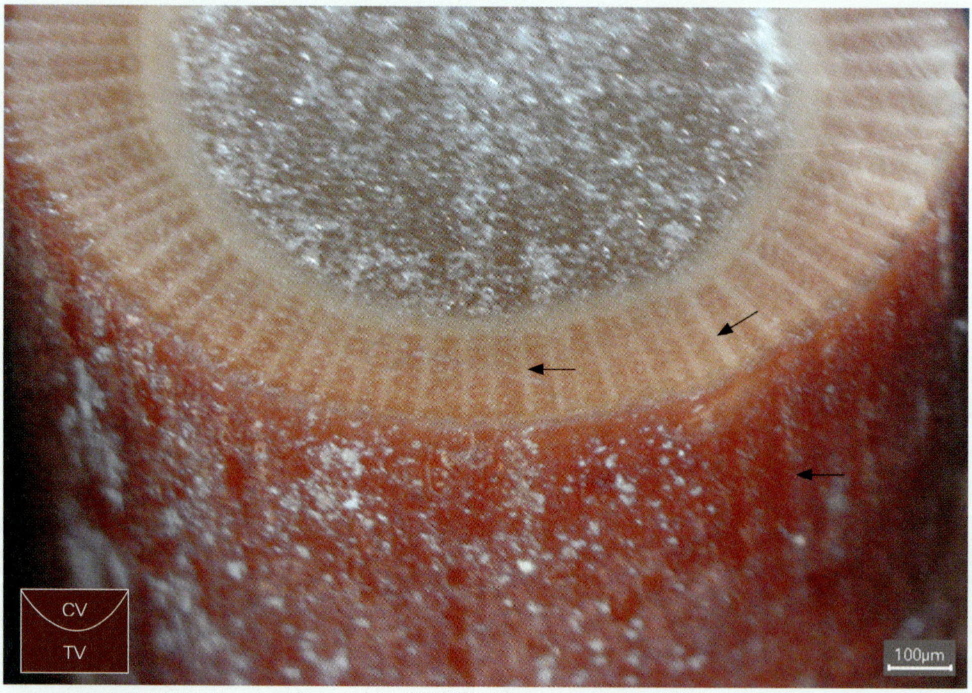

그림 35b. 황매화의 2단면 해부현미경 사진. CV: 생장륜의 경계는 1~2 세포 폭으로 뚜렷하게 나타나며, 조재에서 만재로의 이행이 완만하고, 산공재이다. 6~8세 폭의 방사유세포가 흰색줄로 나타난다(검은색 화살표); RV: 주축으로 배열된 희미한 흰색의 방사유세포(검은색 화살표).

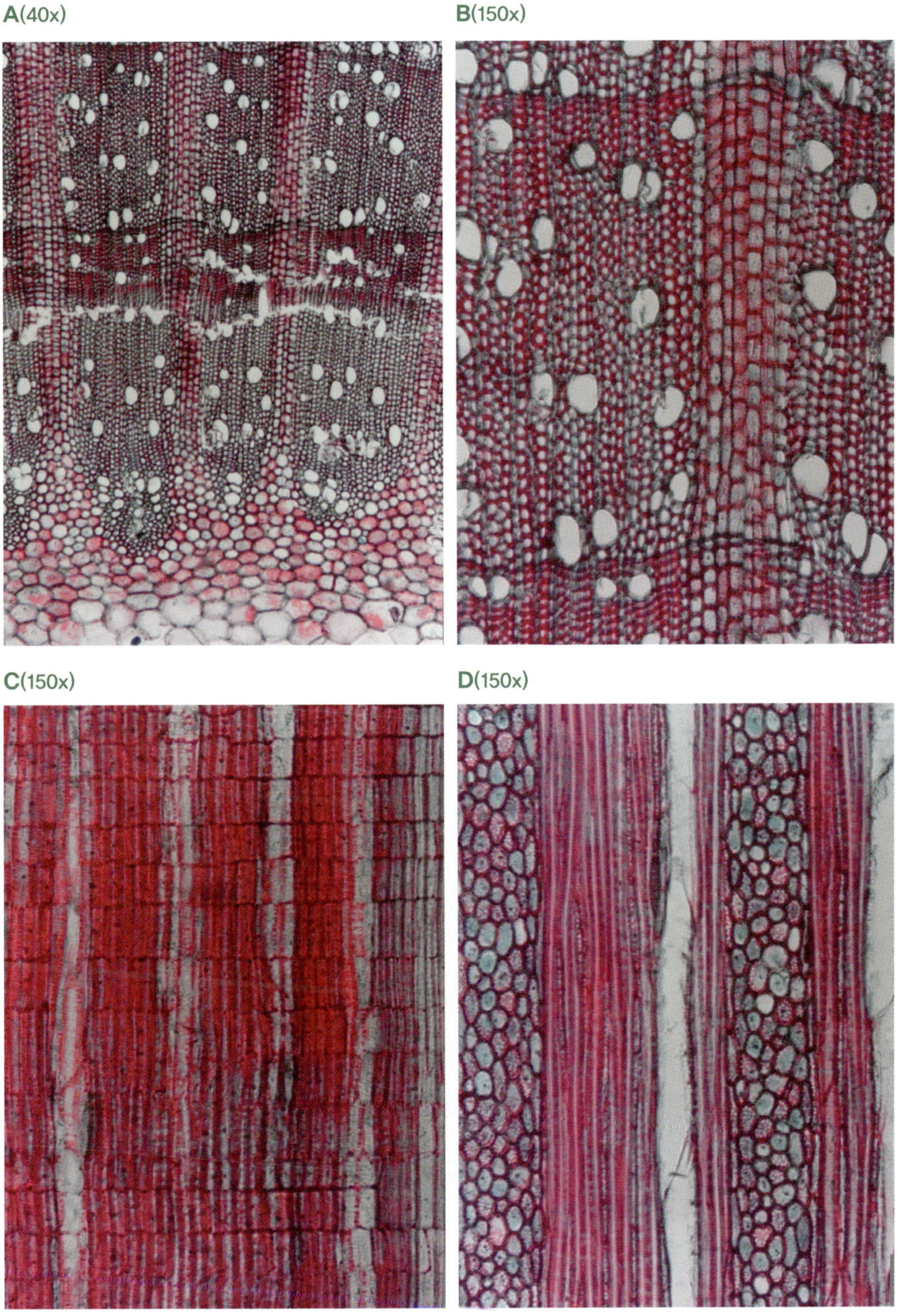

그림 35a. 한국산 황매화의 횡단면(그림 A, B), 방사단면(그림 C), 접선단면(그림 D)에 대한 현미경 사진.

36. 야광나무

***Malus baccata* (L.) Borkh.**

종	야광나무
속	사과나무속
과	장미과

횡단면 생장륜 경계는 뚜렷하다. 도관 분포는 산공재이고, 그 집단은 대부분 고립도관공이고, 외형이 각형이다. 도관 내강 직경은 50㎛ 이하로 작고, 1㎟당 도관 수는 101개 이상으로 많다. 섬유세포벽 두께는 보통으로 목섬유 내강 직경이 인접한 두 섬유세포벽 두께와 비슷하다. 주축유조직은 산재상 또는 짧은 접선상 독립유조직 형태이다.

방사단면 도관 천공은 계단상천공판을 형성하고, 계단 수는 21~40개이다. 도관 간 벽공 배열은 계단상 또는 대상이며, 크기는 5~7㎛로 작다. 도관 벽공은 원형 혹은 각형의 단벽공과 계단상 혹은 책상의 단벽공을 생성한다. 방사조직 다열부는 평복세포이고, 가장자리 2~4 세포 열 이상이 직립 혹은 방형세포이다. 섬유세포는 유연벽공을 갖는 섬유상가도관이며, 방사면과 접선면 모두 벽공을 생성한다.

접선단면 방사조직 폭은 1~3 세포 폭이고, 1㎜당 방사조직 세포 수는 5~12개이다. 주축유세포 스트랜드 개수는 5~9개 이상이다.

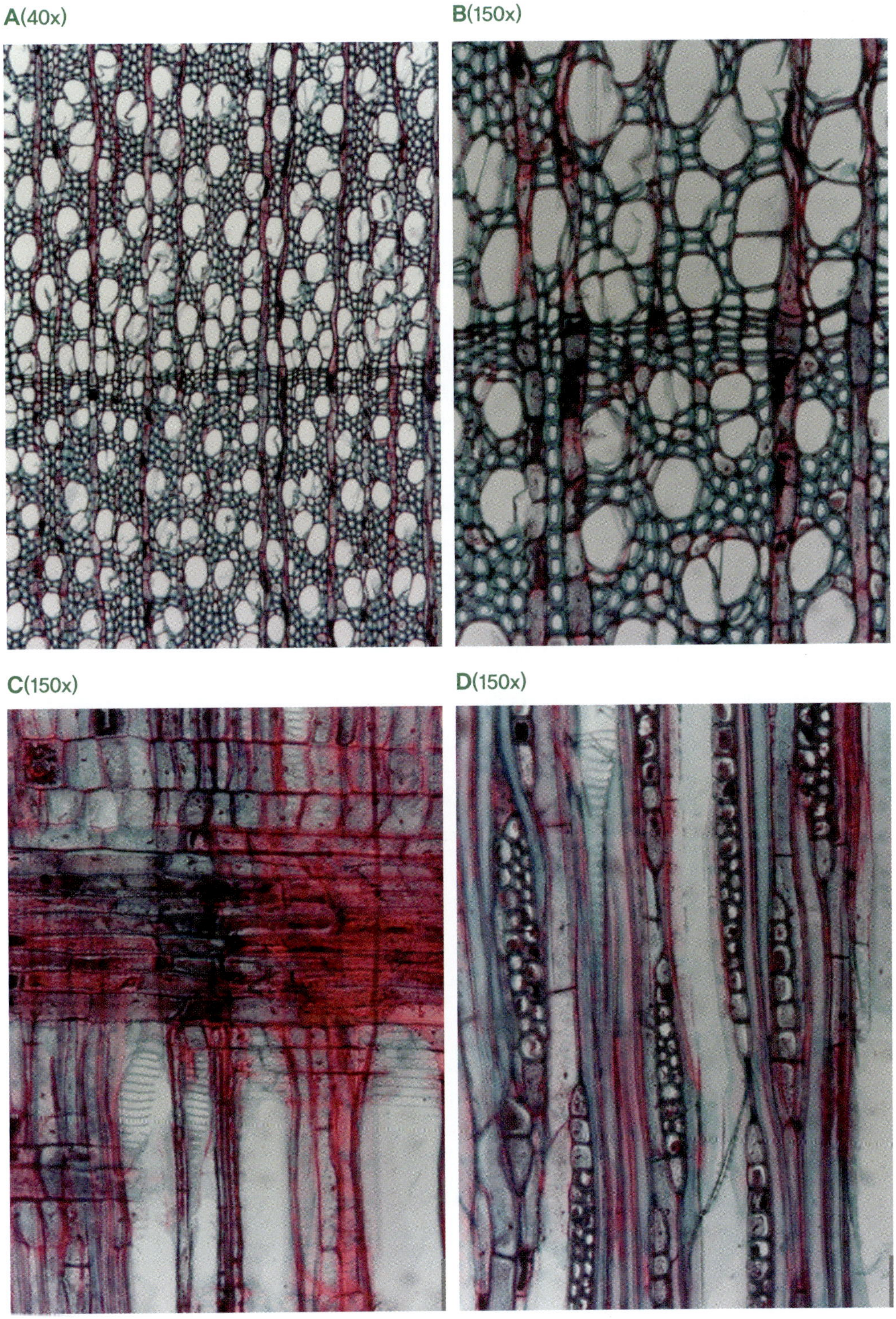

그림 36. 한국산 야광나무의 횡단면(그림 A, B), 방사단면(그림 C), 접선단면(그림 D)에 대한 현미경 사진.

37. 앵도나무

***Prunus tomentosa* Thunb.**

종	앵도나무
속	벚나무속
과	장미과

횡단면 생장륜 경계는 뚜렷하다. 도관 분포는 산공재이고, 그 집단은 대부분 고립관공이며 외형이 각형이다. 도관 내강 직경은 50㎛ 이하로 작고, 1㎟당 도관 수는 101개 이상으로 많다. 섬유세포벽 두께는 보통으로 목섬유 내강 직경이 인접한 두 섬유세포벽 두께와 비슷하다. 주축유조직은 산재상 또는 짧은 접선상 독립유조직을 생성한다.

방사단면 도관 천공은 단천공을 생성한다. 도관 간 벽공 배열은 교호상이며, 그 크기는 5~7㎛로 작다. 도관 벽공은 도관 상호간 벽공과 유사한 유연벽공을 형성한다. 방사조직은 직립세포 혹은 방형세포로만 구성되거나, 평복세포와 직립세포 그리고 방형세포가 혼재하기도 한다. 섬유세포는 유연벽공을 갖는 섬유상가도관이고, 방사면과 접선면 모두 벽공을 생성하며, 나선비후가 발달된다. 방사유세포 내에 집정 결정을 생성한다.

접선단면 방사조직 폭과 높이가 명확하게 구분되는 두 종류 즉 작은 방사조직은 단열방사조직이고, 큰 방사조직은 4~10 세포 폭으로 높이는 1㎜ 이상이다. 1㎜당 방사조직 세포 수는 5~12개이다. 주축유세포 스트랜드 개수는 2~4개이다.

그림 37b. 앵도나무의 3단면 해부현미경 사진. CV: 생장륜의 경계는 1~2 세포 폭으로 뚜렷하지는 않으며, 조재와 만재의 이행이 완만하고, 산공재이다. 1~5 세포 폭의 방사유세포가 띠로 나타난다(검은색 화살표); RV: 횡으로 배열된 3~20 세포 폭의 흰색 띠로 나타나는 방사유세포(검은색 화살표).; TV: 주축 접선의 중심부에 검은색으로 보이는 부분은 식물규소체(phytolith).

A(40x)

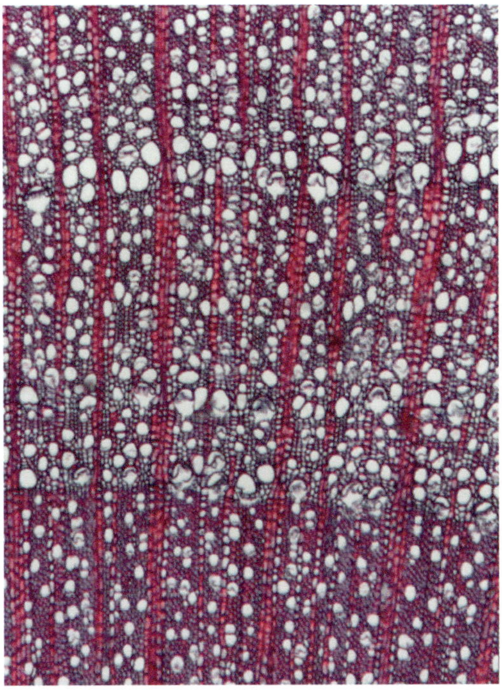

B(150x)

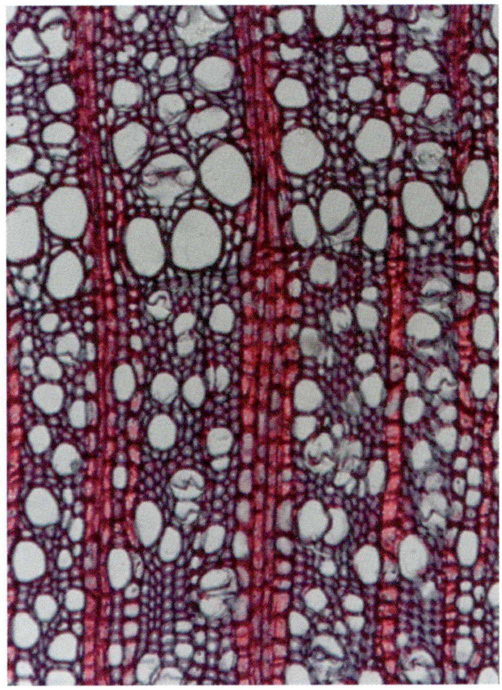

C(150x)

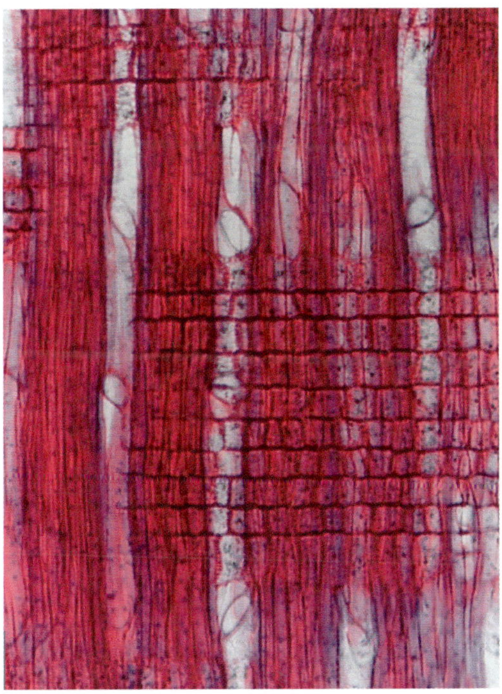

D(150x)

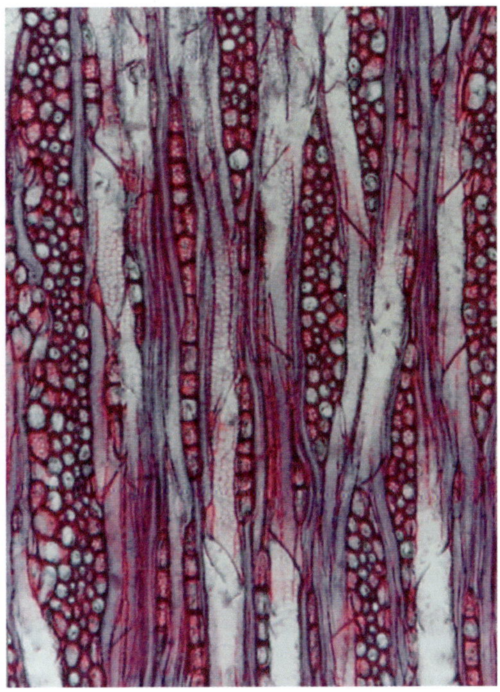

그림 37a. 한국산 앵도나무의 횡단면(그림 A, B), 방사단면(그림 C), 접선단면(그림 D)에 대한 현미경 사진.

38. 모과나무

Pseudocydonia sinensis (Thouin) C.K.Schneid.

종	모과나무
속	모과나무속
과	장미과

횡단면 생장륜 경계는 뚜렷하다. 도관 분포는 산공재이고, 그 집단은 대부분 고립도관공이다. 도관 내강 직경은 50㎛ 이하로 아주 작고, 1㎟당 도관 수는 101개 이상으로 많다. 섬유세포벽 두께는 두꺼워서 목섬유세포 내강을 채운다. 주축유조직은 산재상 또는 짧은 접선상의 독립유조직을 형성한다.

방사단면 도관 천공은 단천공을 생성한다. 도관 간 벽공 배열은 교호상이며, 크기는 4㎛ 이하로 작다. 도관 벽공은 도관 상호간 벽공과 비슷한 유연벽공이다. 방사조직은 평복세포로만 구성되어 있다. 섬유세포는 유연벽공을 갖는 섬유상가도관이고, 방사면과 접선면 모두 벽공이 발달하고, 일부 나선비후도 있다. 확장된 이형세포 내에 프리즘형 결정을 생성한다.

접선단면 방사조직 폭은 1~3 세포 폭이고, 1㎜당 방사조직 세포 수는 13개 이상이다. 주축유세포 스트랜드 개수는 3~8개이다. 주축유세포 내에 프리즘형 결정을 생성한다.

A(40x)

B(150x)

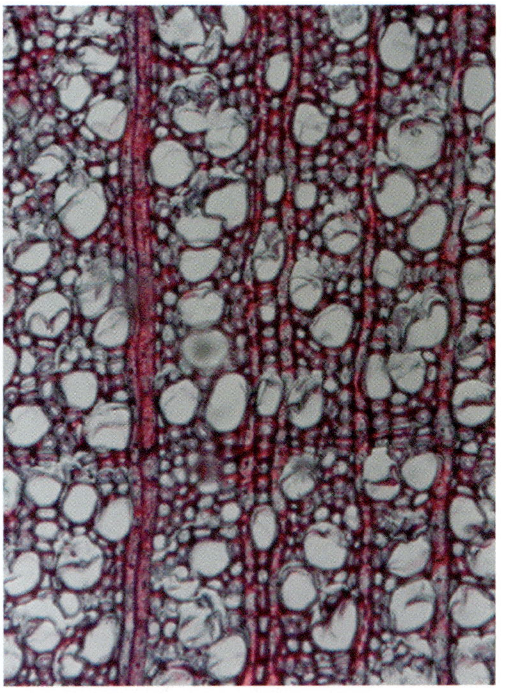

C(150x)

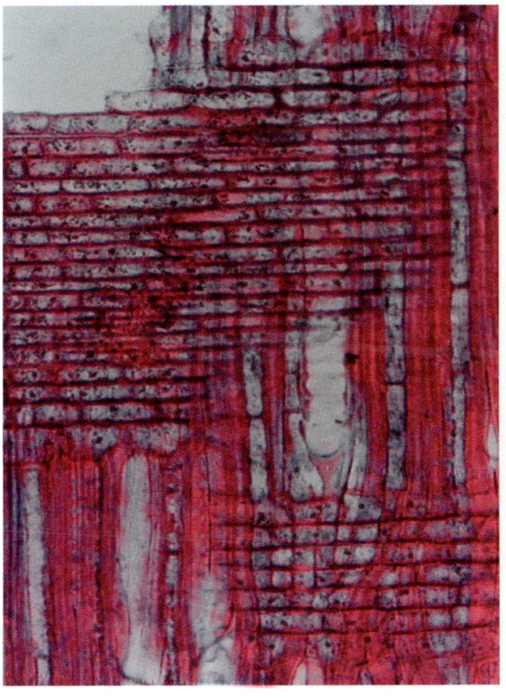

D(150x)

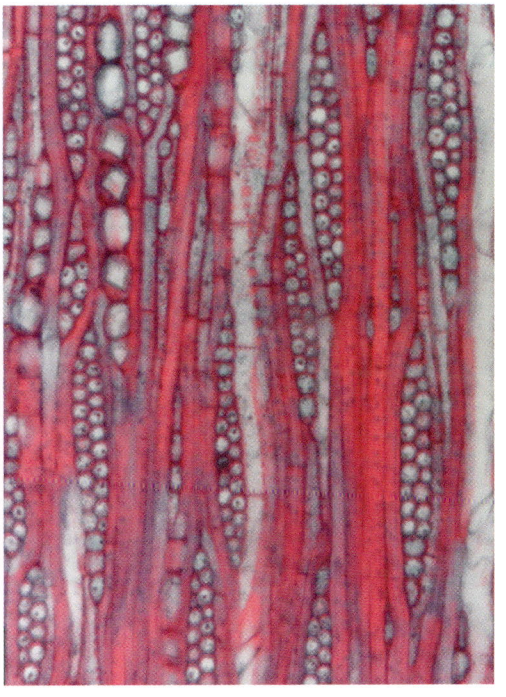

그림 38. 한국산 모과나무의 횡단면(그림 A, B), 방사단면(그림 C), 접선단면(그림 D)에 대한 현미경 사진.

39. 백운배나무

Pyrus bakunensis Nakai

종	백운배나무
속	배나무속
과	장미과

횡단면 생장륜 경계는 뚜렷하다. 도관 분포는 산공재이고, 그 집단은 대부분 고립관공이고 외형이 각형이다. 도관 내강 직경은 50㎛ 이하로 작고, 1㎟당 도관 수는 101개 이상으로 많다. 섬유세포벽 두께는 얇아서 횡단면상 섬유세포 내강 직경이 인접한 두 섬유포벽의 두께보다 3배 이상이다. 주축유조직은 산재상 또는 짧은 접선상의 독립유조직을 형성한다.

방사단면 도관 천공은 단천공을 생성한다. 도관 간 벽공 배열은 교호상이며, 크기는 4㎛ 이하로 작다. 방사도관 벽공은 도관 상호간 벽공과 비슷한 유연벽공이다. 방사조직은 평복세포만 생성된다. 섬유세포는 유연벽공을 갖는 섬유상가도관이고, 방사면과 접선면 모두 벽공을 형성한다. 확장된 이형세포 내에 프리즘형 결정을 생성한다.

접선단면 방사조직 폭은 1~3 세포 폭이고, 1㎜당 방사조직 세포 수는 5~12개이다. 주축유세포 스트랜드 개수는 5~8개이다. 주축유세포 내에 프리즘형 결정을 생성한다.

그림 39b. 백운배나무의 3단면 해부현미경 사진. CV: 생장륜의 경계는 1~3 세포 폭으로 뚜렷하게 나타나며, 조재에서 만재로의 이행이 완만하고, 산공재이다. 1~3 세포 두께의 방사유세포 흰색줄로 보이며(검은색 화살표)와 흰색 또는 갈색의 도관공이 조재와 만재에 분포(흰색 화살표); RV: 횡으로 배열된 5~15 세포 폭의 흰색 띠로 나타나는 방사유세포(검은색 화살표)와 주축으로 배열된 가느다란 흰색의 도관세포(흰색 화살표). 주축의 갈색줄은 섬유세포 집합임.

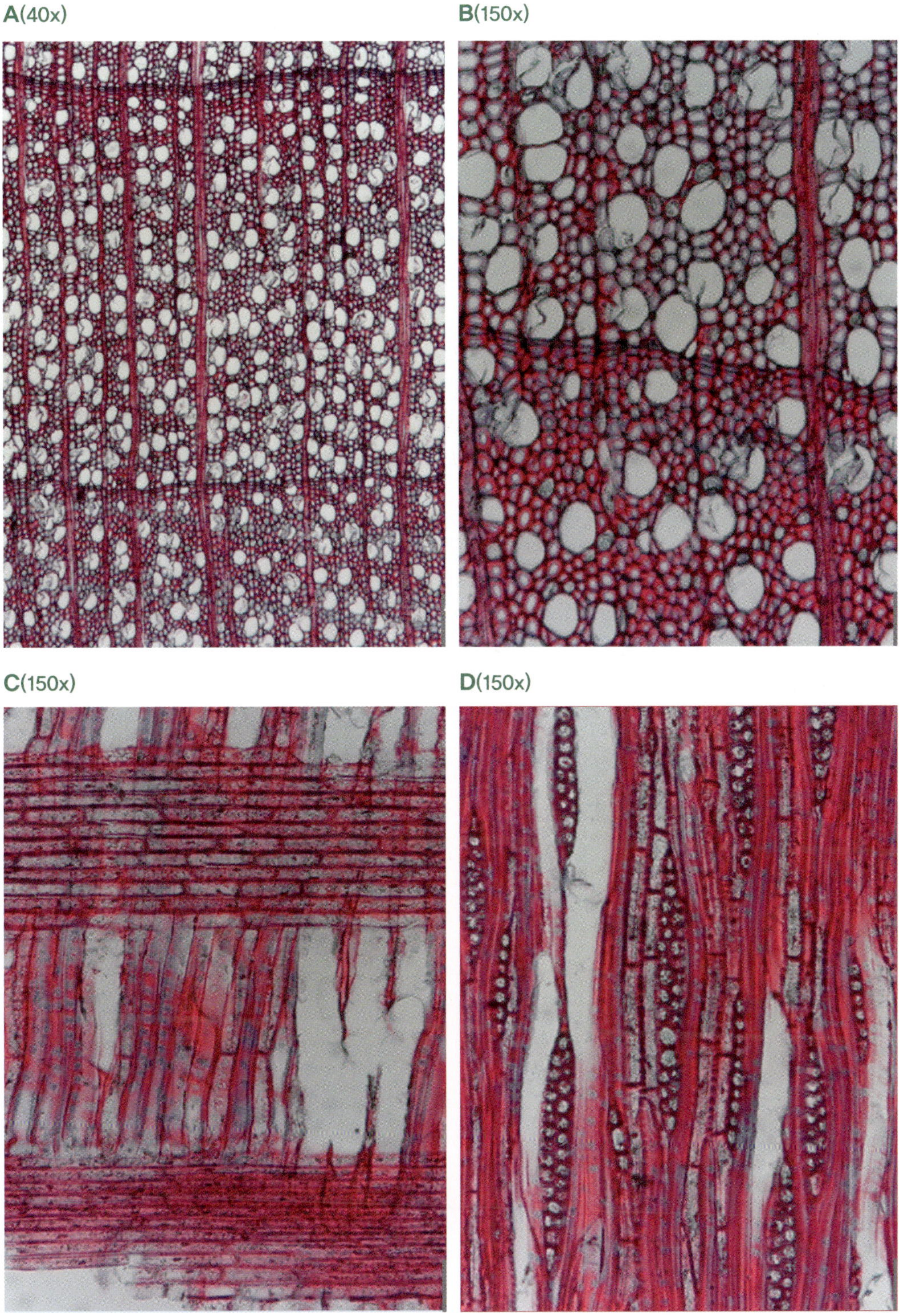

그림 39a. 한국산 백운배나무의 횡단면(그림 A, B), 방사단면(그림 C), 접선단면(그림 D)의 현미경 사진.

40. 다정큼나무

Rhaphiolepis indica **(L.) Lindll. ex Ker var. *umbellata*** **(Thunb. ex Murray) H. Ohash**

종	다정큼나무
속	다정큼나무속
과	장미과

횡단면 생장륜 경계는 뚜렷하다. 도관 분포는 산공재이고, 그 집단은 대부분 고립도관공이며, 외형이 각형이다. 도관 내강 직경은 50㎛ 이하로 아주 작고, 1㎟당 도관 수는 101개 이상으로 매우 많다. 섬유세포벽 두께는 보통으로 목섬유 내강 직경이 인접한 두 섬유세포벽 두께와 비슷하다. 주축유조직은 산재상 또는 짧은 접선상 독립유조직을 형성한다.

방사단면 도관 천공은 단천공을 형성한다. 도관 간 벽공 배열은 교호상이며, 그 크기는 4㎛ 이하로 작다. 방사도관 벽공은 뚜렷한 유연벽공이다. 방사조직은 직립세포 혹은 방형세포들로 형성하거나, 다열부는 평복세포이고 가장자리 2~4열만 직립세포 혹은 방형세포를 형성한다. 섬유세포는 유연벽공을 갖는 섬유상가도관이고 방사면과 접선면 모두 벽공을 발달한다. 확장된 이형세포 내에 프리즘형 결정을 생성한다.

접선단면 방사조직 폭은 1~3 세포 폭이고, 1㎜당 방사조직 세포 수는 13개 이상이다. 주축유세포 스트랜드 개수는 5~8개이다. 주축유세포 내에 프리즘형 결정을 생성한다.

A(40x)

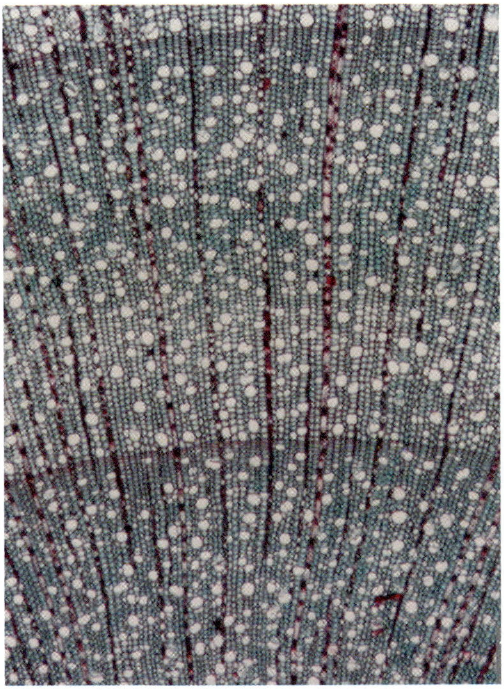

B(150x)

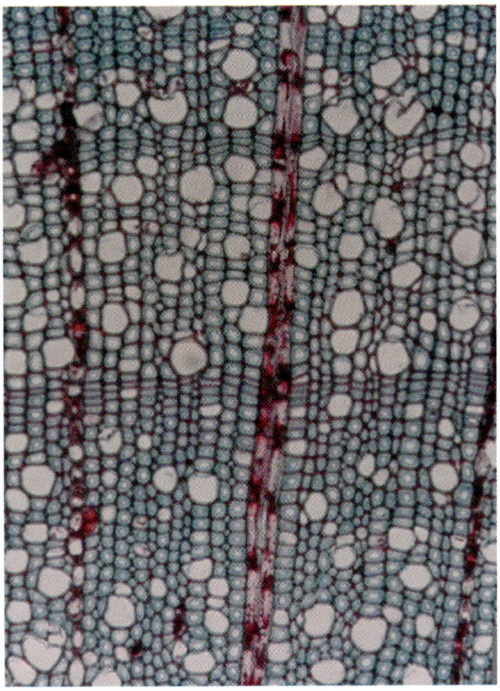

C(150x)

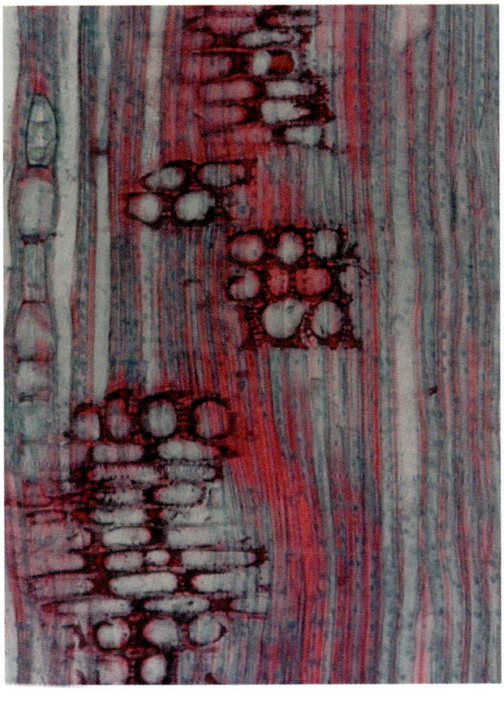

D(150x)

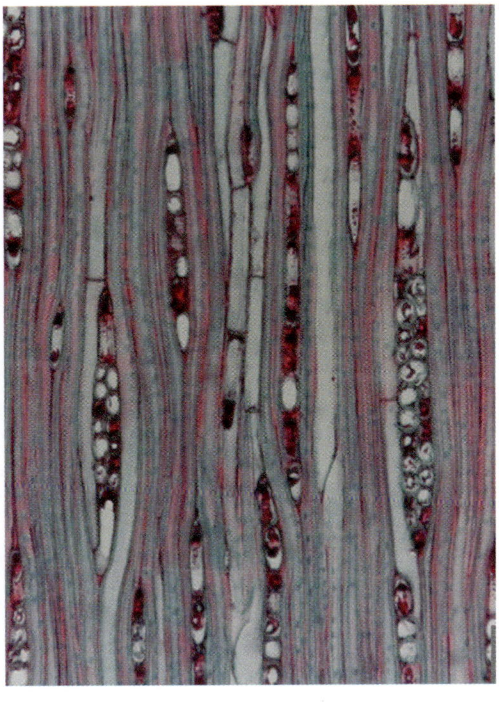

그림 40. 한국산 다정큼나무의 횡단면(그림 A, B), 방사단면(그림 C), 접선단면(그림 D)의 현미경 사진.

41. 병아리꽃나무

***Rhodotypos scandens* (Thunb.) Makino**

종	병아리꽃나무
속	병아리꽃속
과	장미과

횡단면 생장륜 경계는 뚜렷하다. 도관 분포는 산공재이고, 그 집단은 대부분 고립관공이다. 도관 내강 직경은 50㎛ 이하로 아주 작고, 1㎟당 도관 수는 101개 이상으로 많다. 섬유세포벽 두께는 보통으로 목섬유 내강 직경이 인접한 두 섬유세포벽 두께와 비슷하다. 주축유조직은 산재상 또는 짧은 접선상 독립유조직과 연륜계상 대상유조직을 형성한다.

방사단면 도관 천공은 주로 단천공이며 드물게 계단 수가 10개 이하인 계단상천공도 생성한다. 도관간 벽공 배열은 대상 또는 교호상이며, 그 크기는 4㎛ 이하로 작다. 방사도관 벽공은 도관 상호간 벽공과 비슷한 유연벽공이다. 방사조직 다열부는 평복세포이고, 가장자리 2~4열은 직립 또는 방형세포로 발달된다. 섬유세포는 격벽을 생성하는 경우가 있다. 섬유상 가도관으로 방사면과접선면 모두 유연벽공을 발달한다.

접선단면 방사조직 폭은 11 세포 폭 이상이다. 그 높이는 1㎜ 이상이며, 1㎜당 방사조직 세포 수는 5~12개이다. 방사조직 가장자리에 안쪽 평복세포를 칼집 모양으로 싸고 있는 초상세포가 존재한다. 주축유세포 스트랜드 개수는 3~4개이다.

A(40x)

B(150x)

C(150x)

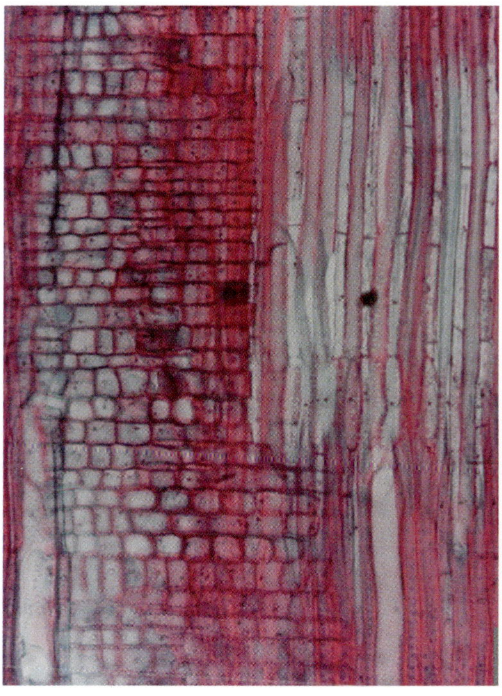

D(150x)

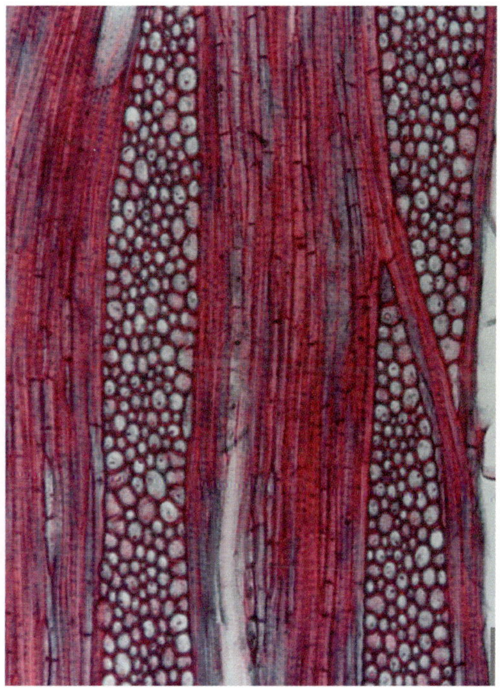

그림 41. 한국산 병아리꽃나무의 횡단면(그림 A, B), 방사단면(그림 C), 접선단면(그림 D)에 대한 현미경 사진.

42. 찔레나무

Rosa multiflora Thunb.

종	찔레나무
속	장미속
과	장미과

횡단면 생장륜 경계는 뚜렷하다. 도관 분포는 산공재이고, 대부분 고립관공이다. 도관 내강 직경은 50 ㎛ 이하로 작고, 1㎟당 도관 수는 21~40개로 보통이다. 섬유세포벽 두께는 보통으로 목섬유 내강 직경이 인접한 두 섬유세포벽 두께와 비슷하다. 주축유조직은 산재상 독립유조직과 연륜계상 대상유조직을 형성한다.

방사단면 도관 천공은 단천공을 형성한다. 도관 간 벽공 배열은 대상 혹은 교호상이며, 크기는 5~7㎛로 작다. 방사도관 벽공은 원형 또는 각형의 단벽공이다. 방사조직은 평복세포와 직립세포 그리고 방형세포가 혼재해서 형성되다. 섬유세포는 단벽공 또는 3㎛ 이하의 작은 유연벽공을 형성한다.

접선단면 방사조직 폭과 높이가 명확하게 구분되는 두 가지 형태가 존재한다. 작은 방사조직은 단열방사조직이고, 큰 방사조직은 11 세포 폭 이상으로 높이는 1㎜ 이상이며, 1㎜당 방사조직 세포 수는 4개 이하이다. 주축유세포 스트랜드 개수는 3~4개이다.

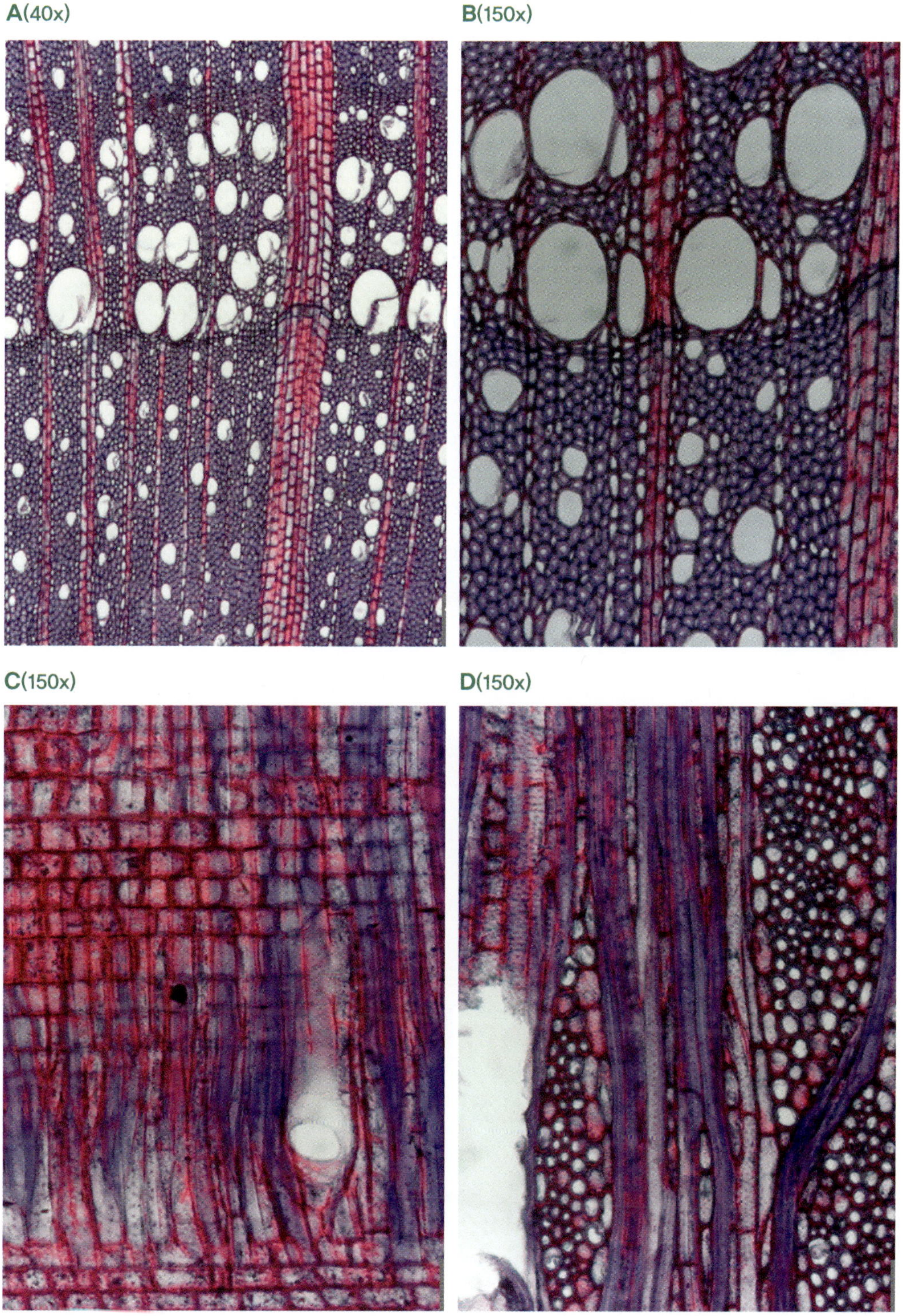

그림 42. 한국산 찔레나무의 횡단면(그림 A, B), 방사단면(그림 C), 접선단면(그림 D)에 대한 현미경 사진.

43. 산딸기

***Rubus crataegifolius* Bunge**

종	산딸기
속	산딸기속
과	장미과

횡단면 생장륜 경계는 뚜렷하다. 도관 분포는 산공재이며, 집단도관 형태를 띤다. 도관 내강 직경은 51~100㎛으로 작은 편이고, 1㎟당 도관 수는 41~100개로 많은 편이다. 섬유세포벽 두께는 보통으로 목섬유 내강 직경이 인접한 두 섬유세포벽 두께와 비슷하다. 주축유조직은 수반유조직으로 주위상이다.

방사단면 도관 천공은 단천공을 형성한다. 도관 간 벽공은 대상 또는 다각형이 교호상 배열을 하고, 크기는 5~7㎛로 작다. 방사도관 벽공은 도관 상호간 벽공과 유사한 뚜렷한 유연벽공이다. 방사조직은 직립 혹은 방형세포로만 구성되어 있다. 섬유세포는 유연벽공이 있는 섬유상가도관이다.

접선단면 방사조직은 폭과 높이가 뚜렷하게 구분되는 두 가지 형태가 있다. 작은 방사조직은 단열방사조직이고, 큰 방사조직은 4~10 세포 폭으로 높이는 1㎜ 이상이며, 1㎜당 방사조직 세포 수는 4개 이하이다. 주축유세포 스트랜드 개수는 3~4개이다.

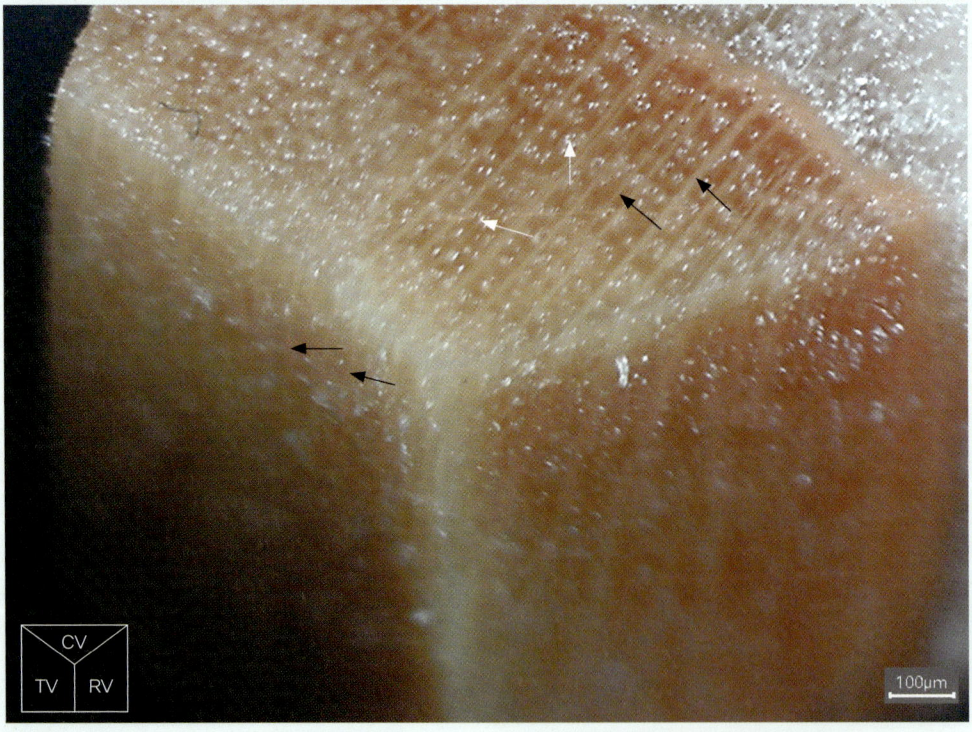

그림 43b. 산딸기의 3단면 해부현미경 사진. CV: 생장륜의 경계는 뚜렷하며, 조재에서 만재로의 이행이 완만하고, 산공재이다. 2~10 세포 두께의 방사유세포는 연한 갈색으로 나타나며(검은색 화살표) 갈색 또는 흰색의 도관공 집단이 조재와 만재에 분포(흰색 화살표); TV: 주축 접선으로 나타나는 연한 갈색의 유세포(검은색 화살표).

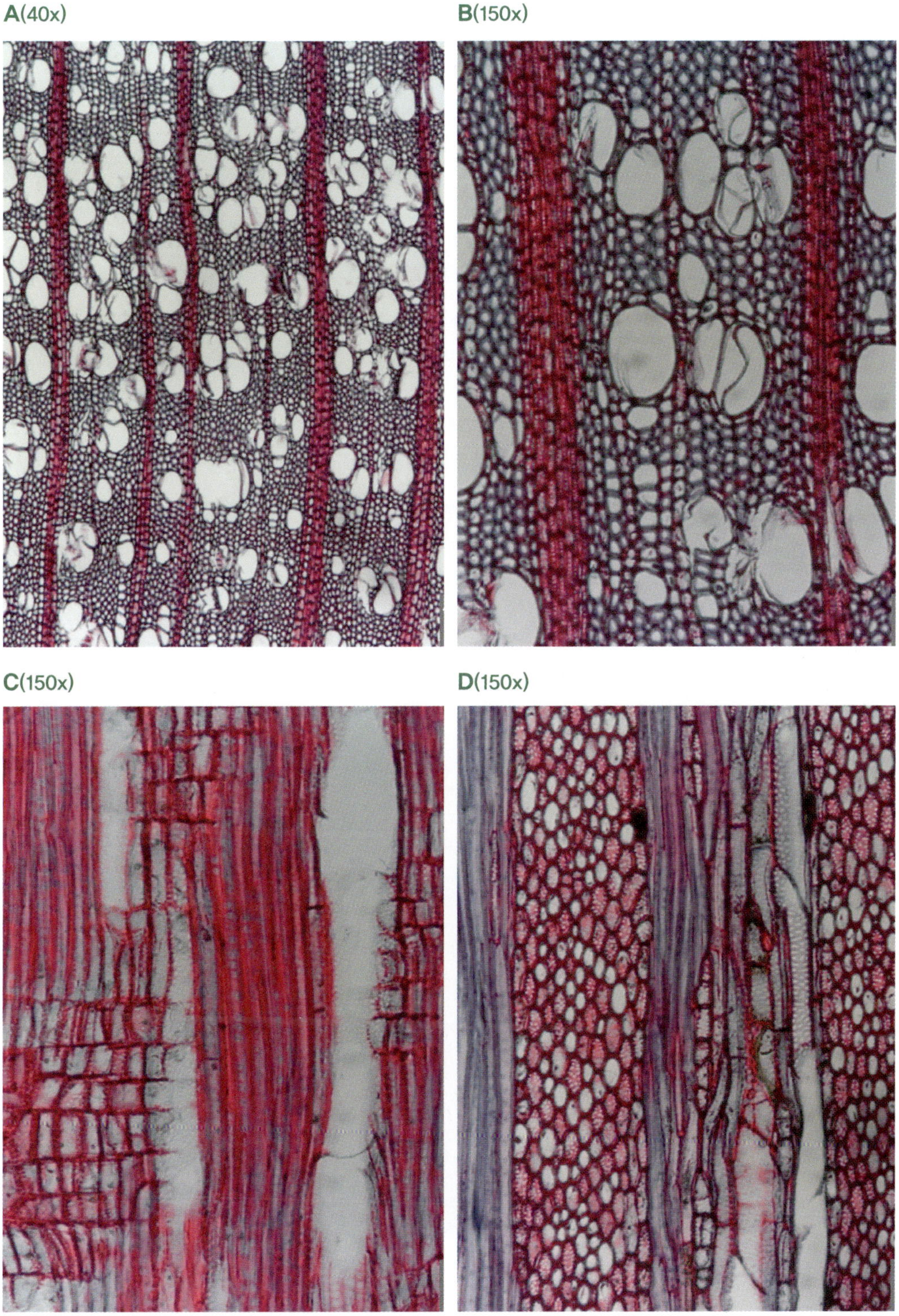

그림 43a. 한국산 산딸기의 횡단면(그림 A, B), 방사단면(그림 C), 접선단면(그림 D)에 대한 현미경 사진.

44. 쉬땅나무

***Sorbaria sorbifolia* (L.) var. A. Braun *stellipila* Maxim.**

종	쉬땅나무
속	쉬땅나무속
과	장미과

횡단면 생장륜 경계는 뚜렷하다. 도관 분포는 산공재이고, 대부분 고립도관공이다. 도관 내강 직경은 50㎛ 이하로 작고, 1㎟당 도관 수는 21~40개로 보통이다. 섬유세포벽 두께는 얇아서 내강 직경이 인접한 두 섬유세포벽 두께보다 3배 이상이다. 주축유조직은 산재상 또는 짧은 접선상 독립유조직과 연륜계상 대상유조직을 형성한다.

방사단면 도관 천공은 단천공을 생성한다. 도관 간 벽공 배열은 교호상이며, 크기는 5~7㎛로 작다. 방사도관 벽공은 도관 상호간 벽공과 유사한 유연벽공을 생성한다. 방사조직은 평복세포만 있거나 직립세포 또는 방형세포를 형성한다. 또한 방사조직 다열부는 평복세포이고 가장자리 1열만 직립세포 또는 방형세포가 형성되기도 한다. 섬유세포는 유연벽공을 갖는 섬유상가도관이며, 방사면 및 접선면 모두 벽공이 분포한다.

접선단면 방사조직 폭과 높이가 뚜렷하게 구분되는 두 가지 형태를 생성한다. 작은 방사조직은 단열방사조직이고, 큰 방사조직은 4~10 세포 폭이며 1㎜당 방사조직 세포 수는 5~12개이다. 주축유세포 스트랜드 개수는 2~4개이다.

그림 44b. 쉬땅나무의 2단면 해부현미경 사진. CV: 생장륜의 경계는 2~4 세포 폭으로 뚜렷하게 나타나며, 조재에서 만재로의 이행은 완만한 산공재이다. 2~4 세포 두께로 희미한 갈색 줄로 보이는 방사유세포(검은색 화살표)와 흰색 점으로 보이는 도관공이 조재와 만재에 분포(흰색 화살표); TV: 주축으로 배열된 도관(검은색 화살표)들과 갈색의 섬유세포 군집(흰색 화살표).

A(40x)

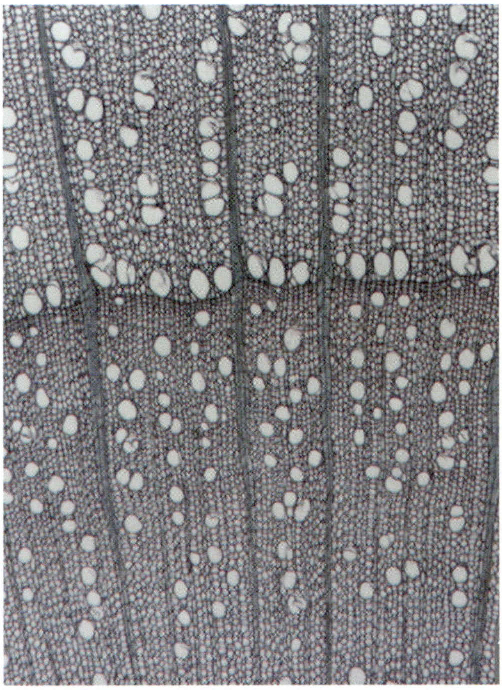

B(150x)

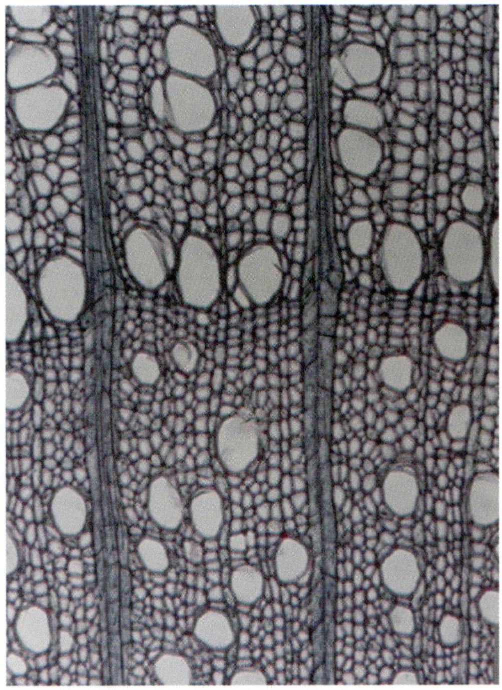

C(150x)

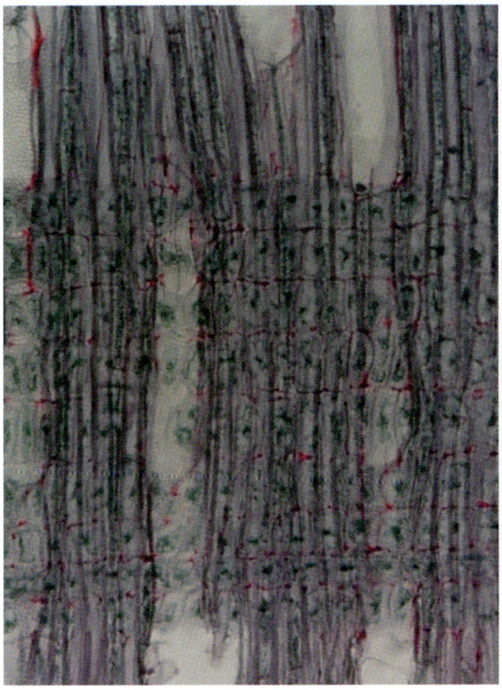

D(150x)

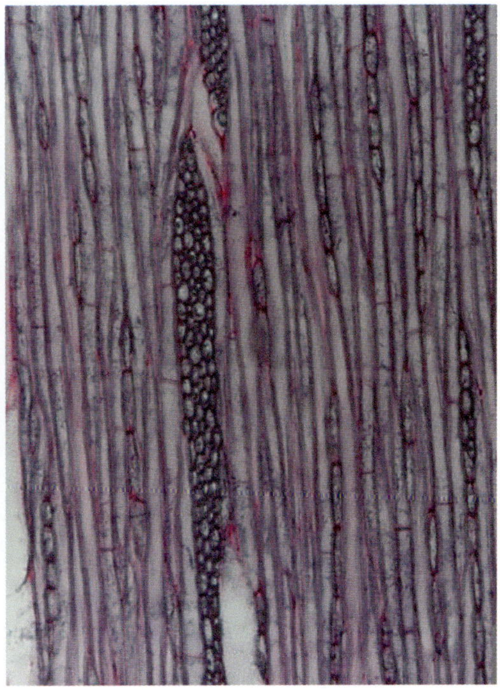

그림 44a. 한국산 쉬땅나무의 횡단면(그림 A, B), 방사단면(그림 C), 접선단면(그림 D)에 대한 현미경 사진.

45. 마가목

Sorbus commixta Hedl.

종	마가목
속	마가목속
과	장미과

횡단면 생장륜 경계는 뚜렷하다. 도관 분포는 산공재이고, 대부분 고립도관공이고, 둘레 외형이 각형이다. 도관 내강 직경은 50㎛ 이하로 작고, 1㎟당 도관 수는 101개 이상으로 많다. 섬유세포벽 두께는 보통으로 횡단면상 목섬유 내강 직경이 인접한 두 섬유세포벽 두께와 같다. 주축 유조직은 산재상 또는 짧은 접선상의 독립유조직을 형성한다.

방사단면 도관 천공은 주로 단천공이고 드물게 망상이 나타난다. 도관 간 벽공 배열은 대상 또는 교호상이며, 크기는 5~7㎛로 작다. 방사도관 벽공은 도관 상호간 벽공과 비슷한 뚜렷한 유연벽공이다. 방사조직은 평복세포로만 형성되어 있다. 섬유세포는 유연벽공을 가진 섬유상 가도관이고, 방사면 및 접선면 모두 벽공을 발달되어 있으며, 나선비후가 존재한다. 확장된 이형세포 내에 프리즘형 결정을 생성한다.

접선단면 방사조직 폭은 1~3 세포 폭이고, 1㎜당 방사조직 세포 수는 5~12개이다. 주축유세포 스트랜드 개수는 3~8개이다. 주축유세포 내에 프리즘형 결정을 생성한다.

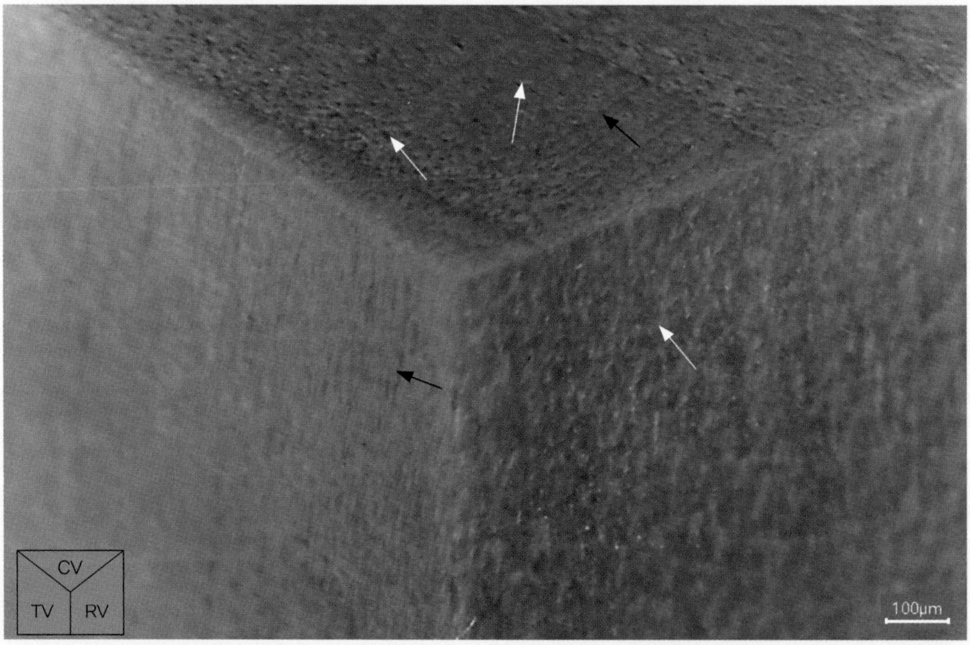

그림 45b. 마가목의 3단면 해부현미경 사진. CV: 생장륜의 경계는 1~2 세포 폭으로 가느다랗지만 뚜렷하고, 조재에서 만재로의 이행이 완만한 산공재이다. 1~2 세포 두께의 방사유세포(검은색 화살표)와 갈색의 도관공이 조재와 만재에 분포(흰색 화살표); RV: 횡으로 배열된 약 10 세포 폭의 희미한 흰갈색 띠로 나타나는 방사유세포(흰색 화살표); TV: 주축의 접선으로 나타나는 갈색의 도관(검은색 화살표).

A(40x)

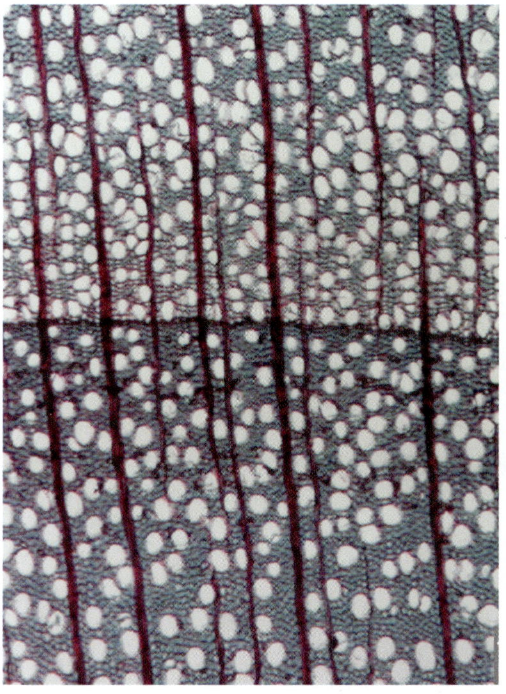

B(150x)

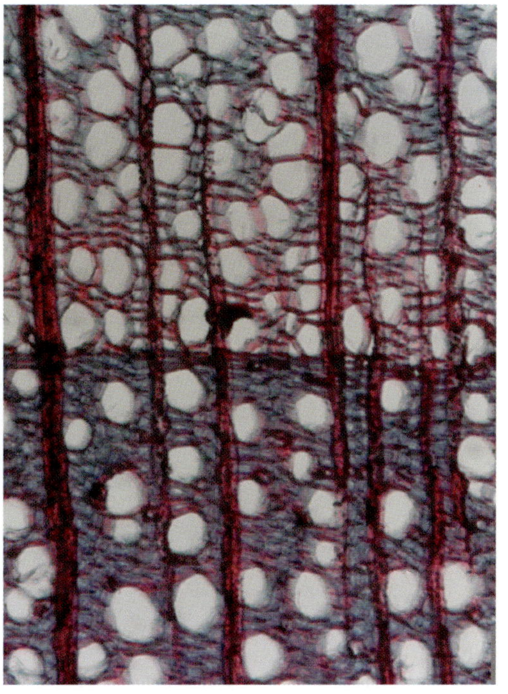

C(150x)

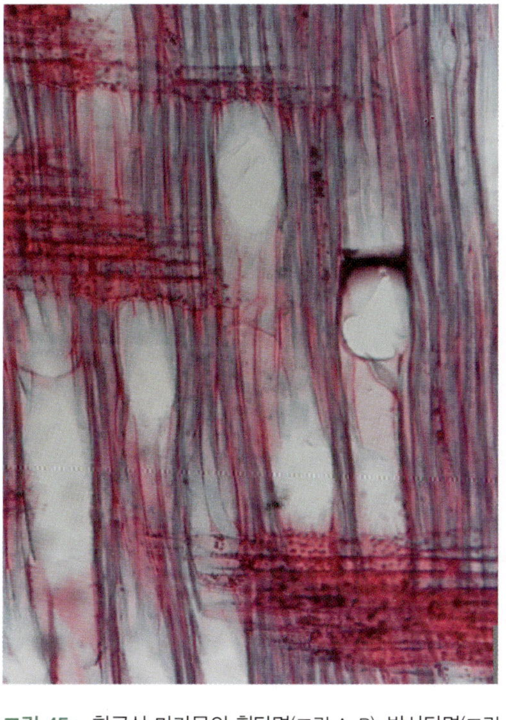

D(150x)

그림 45a. 한국산 마가목의 횡단면(그림 A, B), 방사단면(그림 C), 접선단면(그림 D)에 대한 현미경 사진.

46. 좀조팝나무

Spiraea microgyna Nakai

종	좀조팝나무
속	조팝나무속
과	장미과

횡단면	생장륜 경계는 뚜렷하다. 도관 분포는 산공재이고, 대부분 고립도관공이다. 도관 내강 직경은 50㎛ 이하로 아주 작고, 1㎟당 도관 수는 101개 이상으로 많다. 섬유세포벽 두께는 매우 두꺼운 편으로 횡단면상 목섬유 내강을 거의 채운다. 주축유조직은 드물고 산재상을 형성한다.
방사단면	도관 천공은 단천공을 형성한다. 도관 간 벽공 배열은 교호상이며, 크기는 4㎛ 이하로 아주 작은 편이다. 방사도관 벽공은 도관 상호간 벽공과 비슷하게 뚜렷한 유연벽공을 생성한다. 방사조직은 평복세포로만 구성되어 있거나, 또는 다열부는 평복세포로 가장자리 1열은 직립세포 또는 방형세포를 형성한다. 섬유세포는 유연벽공을 갖는 섬유상가도관이다.
접선단면	방사조직 폭과 높이가 뚜렷하게 구분되는 두 가지 형태를 생성한다. 작은 방사조직은 단열이고 큰 방사조직은 11 세포 폭 이상이다. 그 높이는 1㎜ 이상이며 1㎜당 방사조직 세포 수는 5~12개이다. 주축유세포 스트랜드 개수는 3~4개이다.

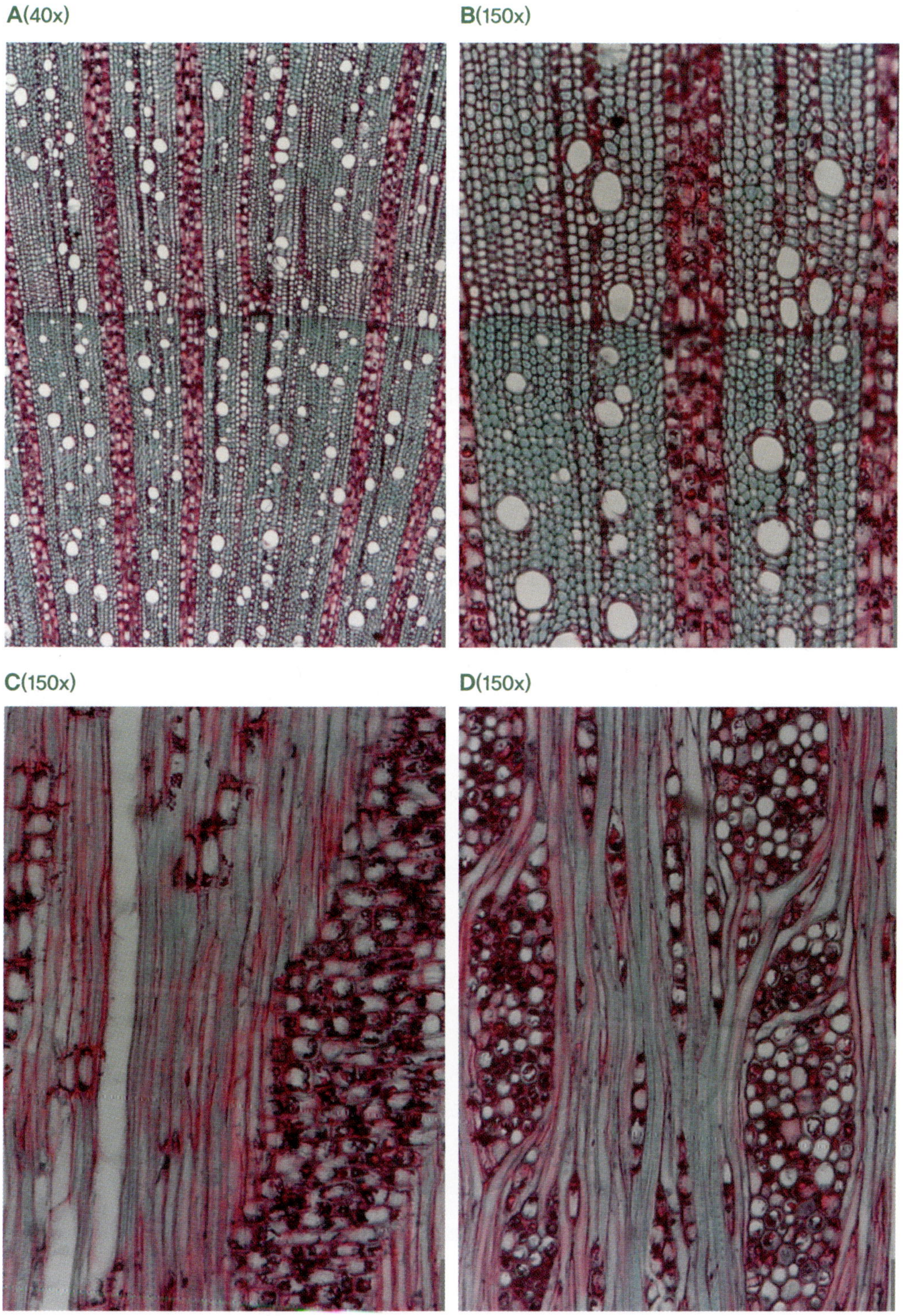

그림 46. 한국산 좀조팝나무의 횡단면(그림 A, B), 방사단면(그림 C), 접선단면(그림 D)에 대한 현미경 사진.

47. 국수나무

***Stephanandra incisa* (Thunb.) Zabel**

종	국수나무
속	국수나무속
과	장미과

횡단면 생장륜 경계는 뚜렷하다. 도관 분포는 산공재이고, 대부분 고립도관공이다. 도관 내강 직경은 50㎛ 이하로 작고, 1㎟당 도관 수는 101개 이상으로 매우 많다. 섬유세포벽 두께는 매우 두꺼워서 횡단면상 목섬유 내강을 거의 채운다. 주축유조직은 산재상 또는 짧은 접선상의 독립유조직을 형성한다.

방사단면 도관 천공은 주로 단천공이고 드물게 계단 수가 11~20개의 계단상천공이 생성된다. 도관간 벽공 배열은 대상 또는 교호상이며, 벽공 크기는 5~7㎛로 작다. 방사도관 벽공은 도관 상호간 벽공 비슷한 유연벽공이다. 방사조직은 직립세포 혹은 방형세포로만 구성되어 있거나 평복세포, 직립세포, 그리고 방형세포가 혼재하는 형태를 갖는다. 섬유세포는 유연벽공이 있는 섬유상가도관이며, 방사면과 접선면에 모두 벽공을 형성한다.

접선단면 방사조직은 폭과 높이가 명확하게 구분되는 두 가지 형태를 생성한다. 작은 방사조직은 단열방사조직이고, 큰 방사조직은 4~10 세포 폭으로 나타난다. 큰 방사조직의 높이는 1㎜ 이상이며, 1㎜당 방사조직의 수는 13개 이상이다. 주축유세포 스트랜드 개수는 3~4개이다.

그림 47b. 국수나무의 2단면 해부현미경 사진. CV: 도관분포는 산공재이다. 2~8 세포 두께의 뚜렷한 흰색줄로 보이는 방사유세포(검은색 화살표)와 흰색 점으로 보이는 도관공이 조재와 만재에 분포(흰색 화살표); TV: 주축의 접선에서 보이는 흰색줄의 주축유조직(검은색 화살표)과 갈색으로 보이는 주축 도관 및 섬유세포 무리(흰색 화살표).

A(40x)

B(150x)

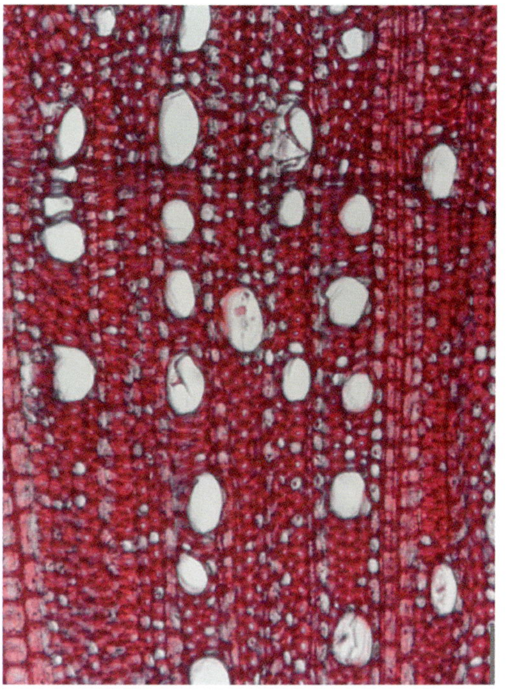

C(150x)

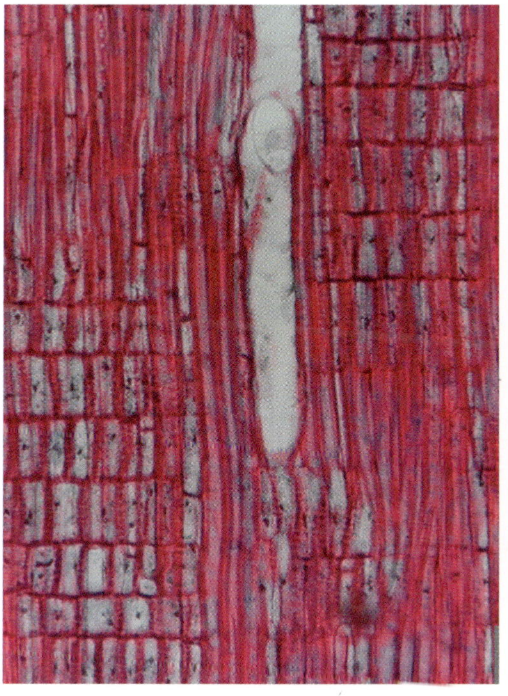

D(150x)

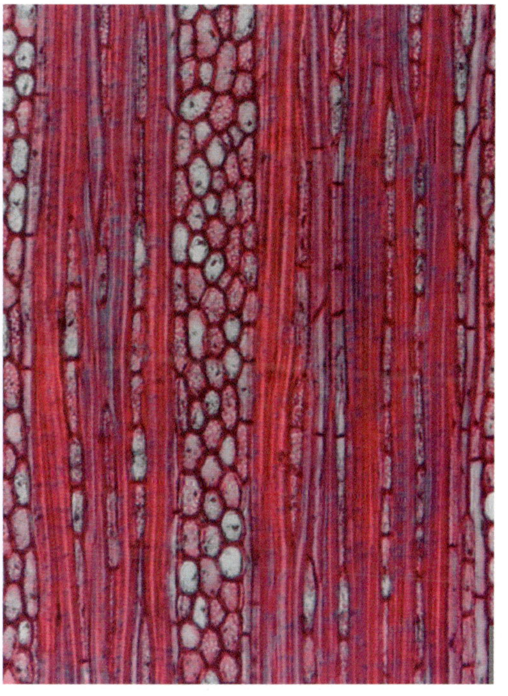

그림 47a. 한국산 국수나무의 횡단면(그림 A, B), 방사단면(그림 C), 접선단면(그림 D)에 대한 현미경 사진.

48. 제주백서향

Daphne jejudoensis M.Kim

종	제주백서향
속	백서향속
과	팥꽃나무과

횡단면	생장륜 경계는 뚜렷하다. 도관 분포는 산공재이고, 도관 배열은 뚜렷한 문양상 배열을 한다. 고립도관공은 외형이 각형이다. 도관 내강 직경은 50㎛ 이하로 작고, 1㎟당 도관 수는 21~40개이다. 섬유세포벽 두께는 얇은 편으로 섬유세포 내강 직경이 인접한 두 섬유세포 세포벽 두께보다 3배 이상이다. 주축유조직은 산재상 독립유조직을 형성한다.
방사단면	도관은 단천공을 형성하고, 도관 간 벽공 배열은 대상 또는 교호상이며, 크기는 5~7㎛로 작다. 방사도관 벽공은 도관 상호간 벽공과 비슷한 유연벽공이다. 방사조직은 평복세포만 형성된다. 섬유세포는 단벽공 혹은 3㎛ 이하의 작은 유연벽공을 형성하고, 나선비후가 발달되어 있다.
접선단면	방사조직 폭은 단열방사조직이고, 1㎜당 방사조직 세포 수는 5~12개이다. 주축유세포 스트랜드 개수는 3~4개이다.

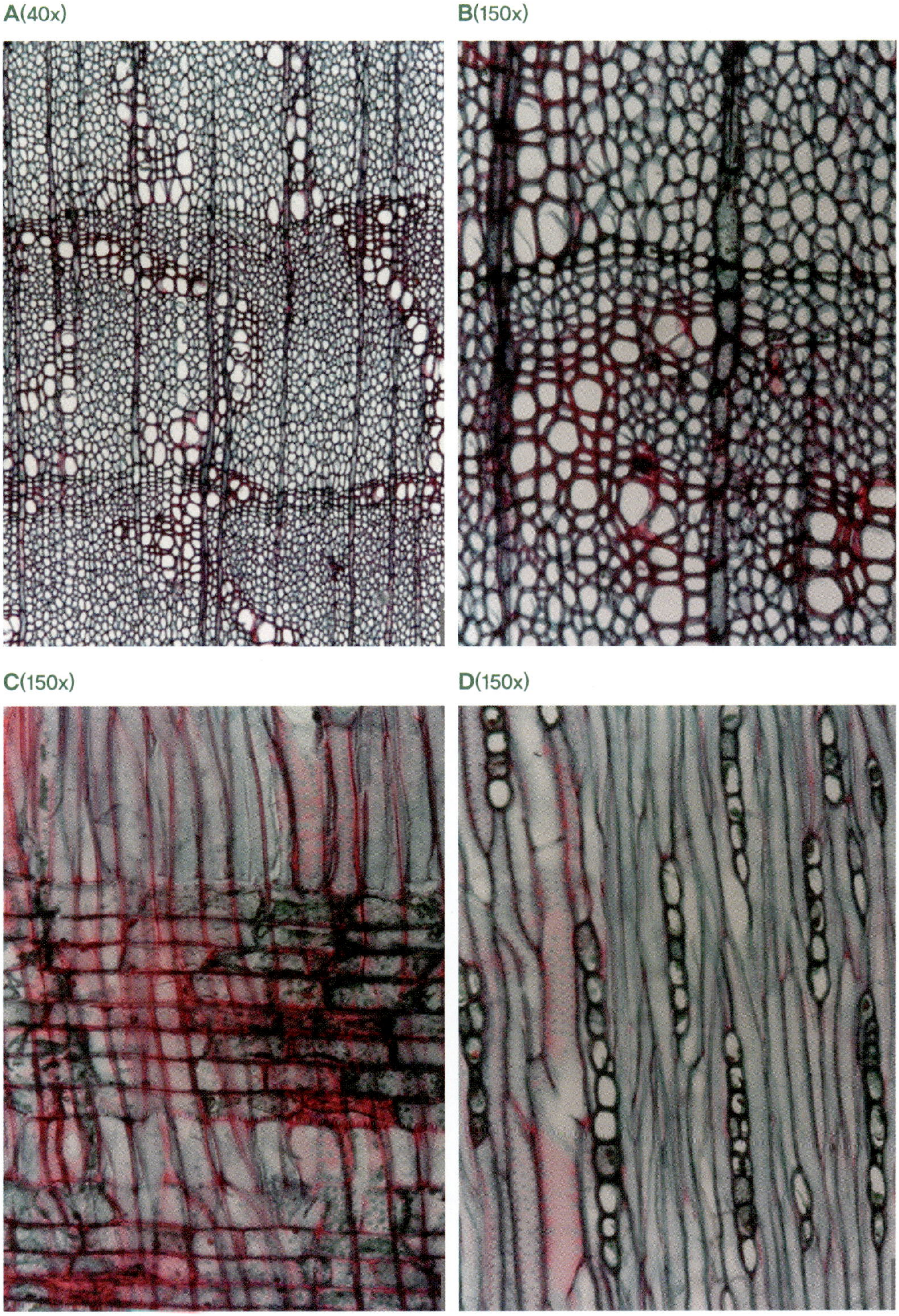

그림 48. 한국산 제주백서향의 횡단면(그림 A, B), 방사단면(그림 C), 접선단면(그림 D)에 대한 현미경 사진.

49. 박쥐나무

Alangium platanifolium (Siebold & Zucc.) Harms var. *trilobum* (Miq.) Ohwi

종	박쥐나무
속	박쥐나무속
과	박쥐나무과

횡단면 생장륜 경계는 뚜렷하다. 도관 분포는 환공재이고, 고립도관공이 많다. 도관 내강 직경은 51~100㎛로 작고, 내부에 타일로시스를 생성한다. 섬유세포벽 두께는 보통으로 목섬유 내강 직경이 인접한 두 섬유세포벽 두께와 비슷하다. 주축유조직은 산재상과 짧은 접선상 독립유조직, 주위상 수반유조직, 그리고 연륜계 대상유조직 등 여러 형태를 생성한다.

방사단면 도관은 주로 단천공을 생성한다. 도관 간 벽공 배열은 교호상이고, 크기는 5~7㎛로 작다. 방사도관 벽공은 원형 또는 각형 단벽공이다. 방사조직의 다열부는 평복세포이고 가장자리 2~4열 이상이 직립세포 혹은 방형세포 형태이다. 섬유세포는 단벽공 혹은 3㎛ 이하의 작은 유연벽공을 형성한다. 방사조직은 평복세포, 직립세포, 그리고 방형세포 등을 생성하고, 확장된 이형세포 내에 프리즘형 결정을 생성한다.

접선단면 방사조직 폭은 4~10 세포 폭이고, 높이는 1㎜ 이상이며, 1㎜당 방사조직 세포 수는 5~12개이다. 주축유세포 스트랜드 개수는 5~8개이다. 주축유세포 내에 프리즘형 결정을 생성한다.

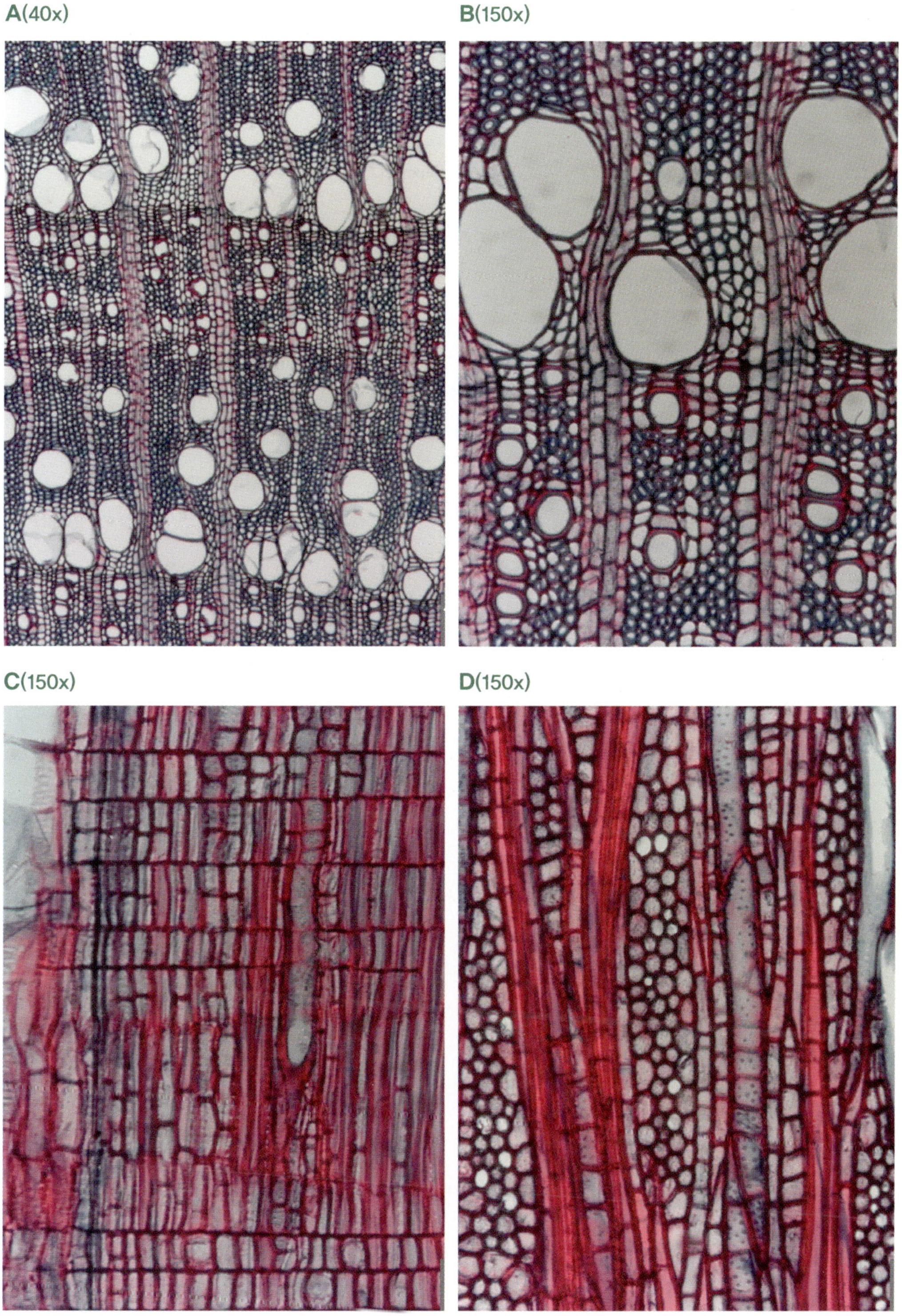

그림 49. 한국산 박쥐나무의 횡단면(그림 A, B), 방사단면(그림 C), 접선단면(그림 D)에 대한 현미경 사진.

50. 식나무

Aucuba japonica **Thunb.**

종	식나무
속	식나무속
과	층층나무과

횡단면	생장륜 경계는 뚜렷하다. 도관 분포는 산공재이고, 대부분 고립도관공이고 외형이 각형이다. 도관 내강 직경은 50㎛ 이하로 작고, 1㎟당 도관 수는 41~100개로 많다. 섬유세포벽 두께는 보통으로 목섬유 내강 직경이 인접한 두 섬유세포벽 두께와 비슷하다. 주축유조직은 미비하나 산재상을 이룬다.
방사단면	도관은 계단상천공을 형성하고, 계단 수는 41개 이상으로 많다. 도관 간 벽공 배열은 대상 또는 교호상이며, 크기는 5~8㎛로 작다. 방사도관 벽공은 도관 상호간 벽공과 비슷한 유연벽공이다. 방사조직은 직립 또는 방형세포로만 형성하거나, 다열부는 평복세포이고 가장자리 2~4열만 직립세포 또는 방형세포 형태이다. 섬유세포는 유연벽공을 갖는 섬유상가도관이고 방사면과 접선면 모두 벽공을 생성하며, 나선비후를 갖는다.
접선단면	방사조직 폭과 높이가 뚜렷하게 구분되는 두 가지 형태가 있다. 작은 방사조직은 단열이고, 큰 방사조직은 4~10 세포 폭이고 높이는 1㎜ 이상이며, 1㎜당 방사조직의 수는 5~12개이다. 주축유세포 스트랜드 개수는 2개이다.

A(40x)

B(150x)

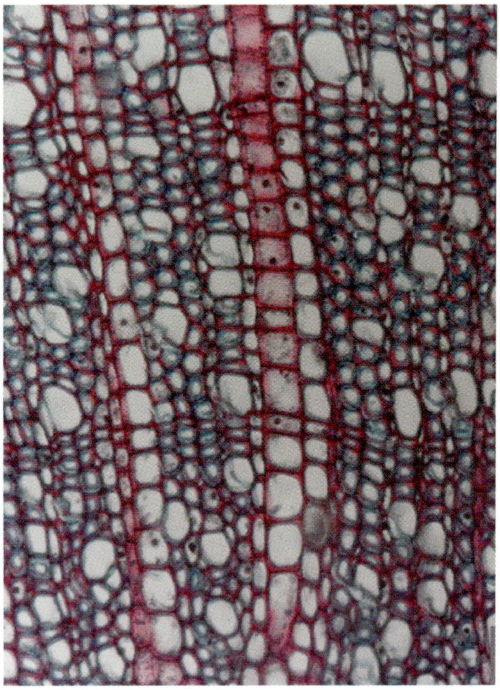

C(150x)

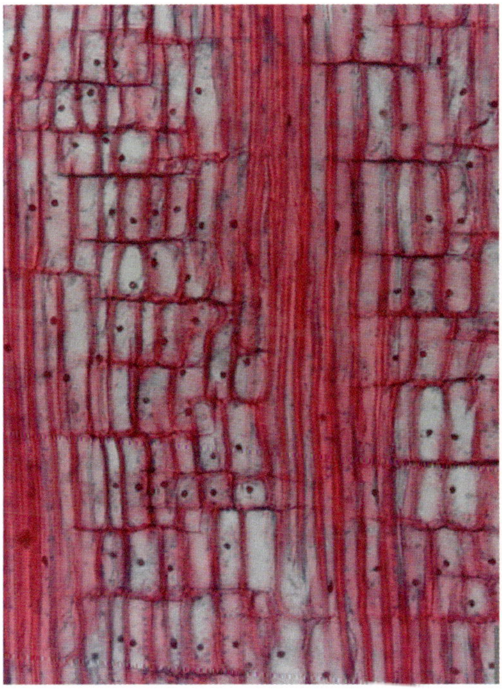

D(150x)

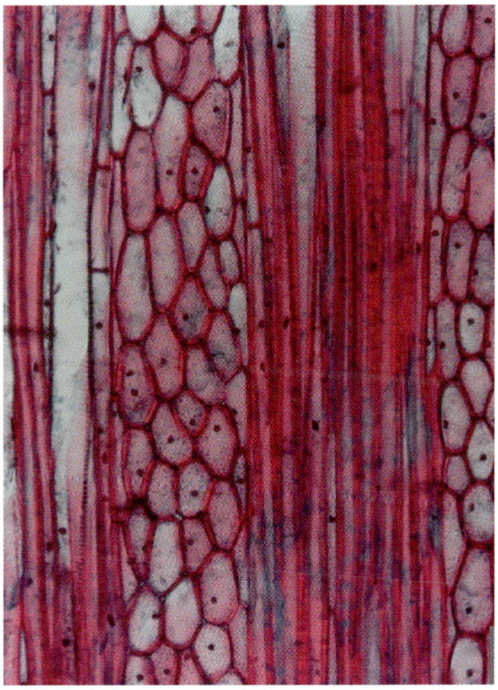

그림 50. 한국산 식나무의 횡단면(그림 A, B), 방사단면(그림 C), 접선단면(그림 D)에 대한 현미경 사진.

51. 산딸나무

Cornus kousa Bürger ex Hance

종	산딸나무
속	층층나무속
과	층층나무과

횡단면 생장륜 경계는 뚜렷하다. 도관 분포는 산공재이고, 대부분 고립도관공이며 외형이 각형이다. 도관 내강 직경은 50㎛ 이하로 작고, 1㎟당 도관 수는 101개 이상으로 매우 많다. 섬유세포벽 두께는 보통으로 목섬유 내강 직경이 인접한 두 섬유세포벽 두께와 비슷하다. 주축유조직은 산재상 및 짧은 접선상 독립유조직과 드물게 망상의 대상유조직 등 여러 형태를 띤다.

방사단면 도관은 계단상천공을 형성하며, 계단의 수는 21~40개로 다소 많다. 도관 간 벽공 배열은 계단상 또는 대상이다. 방사도관 벽공은 도관 상호간 벽공과 유사한 유연벽공이다. 방사조직의 다열부는 평복세포이고, 가장자리 2~4열 이상이 직립 혹은 방형세포를 형성한다. 섬유세포는 유연벽공을 갖는 섬유상가도관이다.

접선단면 방사조직 폭은 4~10 세포 폭이고, 높이는 1㎜ 이상이며, 1㎜당 방사조직 세포 수는 5~12개이다. 주축유세포 스트랜드 개수는 5~8개이다.

A(40x)

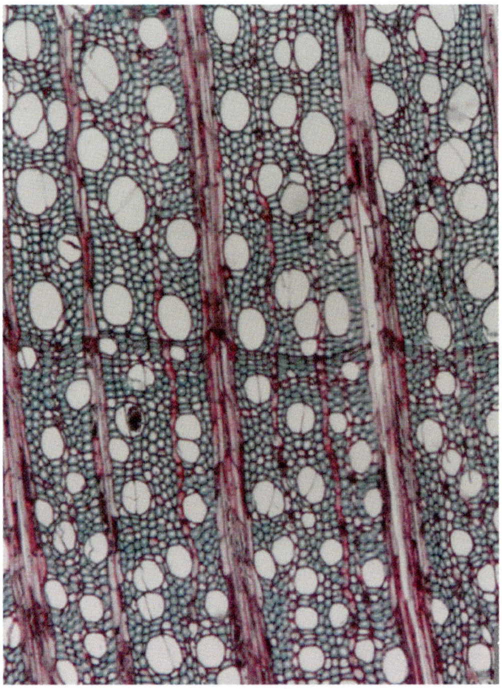

B(150x)

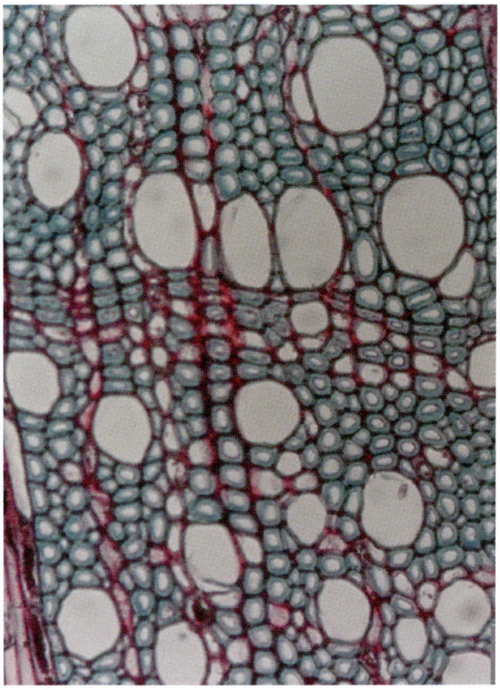

C(150x)

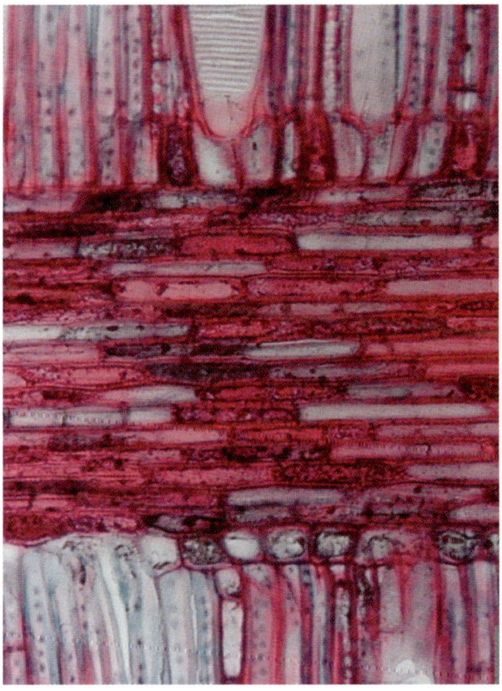

D(150x)

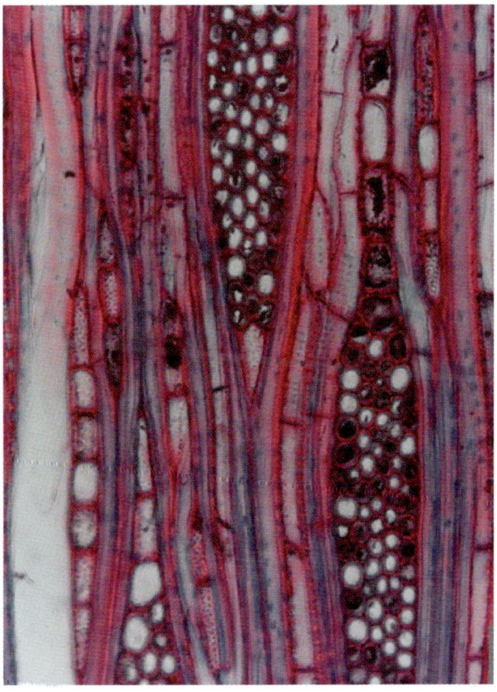

그림 51. 한국산 산딸나무의 횡단면(그림 A, B), 방사단면(그림 C), 접선단면(그림 D)에 대한 현미경 사진.

52. 대팻집나무

Ilex macropoda Miq.

종	대팻집나무
속	감탕나무속
과	감탕나무과

횡단면 생장륜 경계는 뚜렷하다. 도관 분포는 산공재이고, 대부분 고립도관공이며 외형이 각형이다. 도관 내강 직경은 50㎛ 이하로 작고, 1㎟당 도관 수는 101개 이상으로 많다. 섬유세포벽 두께는 보통으로 목섬유 내강 직경이 인접한 두 섬유세포벽의 두께와 비슷하다. 주축유조직은 산재상 또는 짧은 접선상 독립유조직이다.

방사단면 도관은 계단상천공이고, 계단 수는 21~40개이다. 도관 간 벽공 배열은 대상 또는 교호상이며, 크기는 4㎛ 이하로 작다. 방사도관 벽공은 도관 상호간 벽공과 비슷한 유연벽공이다. 방사조직은 직립세포 또는 방형세포로만 형성되어 있거나, 다열부는 평복세포이고 가장자리 1~4열만 직립세포 혹은 방형세포를 형성한다. 섬유세포는 유연벽공을 갖는 섬유상가도관이고, 방사면과 접선면 모두 벽공을 형성한다. 방사조직의 평복세포, 직립세포, 그리고 방형세포 내에 프리즘형 결정을 생성한다.

접선단면 방사조직은 폭과 높이가 뚜렷하게 구분되는 두 가지 형태가 있다. 작은 방사조직은 단열 방사조직이고, 큰 방사조직은 4~10 세포 폭이며, 1㎜당 방사조직 세포 수는 5~12개이다. 방사조직 가장자리에 안쪽 평복세포를 칼집 형태로 둘러싸고 있는 직립세포형 초상세포를 형성한다. 주축유세포 스트랜드 개수는 5~8개이다. 주축유세포 내에 프리즘형 결정을 생성한다.

A(40x)

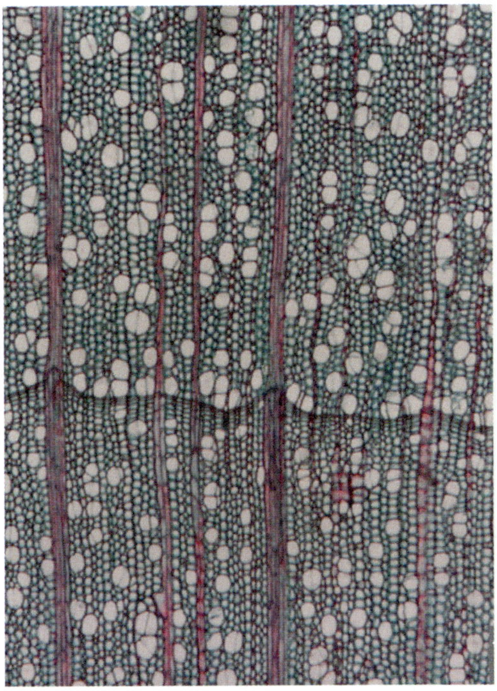

B(150x)

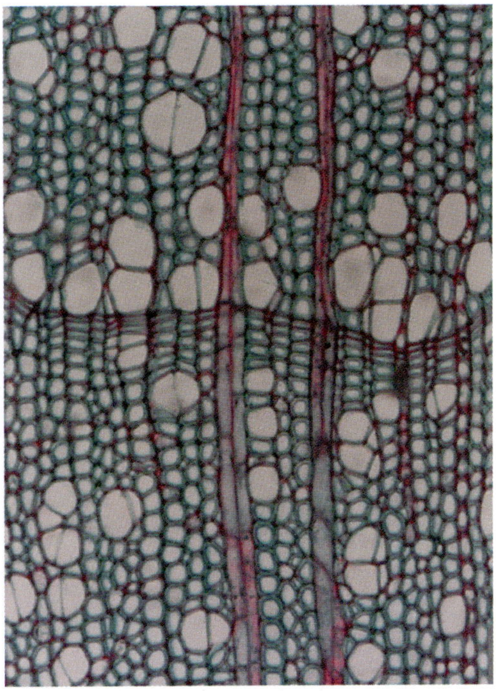

C(150x)

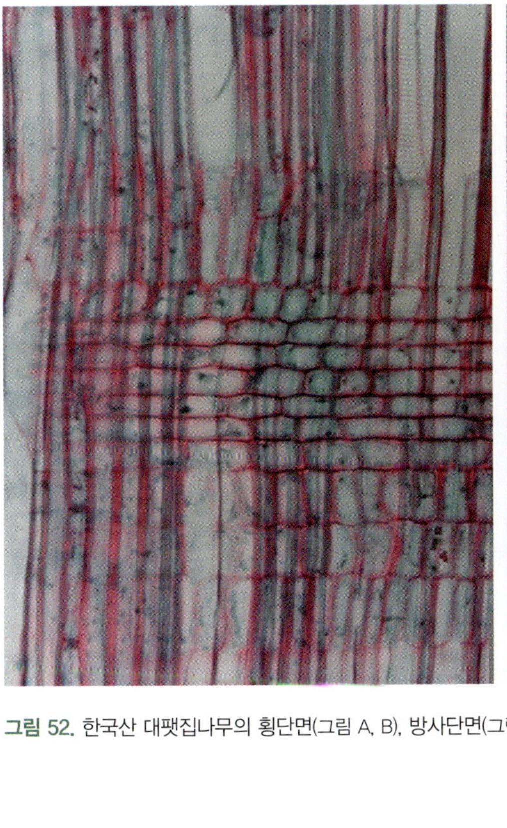

D(150x)

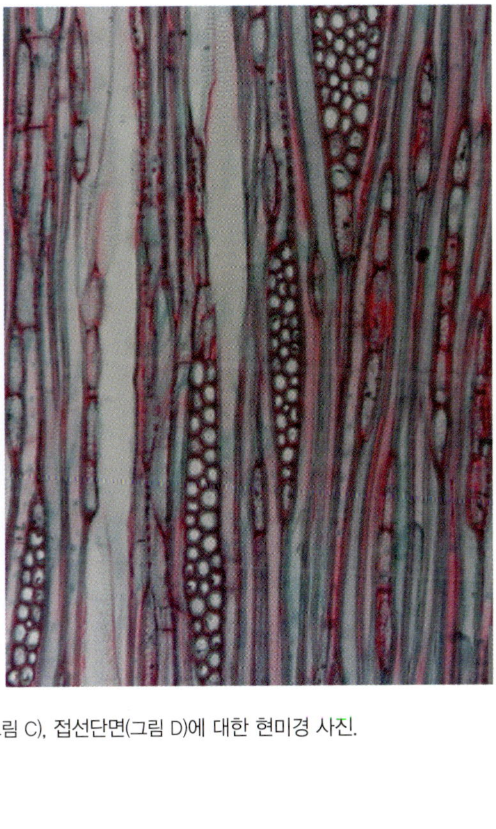

그림 52. 한국산 대팻집나무의 횡단면(그림 A, B), 방사단면(그림 C), 접선단면(그림 D)에 대한 현미경 사진.

53. 칠엽수

***Aesculus turbinata* Blume**

종	칠엽수
속	칠엽수속
과	칠엽수과

횡단면 생장륜 경계는 뚜렷하다. 도관 분포는 산공재이고, 대부분 4개 이상의 도관이 모인 방사복합도관이고, 고립도관공의 경우 외형이 각형이다. 도관 내강 직경은 51~100㎛로 작고, 1㎟당 도관 수는 101개 이상으로 많다. 심재도관에 검물질을 축적한다. 섬유세포벽 두께는 얇은 편으로 섬유세포 내강 직경이 인접한 두 섬유세포벽 두께보다 3배 이상이다. 주축유조직은 산재상 독립유조직과 연륜계상 대상유조직을 형성한다.

방사단면 도관은 단천공을 형성하고, 도관 간 벽공 배열은 교호상이며, 크기는 8~10㎛로 보통이다. 방사도관 벽공은 도관 상호간 벽공과 비슷한 유연벽공으로 가장자리 방사유세포만 형성된다. 방사조직은 평복세포로만 구성되어 있다. 섬유세포는 단벽공 또는 3㎛ 이하의 작은 유연벽공을 형성한다.

접선단면 방사조직 폭은 단열방사조직이고, 1㎜당 방사조직 세포 수는 5~12개이며 층계상 배열을 이룬다. 주축유세포 스트랜드 개수는 3~4개이다.

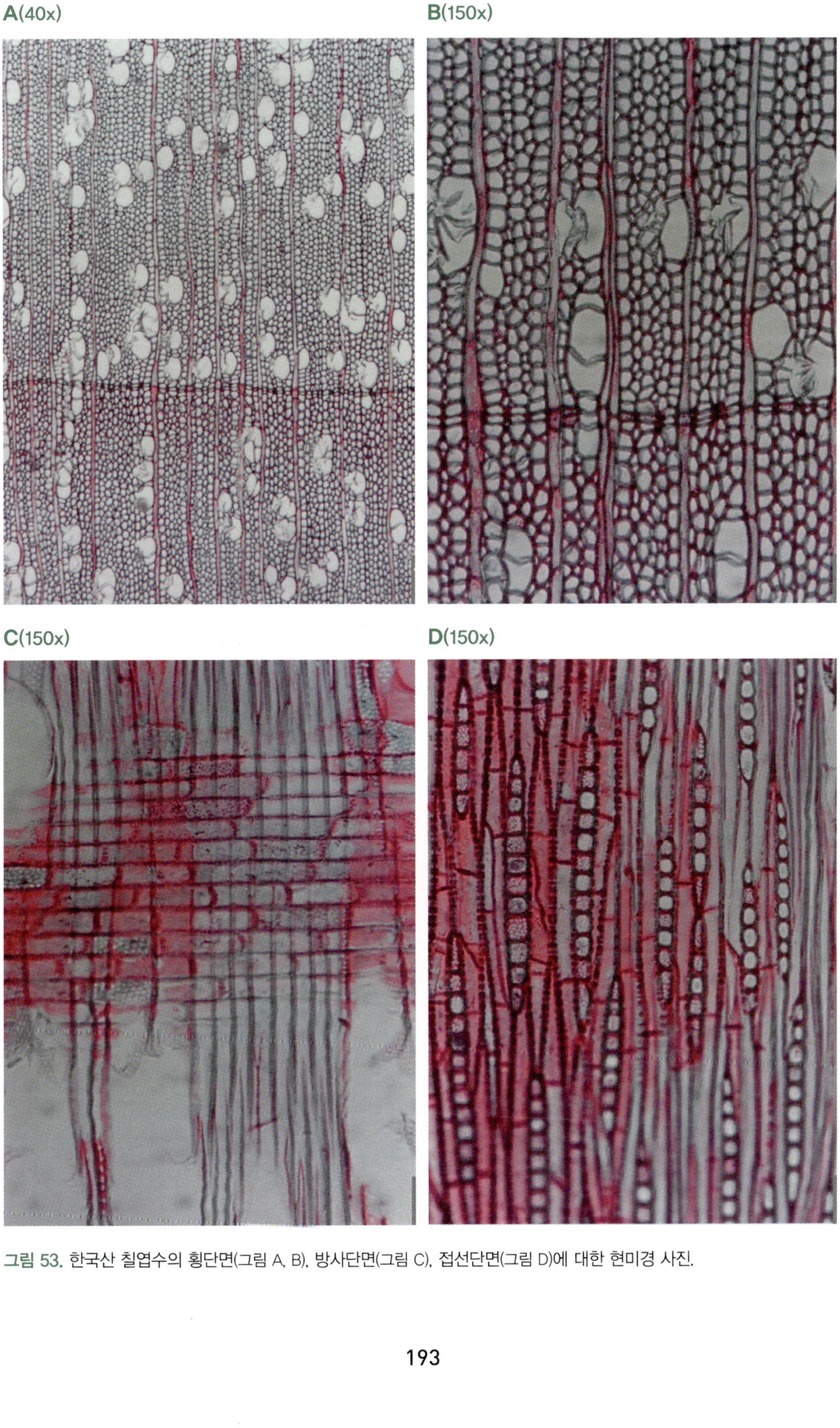

그림 53. 한국산 칠엽수의 횡단면(그림 A, B), 방사단면(그림 C), 접선단면(그림 D)에 대한 현미경 사진.

54. 고로쇠나무

***Acer pictum* Thunb. var. *mono* (Maxim.) Maxim. ex Franch.**

종	고로쇠나무
속	단풍나무속
과	단풍나무과

횡단면	생장륜 경계는 뚜렷하다. 도관 분포는 산공재이고, 대부분 고립도관공이다. 도관 내강 직경은 51~100㎛으로 작은 편이고, 1㎟당 도관 수는 21~40개이다. 섬유세포벽 두께는 보통으로 목섬유 내강 직경이 인접한 두 섬유세포벽 두께와 비슷하다. 주축유조직은 산재상 독립유조직, 주위상 수반유조직, 그리고 연륜계상 대상유조직 등 다양한 형태를 형성한다.
방사단면	도관은 주로 단천공을 생성하고, 도관 간 벽공 배열은 교호상이며, 크기는 5~7㎛로 작다. 방사도관 벽공은 도관 상호간 벽공과 비슷한 유연벽공이다. 방사조직은 평복세포로만 구성되어 있다. 섬유세포에 단벽공 혹은 3㎛ 이하의 작은 유연벽공을 형성한다.
접선단면	방사조직 폭은 4~10 세포 폭이고, 1㎜당 방사조직 세포 수는 5~12개이다. 주축유세포 스트랜드 개수는 3~4개이다.

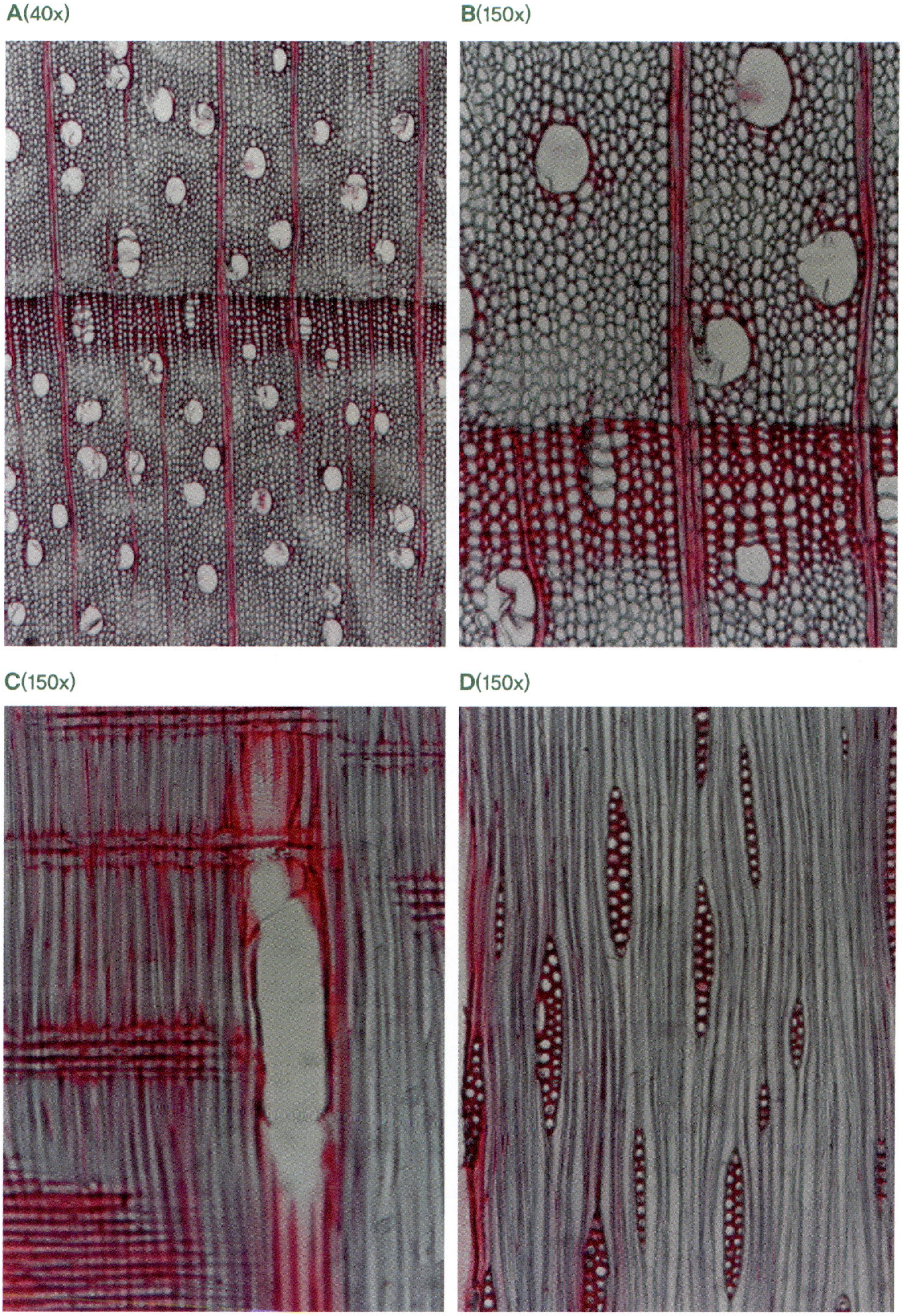

그림 54. 한국산 고로쇠나무의 횡단면(그림 A, B), 방사단면(그림 C), 접선단면(그림 D)에 대한 현미경 사진.

55. 붉나무

***Rhus chinensis* Mill.**

종	붉나무
속	붉나무속
과	옻나무과

횡단면 생장륜 경계는 뚜렷하다. 도관 분포는 환공재이고, 배열은 접선상 또는 방사상을 생성하고, 집단도관공이 흔하게 형성된다. 도관 내강 직경은 101~200㎛로 다소 큰 편이고, 타일로시스를 생성한다. 섬유세포벽 두께는 얇은 편으로 섬유세포 내강 직경이 인접한 두 섬유세포 세포벽 두께보다 3배 이상이다. 주축유조직은 산재상 독립유조직, 주위상 수반유조직, 그리고 1~3 세포층의 좁은 연륜계상 대상유조직 등을 다양하게 형성한된다.

방사단면 도관 천공은 단천공을 형성한다. 도관 간 벽공 배열은 다각형의 교호상이며, 크기는 8~10㎛로 보통이다. 방사도관 벽공은 원형과 각형의 단벽공, 또는 계단상과 책상 단벽공 등을 형성한다. 방사조직 다열부는 평복세포이고, 가장자리 1~4열이 직립세포 혹은 방형세포이거나 평복세포, 직립세포, 그리고 방형세포가 혼재하는 형태이다. 섬유세포에 격벽이 발달하는 경우가 있고, 단벽공 혹은 3㎛ 이하의 작은 유연벽공을 생성한다. 방사조직의 평복세포, 직립세포, 그리고 방형세포 내에 프리즘형 결정을 형성하고, 방사유세포에 집정을 생성한다. 도관상가도관을 발달한다.

접선단면 방사조직 폭은 1~3 세포 폭이고, 1㎜당 방사조직 세포 수는 5~12개이다. 주축유세포 스트랜드 개수는 3~8개이다.

A(40x)

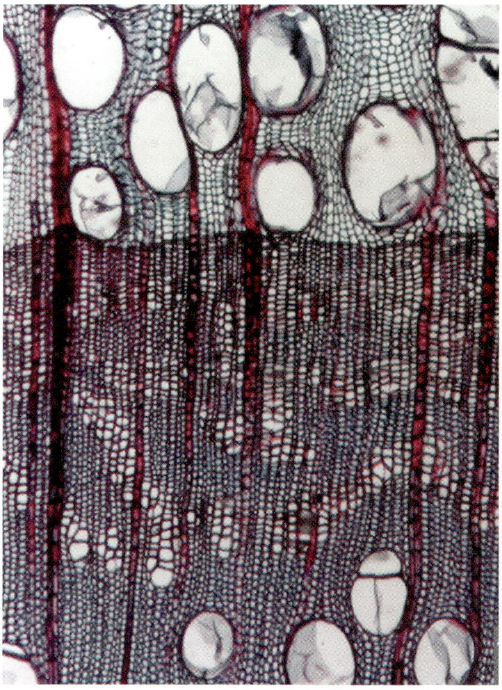

B(150x)

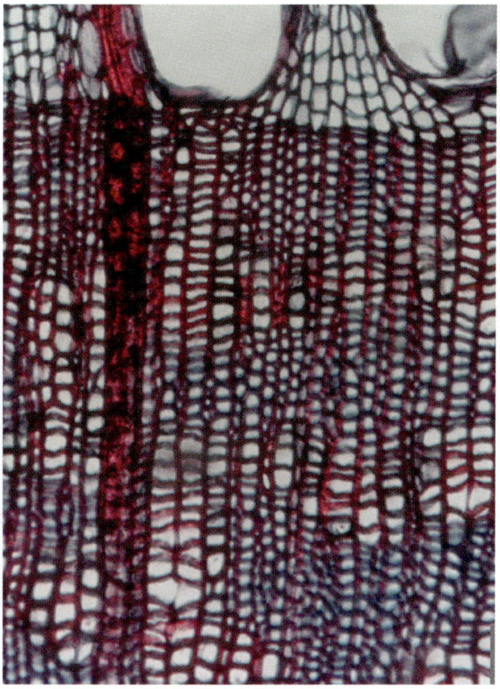

C(150x)

D(150x)

그림 55. 한국산 붉나무의 횡단면(그림 A, B), 방사단면(그림 C), 접선단면(그림 D)에 대한 현미경 사진.

56. 옻나무

Toxicodendron vernicifluum **(Stokes) F. A. Barkley**

종	옻나무
속	옻나무속
과	옻나무과

횡단면 생장륜 경계는 뚜렷하다. 도관 분포는 환공재이고, 대부분 고립도관공이다. 크기가 작은 2~5개의 도관으로 구성된 방사복합도관을 형성한다. 도관 내강 직경은 101~200㎛로 크고, 타일로시스가 빈번하게 생성된다. 섬유세포벽 두께는 얇은 편으로 횡단면상 섬유세포 내강 직경이 인접한 두 섬유세포벽의 두께보다 3배 이상이다. 주축유조직은 주위상 수반유조직과 연륜계상 대상유조직을 형성한다.

방사단면 도관 천공은 주로 단천공이다. 도관 간 벽공 배열은 교호상이며, 크기는 5~8㎛로 작다. 방사도관 벽공은 원형 혹은 각형의 단벽공과 드물게 계단상 혹은 책상의 단벽공을 형성한다. 방사조직은 평복세포로만 구성되어 있거나, 또는 다열부는 평복세포이고 가장자리 1~4열만 직립세포 혹은 방형세포 형태이다. 섬유세포에 격벽을 생성하는 경우가 있고, 단벽공 혹은 3㎛ 이하의 작은 유연벽공을 발달한다. 방사조직은 평복세포, 직립세포, 그리고 방형세포 등을 형성하고, 세포내에 프리즘형 결정을 생성한다.

접선단면 방사조직 폭은 1~3 세포 폭이고 1㎜당 방사조직 세포 수는 5~12개이다. 주축유세포 스트랜드 개수는 3~8개이다.

A(40x)

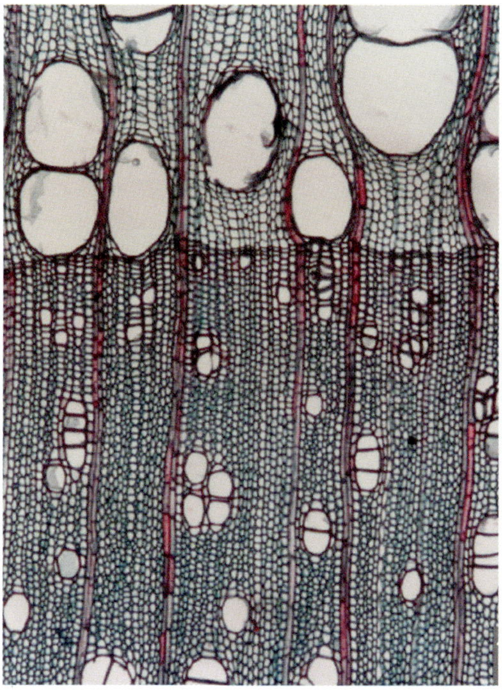

B(150x)

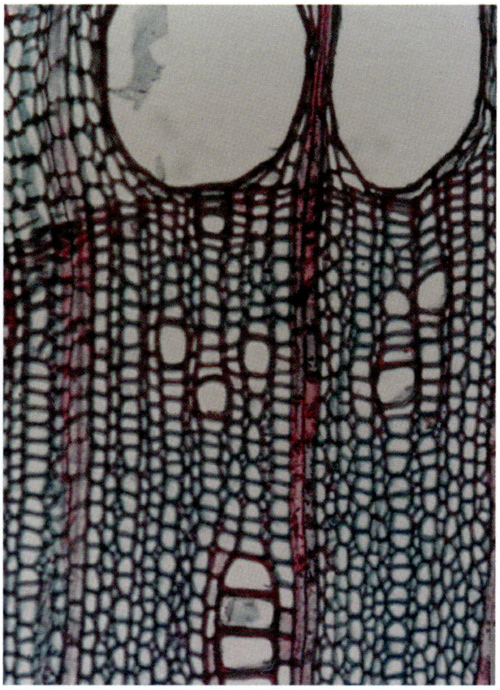

C(150x)

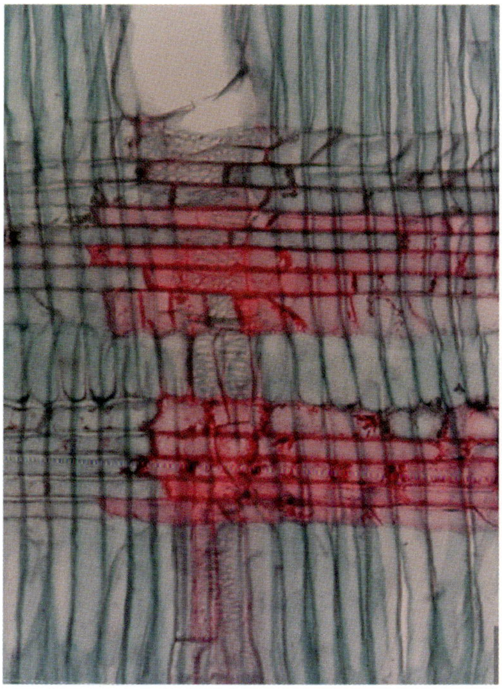

D(150x)

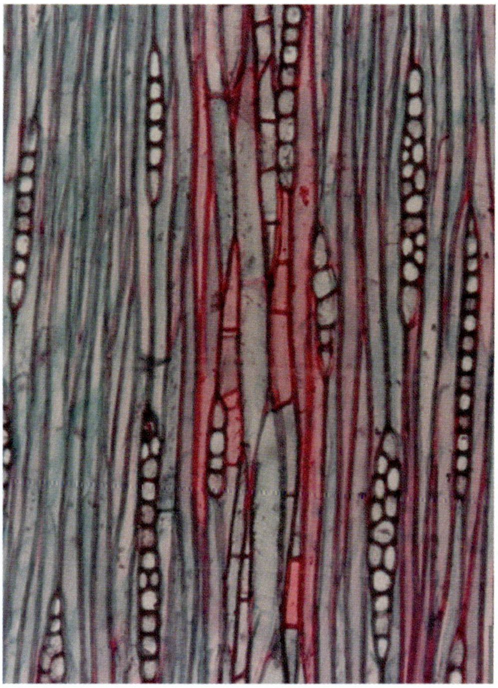

그림 56. 한국산 옻나무의 횡단면(그림 A, B), 방사단면(그림 C), 접선단면(그림 D)에 대한 현미경 사진.

57. 이팝나무

Chionanthus retusus Lindl. & Paxton

종	이팝나무
속	이팝나무속
과	물푸레나무과

횡단면 생장륜 경계는 뚜렷하다. 도관 분포는 환공재이고, 방사상 또는 문양상 배열을 하며, 주로 집단도관공을 형성한다. 도관 내강 직경은 101~200㎛로 다소 크다. 섬유세포벽 두께는 매우 두꺼워서 목섬유 내강을 거의 채운다. 주축유조직은 수반산재상과 주위상 수반유조직을, 또는 1~3 세포층의 좁은 대상과 연륜계상 대상유조직을 형성하여 다양한 형태가 있다.

방사단면 도관은 주로 단천공을 형성한다. 도관 간 벽공 배열은 교호상이며, 크기는 8~10㎛로 보통이다. 방사도관 벽공은 도관 상호간 벽공과 비슷한 유연벽공이다. 방사조직의 다열부는 평복세포이고 가장자리 1열만 직립 혹은 방형세포를 형성한다. 섬유세포는 단벽공 혹은 3㎛ 이하의 작은 유연벽공을 생성한다. 주위상가도관을 형성한다.

접선단면 방사조직 폭은 1~3 세포 폭이고, 1㎜당 방사조직 세포 수는 5~12개이다. 주축유세포 스트랜드 개수는 2~4개이다.

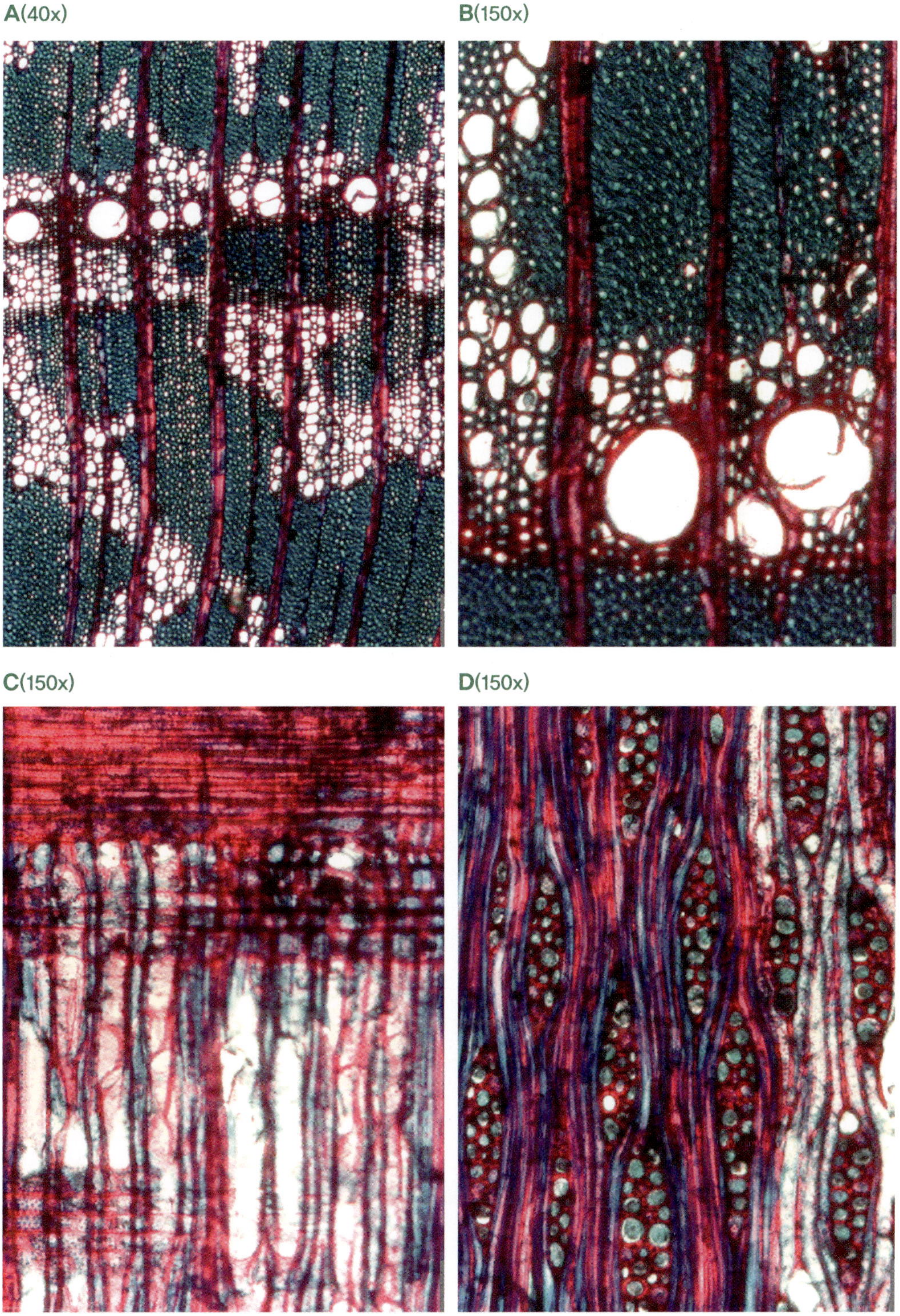

그림 57. 한국산 이팝나무의 횡단면(그림 A, B), 방사단면(그림 C), 접선단면(그림 D)에 대한 현미경 사진.

58. 물푸레나무

***Fraxinus rhynchophylla* Hance**

종	물푸레나무
속	물푸레나무속
과	물푸레나무과

횡단면 생장륜 경계는 뚜렷하다. 도관 분포는 환공재이고, 대부분 2~5개 도관공이 모인 방사복합도관이다. 도관 내강 직경은 101~200㎛로 다소 크고, 내부에 타일로시스 생성이 흔하다. 섬유세포벽 두께는 보통으로 목섬유 내강 직경이 인접한 두 섬유세포벽 두께와 비슷하다. 주축유조직은 주위상과 익상의 수반유조직을, 또는 1~3 세포층 좁은 대상과 연륜계상 대상유조직을 형성하여 다양한 형태가 있다.

방사단면 도관은 주로 단천공을 형성한다. 도관 상호간 벽공 배열은 교호상이며, 크기는 5~7㎛로 작다. 방사도관 벽공은 도관 상호간 벽공과 비슷한 유연벽공이다. 방사조직은 평복세포로만 형성되어 있다. 섬유세포에 단벽공 혹은 3㎛ 이하의 작은 유연벽공을 생성한다.

접선단면 방사조직 폭은 1~3 세포 폭이고, 1㎜당 방사조직 세포 수는 5~12개이다. 주축유세포 스트랜드 개수는 3~8개이다.

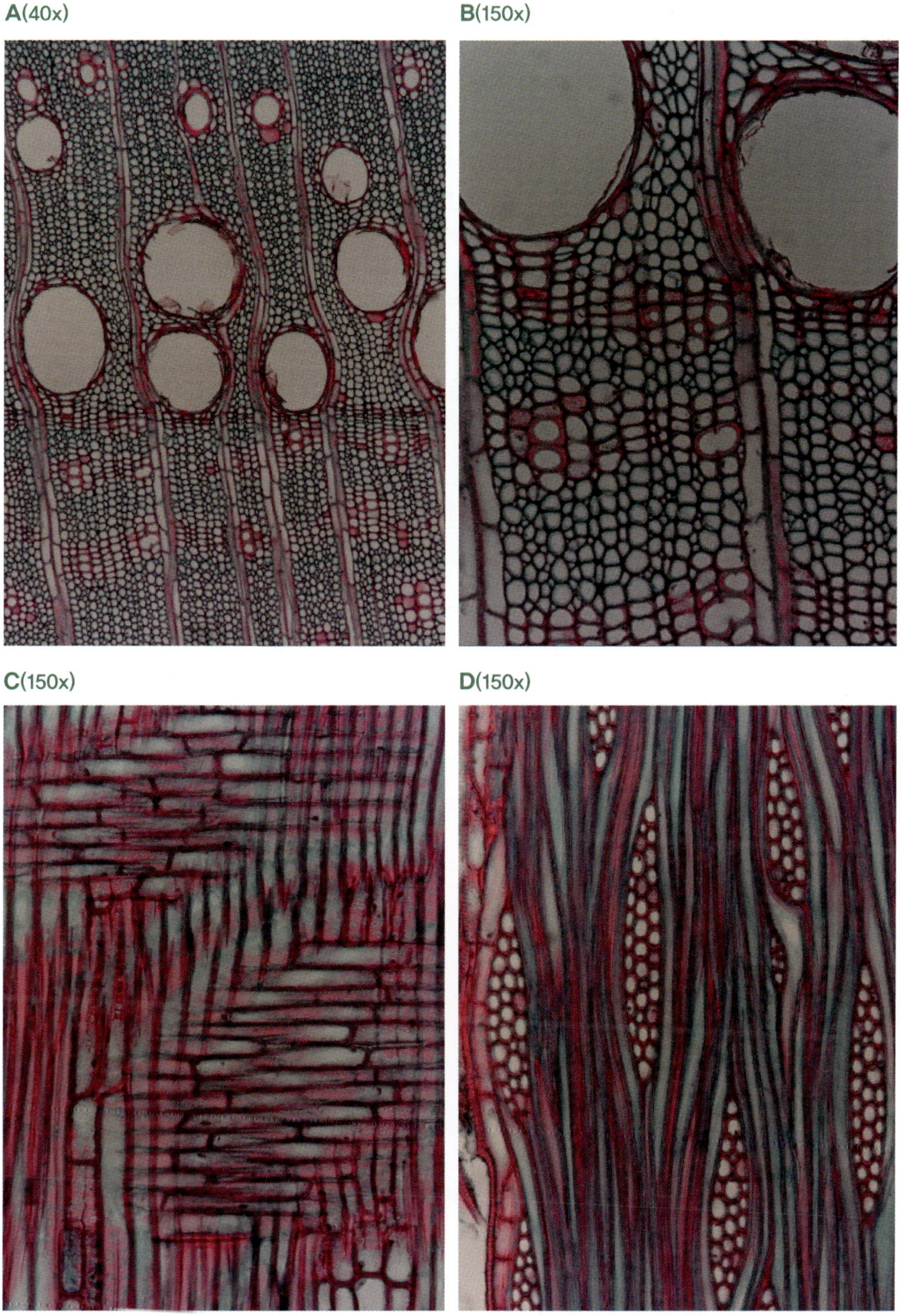

그림 58. 한국산 물푸레나무의 횡단면(그림 A, B), 방사단면(그림 C), 접선단면(그림 D)에 대한 현미경 사진.

59. 꽃개회나무

Syringa villosa **Vahl subsp.** ***wolfii*** **(C.K.Schneid.) Y. Chen & D. Y. Hong**

종	꽃개회나무
속	수수꽃다리속
과	물푸레나무과

횡단면 생장륜 경계는 뚜렷하다. 도관 분포는 환공재이고, 대부분 고립도관공이며, 외형이 각형이다. 도관 내강 직경은 평균 101~200㎛으로 다소 크다. 작은 도관에 나선비후가 발달되어 있다. 섬유세포벽 두께는 보통으로 목섬유 내강 직경이 인접한 두 섬유세포벽 두께와 비슷하다. 주축유조직은 주위상 수반유조직과 연륜계상 대상유조직을 각각 형성한다.

방사단면 도관은 단천공을 형성한다. 도관 간 벽공 배열은 교호상이며, 크기는 4㎛ 이하로 매우 작다. 방사도관 벽공은 도관 상호간 벽공과 비슷한 유연벽공이다. 방사조직은 다열부가 평복세포이고 가장자리 1열만 직립세포 혹은 방형세포를 형성한다. 섬유세포는 단벽공 혹은 3㎛ 이하의 작은 유연벽공을 생성한다.

접선단면 방사조직 폭은 1~3 세포 폭이고, 1㎜당 방사조직 세포 수는 5~12개이다. 주축유세포 스트랜드 개수는 2개 이하이다.

A(40x) B(150x)

C(150x) D(150x)

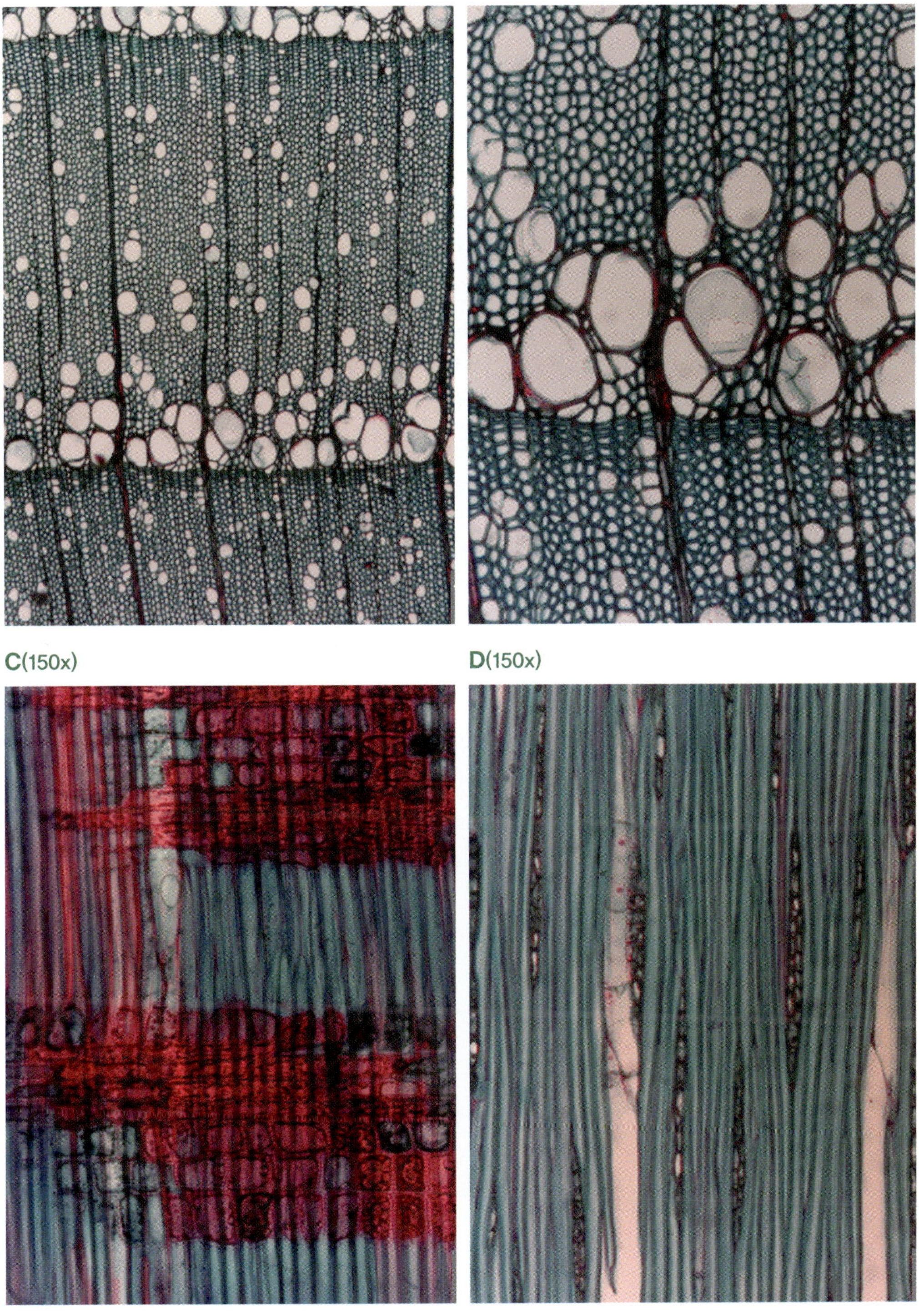

그림 59. 한국산 꽃개회나무의 횡단면(그림 A, B), 방사단면(그림 C), 접선단면(그림 D)에 대한 현미경 사진.

60. 오동나무

Paulownia coreana Uyeki

종	오동나무
속	오동나무속
과	현삼과

횡단면	생장륜 경계는 뚜렷하다. 도관 분포는 반환공재이고, 주로 고립도관공이 많으며, 외형이 각형이다. 도관 내강 직경은 101~200㎛으로 다소 크고, 1㎟당 도관 수는 5~20개로 다소 적고, 타일로시스를 생성한다. 섬유세포벽 두께는 얇은 편으로 섬유세포 내강 직경이 인접한 두 섬유세포 세포벽 두께보다 3배 이상이다. 주축유조직은 주위상, 익상, 그리고 연합익상 수반유조직을 형성한다.
방사단면	도관은 단천공을 형성한다. 도관 간 벽공 배열은 교호상이며, 크기는 8~10㎛으로 보통이다. 방사도관 벽공은 원형 또는 각형 단벽공이다. 방사조직은 평복세포로만 구성되어 있다. 섬유세포는 단벽공 혹은 3㎛ 이하의 작은 유연벽공을 생성한다. 방사유조직은 직립세포와 방형세포가 있고, 확장된 이형세포 내에 프리즘형 결정을 생성한다.
접선단면	방사조직 폭은 1~3 세포 폭이고, 1㎜당 방사조직 세포 수는 5~12개이다. 주축유세포 스트랜드 개수는 2개 이하이다.

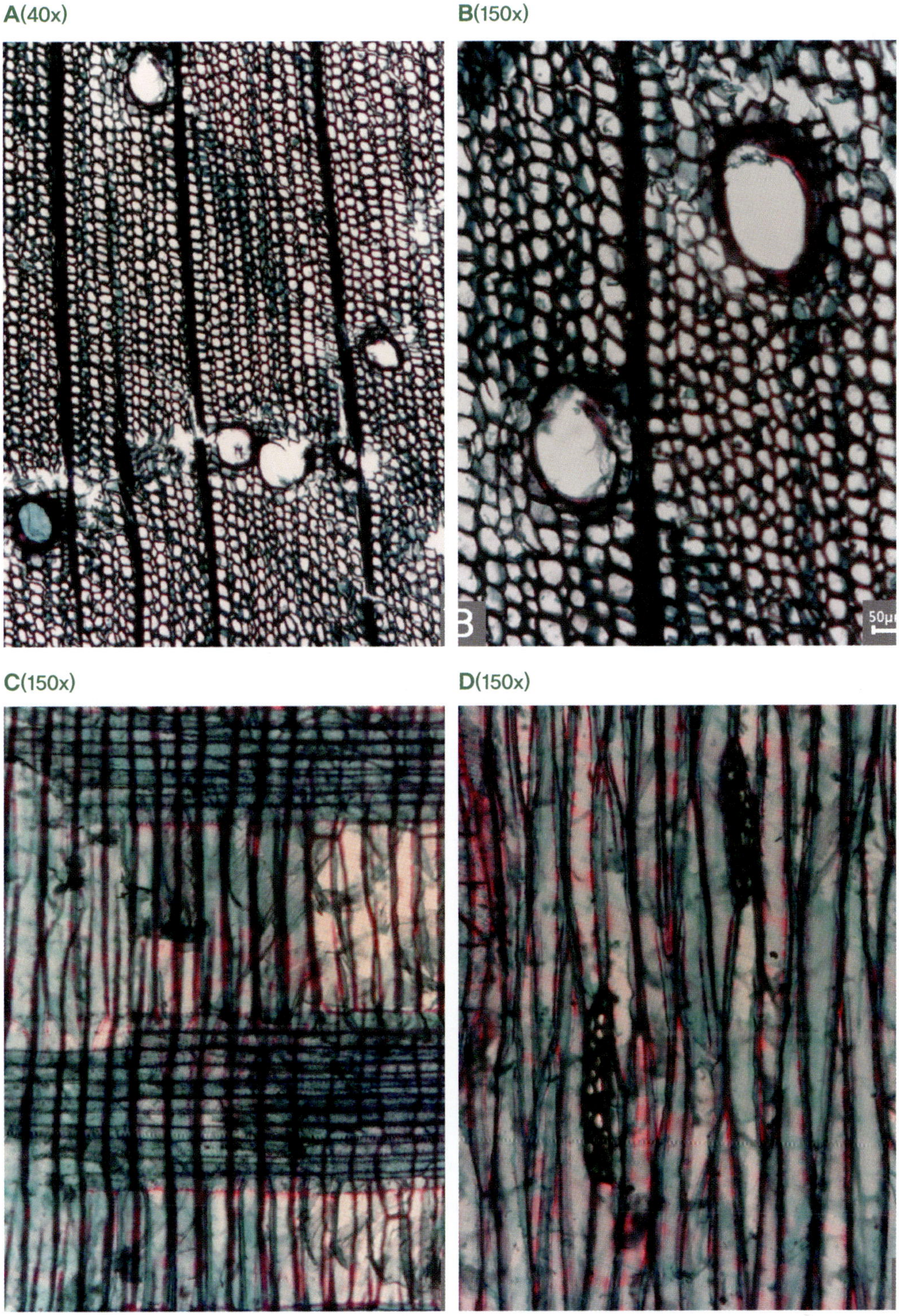

그림 60. 한국산 오동나무의 횡단면(그림 A, B), 방사단면(그림 C), 접선단면(그림 D)에 대한 현미경 사진.

61. 괴불나무

***Lonicera maackii* (Rupr.) Maxim.**

종	괴불나무
속	인동속
과	인동과

횡단면	생장륜 경계는 뚜렷하다. 도관 분포는 반환공재이고, 대부분 고립도관공이고, 외형이 각형이다. 도관 내강 직경은 50㎛ 이하로 매우 작고, 1㎟당 도관 수는 101개 이상으로 많다. 섬유세포벽 두께는 매우 두꺼운 편으로 횡단면상 목섬유 내강을 거의 채운다. 주축유조직은 산재상 또는 짧은 접선상 독립유조직을 형성한다.
방사단면	도관은 주로 단천공을 형성하지만, 드물게 계단 수가 41개 이상으로 많은 계단상천공을 형성한다. 도관 간 벽공 배열은 교호상이며, 크기는 5~7㎛로 작다. 방사도관 벽공은 도관 상호간 벽공과 비슷한 유연벽공이다. 방사조직 다열부는 평복세포이고 가장자리 2~4열 이상이 직립 또는 방형세포를 형성하거나, 평복세포, 직립세포, 그리고 방형세포 등이 혼재하여 발생한다. 섬유세포는 유연벽공을 갖는 섬유상가도관이고, 방사면 및 접선면 모두 벽공을 생성한다.
접선단면	방사조직 폭은 4~10 세포 폭이고, 1㎜당 방사조직 세포 수는 13개 이상이다. 주축유세포 스트랜드 개수는 3~4개이다.

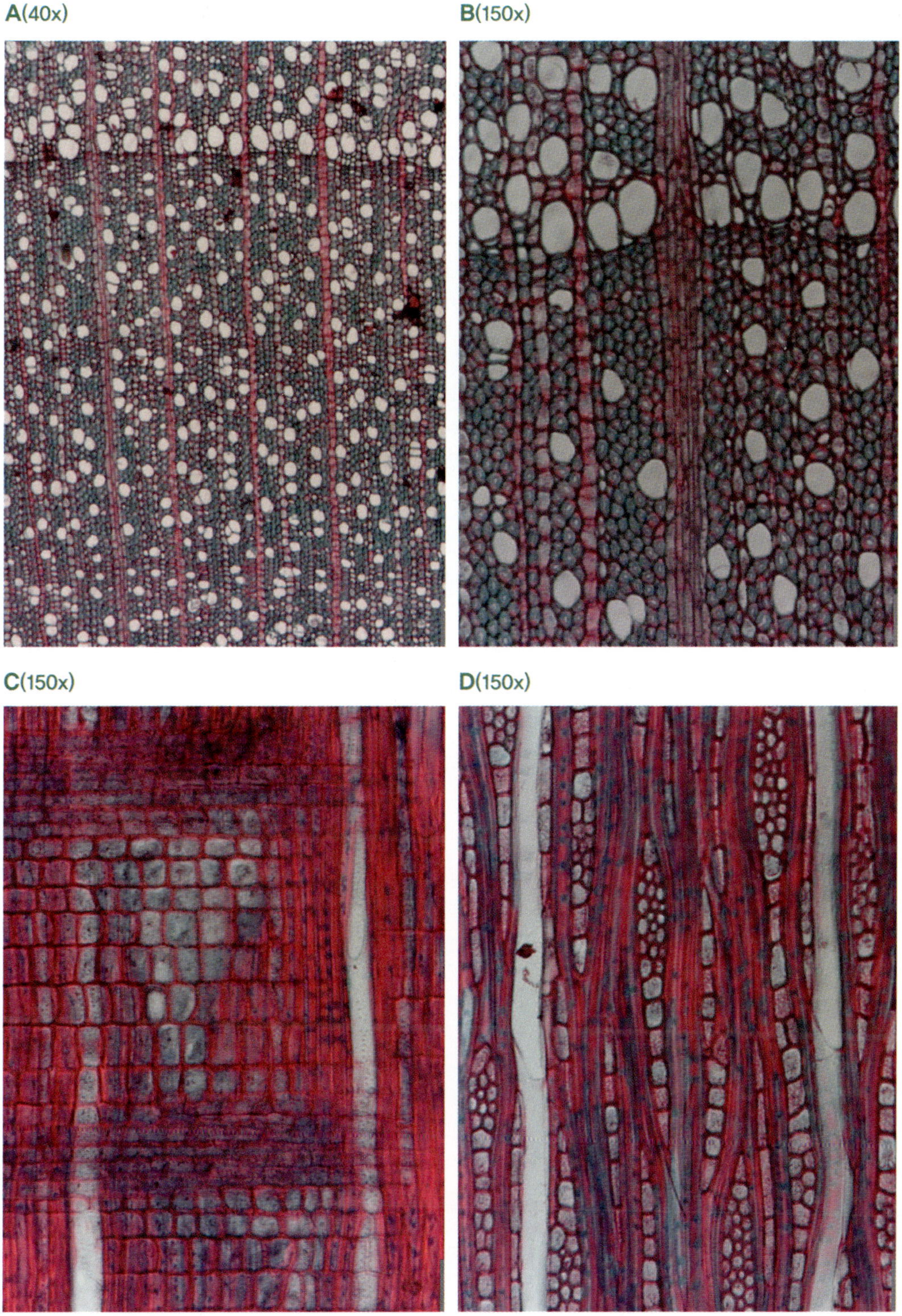

그림 61. 한국산 괴불나무의 횡단면(그림 A, B), 방사단면(그림 C), 접선단면(그림 D)에 대한 현미경 사진.

62. 아왜나무

종	아왜나무
속	산분꽃나무속
과	인동과

Viburnum odoratissimum **Ker Gawl. ex Rumpler var. *awabuki* (K.Koch) Zabel ex Rumpler**

횡단면 생장륜 경계는 뚜렷하다. 도관 분포는 산공재이고, 대부분 고립도관공이고, 외형이 각형이다. 도관 내강 직경은 50㎛ 이하로 아주 작고, 1㎟당 도관 수는 101개 이상으로 매우 많다. 섬유세포벽 두께는 보통으로 목섬유 내강 직경이 인접한 두 섬유세포벽 두께와 비슷하다. 주축유조직은 산재상 또는 짧은 접선상 독립유조직을 형성한다.

방사단면 도관은 계단상천공을 형성하고, 계단 수는 21~40개로 다소 많고, 드물게 망상천공도 생성한다. 도관 간 벽공 배열은 대상 또는 교호상이며, 크기는 5~7㎛로 작다. 방사도관 벽공은 원형 혹은 각형의 단벽공이거나 계단상 혹은 책상의 단벽공을 형성하기도 한다. 방사조직 다열부는 평복세포이고 가장자리 2~4열 이상이 직립 또는 방형세포를 형성한다. 섬유세포는 유연벽공을 갖는 섬유상가도관이고, 방사면 및 접선면 모두 벽공을 생성한다.

접선단면 방사조직 폭은 4~10 세포 폭이고, 높이는 1㎜ 이상이며, 1㎜당 방사조직 세포 수는 5~12개이다. 주축유세포 스트랜드 개수는 5~8개이다.

A(40x)

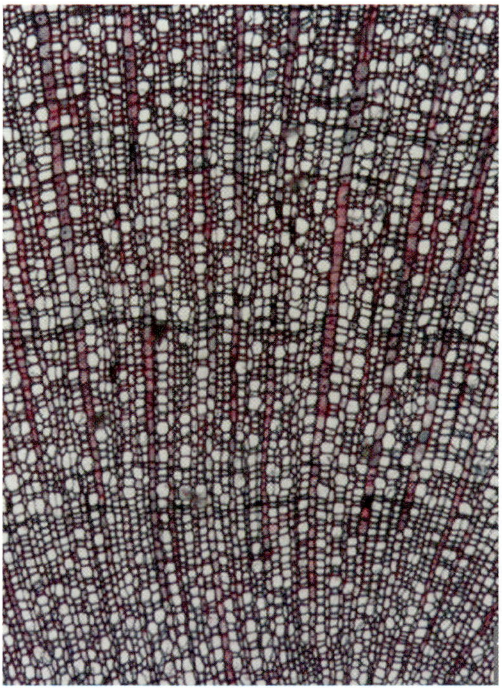

B(150x)

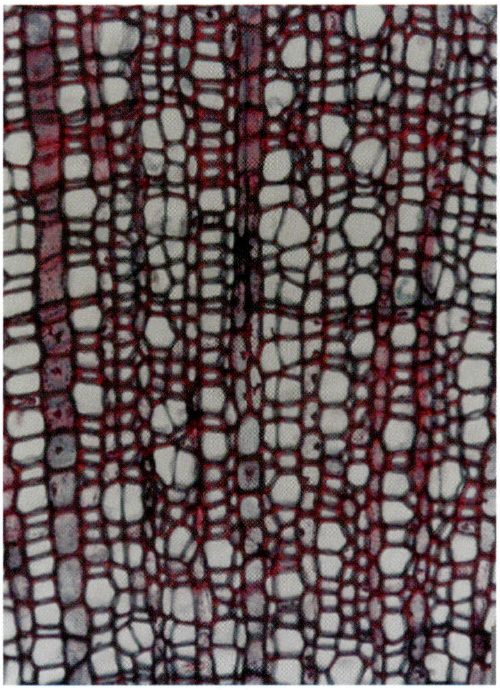

C(150x)

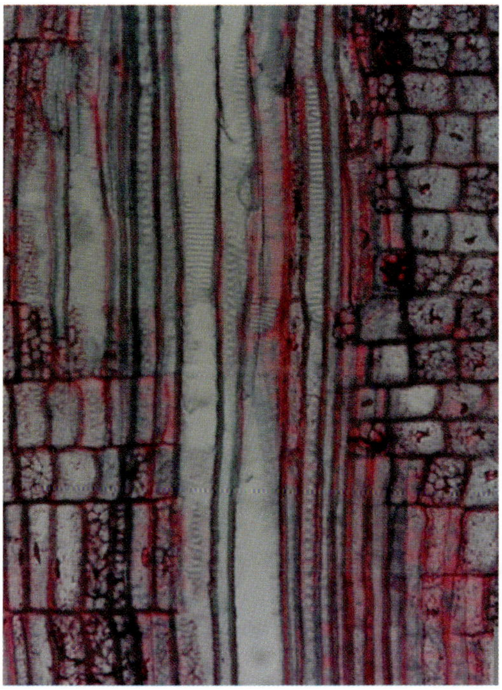

D(150x)

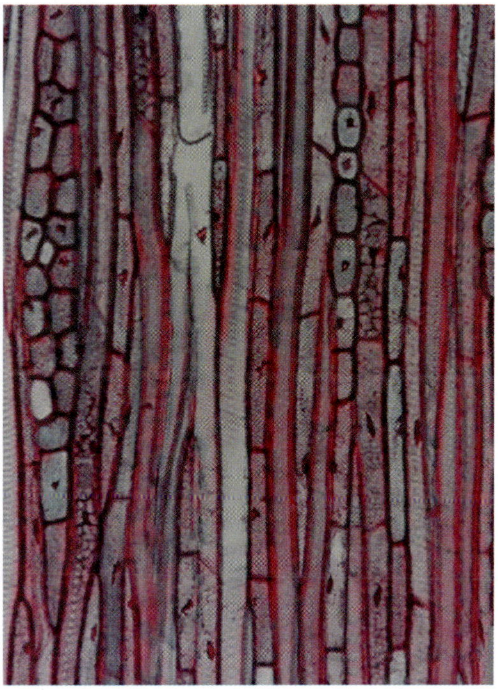

그림 62. 한국산 야왜나무의 횡단면(그림 A, B), 방사단면(C), 접선단면(그림 D)에 대한 현미경 사진.

63. 병꽃나무

Weigela subsessilis (Nakai) L. H. Bailey

종	병꽃나무
속	병꽃나무속
과	인동과

횡단면	생장륜 경계는 뚜렷하다. 도관 분포는 산공재이고, 대부분 고립도관공이고, 외형이 각형이다. 도관 내강 직경은 50㎛ 이하로 매우 작고, 1㎟당 도관 수는 101개 이상으로 많다. 섬유세포벽 두께는 보통으로 목섬유 내강 직경이 인접한 두 섬유세포벽 두께와 비슷하다. 주축유조직은 산재상 독립유조직을 형성한다.
방사단면	도관은 계단상천공을 형성하고, 계단 수는 21~40개로 다소 많다. 도관 간 벽공 배열은 대상이며, 크기는 4㎛ 이하로 매우 작다. 방사도관 벽공은 도관 상호간 벽공과 비슷한 유연벽공이다. 방사조직 다열부는 평복세포이고 가장자리 2~4열 이상이 직립 또는 방형세포를 형성한다. 섬유세포는 유연벽공을 갖는 섬유상가도관이다.
접선단면	방사조직 폭은 1~3 세포 폭이고, 1㎜당 방사조직 세포 수는 5~12개이다. 주축유세포 스트랜드 개수는 5~8개이다.

A(40x)

B(150x)

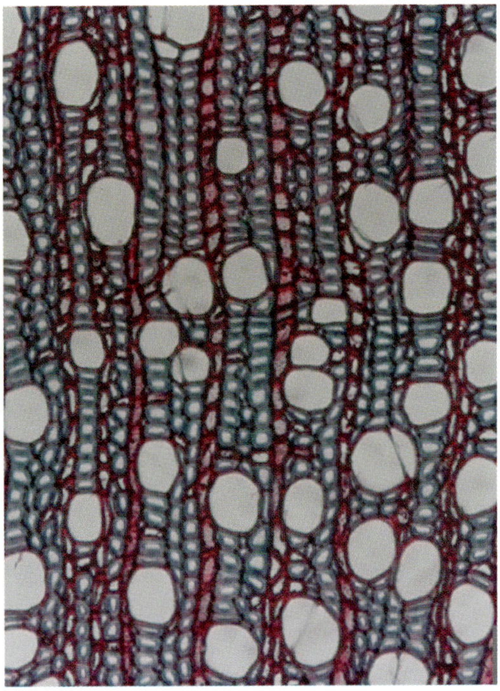

C(150x)

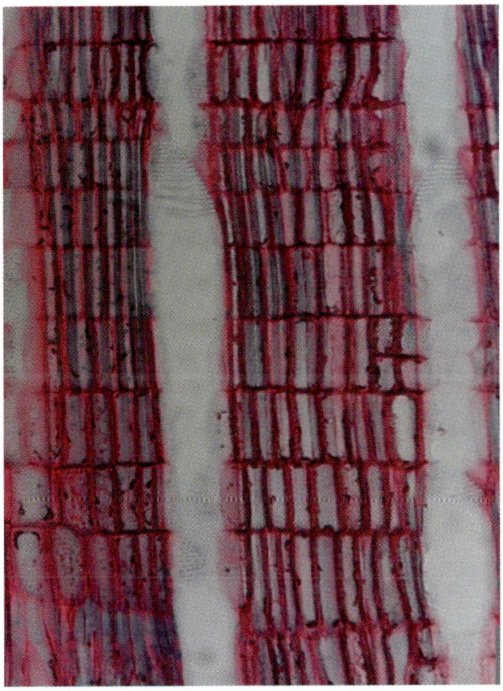

D(150x)

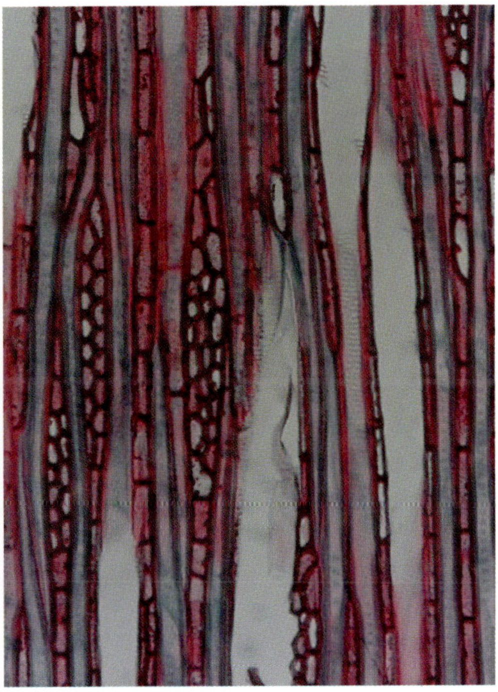

그림 63. 한국산 병꽃나무의 횡단면(그림 A, B), 방사단면(C), 접선단면(그림 D)에 대한 현미경 사진.

IV

부록

부록 1-1. 한국산 나자식물 목재의 형질, 세부형질, 그리고 형질상태와 그 일련번호

형질	세부형질	형질상태와 그 일련번호
세포 간구 (intercellular canals or resin duct)	축방향 세포간구 (axial canals)	1. 유(present)
		2. 무(absent)
	에피텔리얼세포 두께 (thickness of epithelial cells)	3. 후벽(thick-walled)
		4. 박벽(thin-walled)
주축유세포 (axial parenchyma cell)	유무(present or absent)	5. 유(present)
		6. 무(absent)
	배열(arrangement)	7. 산재(diffuse)
		8. 접선상(tangentially zonate)
		9. 연륜계상(marginal)
	말단벽의 형태 (transverse end wall)	10. 평활상(smooth)
		11. 염주상 비후(beaded or nodular)
주축가도관 (axial tracheid)	나선비후 (helical thickening)	12. 유(present)
		13. 무(absent)
	나선비후의 간격 및 형태 (helical thickening)	14. 단일선(single)
		15. 이중 또는 삼중선(double or triple)
		16. 좁음(narrow spaced)
		17. 넓음(widely spaced)
	유연벽공의 배열(tracheid pitting in radial walls)	18. 1열(uniseriate)
		19. 2열 이상(two or more)
방사가도관 (ray tracheids)	유무(present or absent)	20. 유(present)
		21. 무(absent)
	세포벽의 형태(cell walls)	22. 평활(smooth)
		23. 거치상(dentate)
방사유세포 (ray parenchyma cell)	염주상 말단벽 비후 (end wall)	24. 유(present)
		25. 무(absent)
	인덴쳐 유무(indentures)	26. 유(present)
		27. 무(absent)
교분야 벽공 (cross-field pitting)	형태(shape)	28. 창상형(fenestriform)
		29. 소나무형(pinoid)
		30. 가문비나무형(piceoid)
		31. 편백형(cupressoid)
		32. 삼나무형(taxodioid)
	개수 (number of pits/cross field)	33. 1-2개(no. of 1-2)
		34. 1-3개(no. of 1-3)
		35. 3-5개(no. of 3-5)
방사조직 (ray parenchyma)	열 수(ray width by cells)	36. 단열(exclusively uniseriate)
		37. 2-3열(2-3 seriate in part)
	세포 높이 (average ray height by cell numbers)	38. 1-4 세포(1-4 cells)
		39. 5-15 세포(5-15 cells)
		40. 16-30 세포(16-30 cells)
	방추형방사조직 (fusiform ray parenchyma)	41. 있음(present)

* 부록 1 2의 해부학적 특성과 연동

부록 1-2. 한국산 나자식물 목재의 해부학적 특성표

순서	학명 \ 해부학적 특성*	1	2	3	4	5	6	7	8	9	10	11	12	13	14	15	16	17	18	19	20	21	22	23	24	25	26	27	28	29	30	31	32	33	34	35	36	37	38	39	40	41
1	은행나무*Ginkgo biloba*		○			○		○						○						○		○				○		○				○				○	○		○			
2	주목*Taxus cuspidata*		○				○						○		○		○		○			○				○	○					○			○		○			○		
3	비자나무*Torreya nucifera*		○				○						○			○	○		○			○				○	○					○			○		○			○		
4	개비자나무*Cephalotaxus koreana*		○			○		○	○		○	○	○		○	○	○		○			○				○	○				○	○		○			○			○		
5	전나무*Abies holophylla*	○		○			○							○					○			○			○		○						○		○		○				○	
6	일본잎갈나무*Larix kaempferi*	○		○			○							○						○	○			○		○	○				○	○				○	○			○		○
7	가문비나무*Picea jezoensis*	○		○			○							○					○		○			○	○		○				○				○		○			○		○
8	소나무*Pinus densiflora*	○			○		○							○					○		○			○		○		○	○					○			○			○		○
9	솔송나무*Tsuga sieboldii*		○			○				○		○		○					○		○		○		○		○				○	○	○		○		○			○		
10	금송*Sciadopitys verticillata*		○				○							○					○			○				○		○	○					○			○			○		
11	삼나무*Cryptomeria japonica*		○			○		○	○		○			○					○			○				○	○						○		○		○			○		
12	메타세쿼이어*Metasequoia glyptostroboides*		○			○		○			○			○								○				○		○				○	○		○		○			○		
13	낙우송*Taxodium distichum*		○			○		○	○			○		○								○				○	○				○	○	○			○	○			○		
14	편백나무*Chamaecyparis obtusa*		○			○		○	○	○	○			○					○			○				○						○			○		○	○		○		
15	넓은잎삼나무*Cunninghamia lanceolata*		○			○		○			○			○					○			○				○		○					○		○		○			○		
16	향나무*Juniperus chinensis*		○			○		○	○	○		○		○					○			○			○		○					○			○		○			○		
17	측백나무*Platycladus orientalis*		○			○		○	○	○	○	○		○					○			○				○	○						○			○	○			○		
18	나한백*Thujopsis dolabrata*		○			○		○			○			○					○			○				○							○			○	○		○			

* 해부학적 형질특성에서 형질번호는 부록 1-1의 형질상태의 일련번호와 같음

부록 2-1. 한국산 피자식물 목재의 형질, 세부형질, 그리고 형질상태와 그 일련번호

형질	세부형질	형질상태와 그 일련번호	
도관 (vessels)	도관 분포 (porosity)	1. 환공재(ring-porous)	
		2. 반환공재(semi-ring-porous)	
		3. 산공재(diffuse-porous)	
	도관 배열 (vessel arrangement)	4. 접선상(vessels in tangential bands)	
		5. 사상 또는 방사상(vessels in diagonal and/or radial pattern)	
		6. 문양상(vessels in dendritic pattern)	
	도관 집단 (vessel groupings)	7. 고립도관(vessels exclusively solitary, 90% or more)	
		8. 고립도관공의 외형이 각형(solitary vessel outline angular)	
		9. 방사복합관공(vessels in radial multiples of four or more common)	
		10. 집단관공(vessel clusters common)	
	천공판 종류 (perforation plates)	11. 단천공(simple p. p.)	
		12. 계단상 (scalariform)	12-1. 계단 수(no. with ≤10 bars)
			12-2. 계단 수(no. w/ 10-20 bars)
			12-3. 계단 수(no. w/ 20-40 bars)
			12-4. 계단 수(no. w/ ≥40 bars)
		13. 망상(reticulate)	
	도관 상호간 벽공 (intervessel pits)	14. 계단상(scalariform)	
		15. 대상(opposite)	
		16. 교호상(alternate)	
	도관 나선비후 (helical thickening)	17. 도관 전체에 발달(throughout body of vessel element)	
		18. 말단 꼬리 부분에 발달(only in vessel element tails)	
		19. 좁은 도관부분에 발달(only in narrower vessel elements)	
	타일로시스(tyloses)	20. 발달/미발달(present/absent)	
	도관 내강 직경(μm) (mean tangential diameter of vessel lumen)	21. ≤50	
		22. 50-100	
		23. 100-200	
		24. ≥200	
	도관 빈도 (vessels no./㎟)	25. <5	
		26. 5-20	
		27. 20-40	
		28. 40-100	
		29. ≥100	

* 부록 2-2의 해부학적 특성과 연동

부록 2-1. 연속 1.

형질	세부형질	형질상태와 그 일련번호
방사조직 (Ray parenchyma)	방사조직의 종류 (Rays: cellular composition)	30. 평복세포로만 구성(all ray cells procumbent)
		31. 직립 혹은 방형세포로만 구성(all ray cells upright and/or square)
		32. 다열부는 평복, 가장자리 1열만 직립 혹은 방형세포(body ray cells procumbent with one of upright and/or square marginal cells)
		33. 다열부는 평복, 가장자리 2-4열만 직립 혹은 방형세표(body ray cells procumbent with mostly 2-4 rows of upright and/or square marginal cells
		34. 다열부는 평복, 가장자리 4열 이상이 직립 혹은 방형세포(body ray cells procumbent with over 4 rows of upright and/or square marginal cells
		35. 평복, 직립, 방형 세포가 혼재(ray with procumbent, square and upright cells mixed throughout the ray)
	도관-방사조직간 벽공 (vessel-ray pitting)	36. 명확한 유연벽공(vessel–ray pits w/ distinct borders; similar to intervessel pits in size and shape throughout the ray cell)
		37. 원형 혹은 각형의 단벽공(vessel–ray pits w/ much reduced borders to apparently simple: pits rounded or angular)
		38. 계단상 혹은 책상의 단벽공(vessel–ray pits w/ much reduced borders to apparently simple: pits horizontal to vertical)
		39. 방사조직의 가장자리에 제한적 존재(vessel–ray pits restricted to marginal rows)
	방사조직 폭 (ray width)	40. 1 세포 폭(rays exclusively uniseriate)
		41. 1-3 세포 폭(ray width 1 to 3 cells)
		42. 4-10 세포 폭(larger rays commonly 4-to 10-seriate)
		43. 11 세포 폭 이상(larger rays commonly >10-seriate)
		44. 단열부 및 다열부의 폭이 동일(rays with multiseriate portion(s) as wide as uniseriate portions)
	방사조직 높이(ray height)	45. 높이가 1㎜ 이상(ray height >1㎜)
		46. 집합방사조직(aggregate rays)
		47. 크기가 전혀 다른 두 종류의 방사조직(rays of two distinct sizes)
	방사조직 수(1㎜ ray/㎟)	48. 4개 이하(≤4/㎜)
		49. 4-12개(4–12/㎜)
		50. 12개 이상(≥12/㎜)
	초상세포(sheath cells)	51. 있음 또는 없음(present or absent)
	방사조직내 결정체 (prismatic crystals in ray cells)	52. 있음 또는 없음(present or absent)

부록 2-1. 연속 2.

형질	세부형질	형질상태와 그 일련번호
주축유조직 (Axial parenchyma)	독립유조직(apotra-cheal axial parenchyma)	53. 산재상(diffuse)
		54. 짧은 접선상(diffuse-in-aggregates)
	수반유조직 (paratracheal parenchyma)	55. 주위상(vasicentric)
		56. 익상(aliform)
		57. 연합익상(confluent)
		58. 모상(unilateral paratracheal)
	대상유조직 (banded parenchyma)	59. 넓은 대상(bands more than three cells wide)
		60. 좁은 대상(in narrow bands or lines up to three cells wide)
		61. 망상(reticulate)
		62. 계단상(scalariform)
		63. 연륜계상(in marginal or in seemingly marginal bands)
	스트랜드 개수 (cell type/strand length)	64. 방추형유세포(fusiform parenchyma cells)
		65. 2개 이하(two cells per parenchyma strand)
		66. 4(3-4)개(four-three cells per parenchyma strand)
		67. 8(5-8)개(five to eight cells per parenchyma strand)
		68. 9개 이상(over eight cells per parenchyma strand)
	주축유조직 내 결정체 (prismatic crystals)	69. 있음/없음(present/absent)
	주위상/도관상 가도관 (vascular/vasicentric tracheids)	70. 있음/없음(present/absent)
섬유세포 (fiber)	벽공 형태 (fiber pits)	71. 단벽공 또는 작은 유연벽공(fibers w/ simple to minutely bordered pits)
		72. 유연벽공(fibers with distinctly bordered pits)
		73. 방사면 및 접선면 모두 벽공 존재(fibers pits common in both radial and tangential walls)
	섬유세포 나선비후 (helical thickenings in ground tissue)	74. 있음/없음(present/absent)
	격벽 섬유세포 (septate fibres)	75. 있음/없음(present/absent)
	섬유세포벽 두께 (fiber wall thickness)	76. 매우 얇음(2벽후가 내강 직경의 3배 이상) (fibers very thin-walled)
		77. 보통(2벽후와 내강 직경이 거의 같음) (fibers thin-to thick-walled)
		78. 매우 두꺼움(내강이 거의 없음) (fibers very thick-walled)
기타 (etc)	층계상 배열 (storied structure)	79. 있음/없음(present/absent)
	확장된 세포 내 결정체 (crystals in enlarged cells)	80. 있음/없음(present/absent)
	유세포(油細胞) 및 점액세포 (oil and mucilage cells)	81. 있음/없음(present/absent)
	불규칙한 2차 세포벽 비후를 갖는 방사유세포(disjunctive ray parenchyma cell walls)	82. 있음/없음(present/absent)

부록 2-2a. 한국산 피자식물 목재의 해부학적 특성표

순서	학명 \ 해부학적 특성*	1	2	3	4	5	6	7	8	9	10	11	12-1	12-2	12-3	12-4	13	14	15	16	17	18	19	20	21	22	23	24	25
1	사시나무*Populus davidiana*			○						○		○								○					○				
2	왕버들*Salix chaenomeloides*			○						○		○								○				○	○				
3	가래나무*Juglans mandshurica*		○					○				○								○				○			○		
4	굴피나무*Platycarya strobilacea*	○				○	○				○	○								○	○		○	○				○	
5	중국굴피나무*Pterocarya stenoptera*		○					○				○								○				○			○		
6	오리나무*Alnus japonica*			○					○	○				○					○	○						○			
7	자작나무*Betula pendula*			○					○	○				○					○	○						○			
8	서어나무*Carpinus laxiflora*			○						○		○	○							○	○					○			
9	밤나무*Castanea crenata*	○					○		○			○	○							○				○				○	
10	구실잣밤나무*Castanopsis sieboldii*	○				○	○		○			○	○						○					○			○		
11	개암나무*Corylus sieboldiana*			○					○	○										○					○				
12	신갈나무*Quercus mongolica*	○				○	○		○			○								○				○				○	
13	팽나무*Celtis sinensis*	○				○					○	○								○	○		○	○			○		
14	참느릅나무*Ulmus parvifolia*	○				○					○	○								○	○		○	○			○		
15	느티나무*Zelkova serrata*	○				○					○	○								○	○		○					○	
16	꾸지나무*Broussonetia papyrifera*	○									○	○								○			○	○			○		
17	꾸지뽕나무*Cudrania tricuspidata*	○						○			○	○								○	○		○	○			○		
18	모람*Ficus oxyphylla*			○						○		○						○						○		○			
19	산뽕나무*Morus bombycis*	○									○	○								○	○		○	○			○		
20	백합나무*Liriodendron tulipifera*			○				○		○		○	○						○					○		○			
21	목련*Magnolia kobus*			○				○	○			○	○					○	○		○				○				

* 해부학적 특성의 형질번호는 부록 2-1에서 형질상태의 일련번호와 같음

부록 2-2a. 연속 1.

순서	학명 \ 해부학적 특성*	26	27	28	29	30	31	32	33	34	35	36	37	38	39	40	41	42	43	44	45	46	47	48	49	50	51	52	53
1	사시나무*Populus daviciana*				○	○							○		○	○									○				
2	왕버들*Salix chaenomeloides*				○			○					○		○	○									○				
3	가래나무*Juglans mandshurica*	○				○		○				○	○				○								○				○
4	굴피나무*Platycarya strebilacea*							○	○			○	○					○			○				○			○	○
5	중국굴피나무*Pterocarya stenoptera*	○				○							○				○								○				
6	오리나무*Alnus japonica*				○	○						○				○						○				○			○
7	자작나무*Betula pendula*			○		○						○					○								○				○
8	서어나무*Carpinus laxiflora*			○		○		○					○					○				○				○		○	○
9	밤나무*Castanea crenata*					○							○	○		○									○			○	○
10	구실잣밤나무*Castanopsis sieboldii*							○					○	○		○									○				○
11	개암나무*Corylus sieboldiana*				○	○		○					○				○					○				○			○
12	신갈나무*Quercus mongolica*					○							○	○					○		○		○		○				○
13	팽나무*Celtis sinensis*							○	○				○						○						○		○	○	
14	참느릅나무*Ulmus parvifolia*					○							○					○			○				○			○	○
15	느티나무*Zelkova serrata*					○		○				○	○					○							○			○	
16	꾸지나무*Broussonetia papyrifera*					○		○					○	○			○								○			○	
17	꾸지뽕나무*Cudrania tricuspidata*					○		○					○					○			○				○			○	
18	모람*Ficus oxyphylla*			○				○						○				○			○				○				
19	산뽕나무*Morus bombycis*							○	○				○					○			○				○			○	
20	백합나무*Liriodendron tulipifera*			○		○		○					○	○				○							○				
21	목련*Magnolia kobus*				○	○		○					○	○			○								○				

* 해부학적 특성의 형질번호는 부록 2-1에서 형질상태의 일련번호와 같음

부록 2-2a. 연속 2.

순서	학명 \ 해부학적 특성*	54	55	56	57	58	59	60	61	62	63	64	65	66	67	68	69	70	71	72	73	74	75	76	77	78	79	80	81	82
1	사시나무*Populus davidiana*										○			○	○				○					○						
2	왕버들*Salix chaenomeloides*										○				○				○					○						
3	가래나무*Juglans mandshurica*	○	○						○		○			○	○				○					○						
4	굴피나무*Platycarya strobilacea*	○	○							○	○			○			○		○						○					
5	중국굴피나무*Pterocarya stenoptera*	○	○						○		○					○				○				○						
6	오리나무*Alnus japonica*	○												○	○				○					○						
7	자작나무*Betula pendula*	○									○				○				○						○					
8	서어나무*Carpinus laxiflora*	○									○			○	○				○					○						
9	밤나무*Castanea crenata*	○												○	○		○	○	○					○						
10	구실잣밤나무*Castanopsis sieboldii*	○	○					○						○			○	○	○						○					
11	개암나무*Corylus sieboldiana*	○														○			○					○						
12	신갈나무*Quercus mongolica*	○						○						○	○		○	○	○							○				
13	팽나무*Celtis sinensis*		○	○	○						○		○	○	○		○	○	○						○					
14	참느릅나무*Ulmus parvifolia*		○								○		○	○			○	○	○							○				
15	느티나무*Zelkova serrata*		○								○		○	○					○						○			○		
16	꾸지나무*Broussonetia papyrifera*		○	○							○			○	○			○	○					○						
17	꾸지뽕나무*Cudrania tricuspidata*			○	○						○	○	○	○			○		○							○				
18	모람*Ficus oxyphylla*		○				○					○		○	○				○							○				
19	산뽕나무*Morus bombycis*		○																											
20	백합나무*Liriodendron tulipifera*										○			○	○				○						○					
21	목련*Magnolia kobus*										○				○				○						○					

* 해부학적 특성의 형질번호는 부록 2-1에서 형질상태의 일련번호와 같음

부록 2-2b. 연속 1.

순서	학명 \ 해부학적 특성*	1	2	3	4	5	6	7	8	9	10	11	12-1	12-2	12-3	12-4	13	14	15	16	17	18	19	20	21	22	23	24	25
22	월계수*Laurus nobilis*			○				○		○		○	○							○						○			
23	생강나무*Lindera obtusiloba*			○				○		○		○								○	○				○				
24	양버즘나무*Platanus occidentalis*			○				○	○			○		○					○	○						○			
25	명자꽃*Chaenomeles speciosa*			○				○	○			○							○						○				
26	황매화*Kerria japonica*			○				○				○						○	○						○				
27	야광나무*Malus baccata*			○				○	○						○			○	○						○				
28	앵도나무*Prunus tomentosa*			○				○	○			○								○	○				○				
29	모과나무*Pseudocydonia sinensis*			○				○				○								○	○				○				
30	백운배나무*Pyrus hakunensis*			○				○	○			○								○					○				
31	다정큼나무*Rhaphiolepis indica*			○				○	○			○								○	○				○				
32	다정큼나무*Rhodotypos scandens*			○				○				○	○						○	○	○				○				
33	찔레나무*Rosa multiflora*			○				○				○							○	○	○				○				
34	산딸기*Rubus crataegifolius*			○							○	○							○	○						○			
35	쉬땅나무*Sorbaria sorbifolia*			○				○	○			○								○					○				
36	마가목*Sorbus commixta*			○				○	○			○					○			○	○				○				
37	마가목*Spiraea microgyna*			○				○				○					○			○					○				
38	국수나무*Stephanandra incisa*			○				○				○		○					○	○					○				
39	붉나무*Rhus chinensis*	○			○	○					○	○								○	○		○	○			○		
40	옻나무*Toxicodendron vernicifluum*	○						○		○		○								○	○		○	○			○		
41	대팻집나무*Ilex macropoda*			○				○	○						○				○	○	○				○				
42	고로쇠나무*Acer pictum var. mono*			○				○				○								○	○					○			

* 해부학적 특성의 형질번호는 부록 2-1에서 형질상태의 일련번호와 같음

부록 2-2b. 연속 2.

순서	해부학적 특성* / 학명	26	27	28	29	30	31	32	33	34	35	36	37	38	39	40	41	42	43	44	45	46	47	48	49	50	51	52	53
22	월계수*Laurus nobilis*	○						○			○		○				○								○				
23	생강나무*Lindera obtusiloba*		○					○				○	○				○								○				
24	양버즘나무*Platanus occidentalis*				○	○						○							○		○			○				○	○
25	명자꽃*Chaenomeles speciosa*				○	○						○					○								○				○
26	황매화*Kerria japonica*		○				○						○			○		○			○		○	○				○	○
27	야광나무*Malus baccata*				○				○	○			○	○			○								○				○
28	앵도나무*Prunus tomentosa*				○		○				○	○				○		○			○		○		○				○
29	모과나무*Pseudocydonia sinensis*				○	○						○					○									○			○
30	백운배나무*Pyrus hakunensis*				○	○						○					○								○				○
31	다정큼나무*Rhaphiolepis indica*				○		○		○			○					○									○			○
32	다정큼나무*Rhodotypos scandens*				○			○				○							○		○				○		○		○
33	찔레나무*Rosa multiflora*		○								○		○			○			○		○		○	○					○
34	산딸기*Rubus crataegifolius*			○			○					○				○		○			○		○	○					
35	쉬땅나무*Sorbaria sorbifolia*		○			○	○	○				○				○		○					○		○				○
36	마가목*Sorbus commixta*				○	○						○					○								○				○
37	마가목*Spiraea microgyna*				○	○		○				○							○		○		○		○				○
38	국수나무*Stephanandra incisa*				○		○				○	○				○		○			○		○			○			○
39	붉나무*Rhus chinensis*							○	○		○		○	○			○								○			○	○
40	옻나무*Toxicodendron vernicifluum*					○		○	○				○	○			○								○			○	
41	대팻집나무*Ilex macropoda*				○		○	○	○			○						○					○		○		○	○	○
42	고로쇠나무*Acer pictum var. mono*		○			○						○						○							○				○

* 해부학적 특성의 형질번호는 부록 2-1에서 형질상태의 일련번호와 같음

부록 2-2b. 연속 3.

순서	학명 \ 해부학적 특성*	54	55	56	57	58	59	60	61	62	63	64	65	66	67	68	69	70	71	72	73	74	75	76	77	78	79	80	81	82
22	월계수*Laurus nobilis*										○			○					○					○						
23	생강나무*Lindera obtusiloba*		○											○	○				○						○				○	
24	양버즘나무*Platanus occidentalis*	○													○					○	○				○					
25	명자꽃*Chaenomeles speciosa*										○			○	○		○			○		○			○			○		
26	황매화*Kerria japonica*										○				○					○					○					
27	야광나무*Malus baccata*	○													○	○				○	○				○					
28	앵도나무*Prunus tomentosa*	○											○	○						○	○	○			○					
29	모과나무*Pseudocydonia sinensis*	○												○	○		○			○	○	○				○		○		
30	백운배나무*Pyrus hakunensis*	○												○	○		○			○	○			○				○		
31	다정큼나무*Rhaphiolepis indica*	○													○		○			○	○	○			○			○		
32	다정큼나무*Rhodotypos scandens*	○									○			○						○	○		○		○					
33	찔레나무*Rosa multiflora*										○			○					○							○				
34	산딸기*Rubus crataegifolius*		○											○						○					○					
35	쉬땅나무*Sorbaria sorbifolia*	○									○		○	○						○	○			○						
36	마가목*Sorbus commixta*	○												○	○		○			○	○	○			○			○		
37	마가목*Spiraea microgyna*													○						○						○				
38	국수나무*Stephanandra incisa*	○												○						○	○					○				
39	붉나무*Rhus chinensis*		○					○			○			○	○				○				○	○						
40	옻나무*Toxicodendron vernicifluum*		○								○			○	○				○				○	○						
41	대팻집나무*Ilex macropoda*	○													○		○			○	○	○			○					
42	고로쇠나무*Acer pictum var. mono*		○								○			○					○				○		○					

* 해부학적 특성의 형질번호는 부록 2-1에서 형질상태의 일련번호와 같음

부록 2-2c. 연속 1.

순서	해부학적 특성* / 학명	1	2	3	4	5	6	7	8	9	10	11	12-1	12-2	12-3	12-4	13	14	15	16	17	18	19	20	21	22	23	24	25
43	칠엽수*Aesculus turbinata*			○					○	○		○								○	○					○			
44	다래*Actinidia arguta*	○						○	○			○						○	○		○		○					○	
45	동백나무*Camellia japonica*		○					○	○					○				○	○						○				
46	비쭈기나무*Cleyera japonica*			○					○						○			○	○			○			○				
47	사스레피나무*Eurya japonica*			○				○	○							○		○	○			○			○				
48	노각나무*Stewartia koreana*			○				○						○				○			○					○			
49	후피향나무*Ternstroemia gymnanthera*			○				○	○						○			○	○		○				○				
50	제주백서향*Daphne jejudoensis*			○			○		○			○							○	○	○				○				
51	박쥐나무*Alangium platanifolium var. trilobum*	○						○				○								○				○		○			
52	식나무*Aucuba japonica*			○				○	○							○			○	○	○				○				
53	산딸나무*Cornus kousa*			○				○	○						○			○	○						○				
54	고욤나무*Diospyros lotus*			○						○		○								○						○			
55	노린재나무*Symplocos sawafutagi*			○				○							○			○	○		○				○				
56	때죽나무*Styrax japonicus*			○					○	○				○			○			○					○				
57	이팝나무*Chionanthus retusus*	○				○	○				○	○								○	○		○				○		
58	물푸레나무*Fraxinus rhynchophylla*	○						○		○		○								○				○			○		
59	꽃개회나무*Syringa wolfii*	○						○	○			○								○			○				○		
61	괴불나무*Lonicera maackii*		○						○			○								○				○			○		
62	아왜나무*Viburnum odoratissimum var. awabuki*			○				○	○			○				○				○	○				○				
63	병꽃나무*Weigela subsessilis*			○				○	○						○				○	○	○				○				

* 해부학적 특성의 형질번호는 부록 2-1에서 형질상태의 일련번호와 같음

부록 2-2c. 연속 2.

순서	학명 \ 해부학적 특성*	26	27	28	29	30	31	32	33	34	35	36	37	38	39	40	41	42	43	44	45	46	47	48	49	50	51	52	53
43	칠엽수*Aesculus turbinata*				○	○						○			○	○									○				○
44	다래*Actinidia arguta*								○	○		○				○		○			○		○	○					○
45	동백나무*Camellia japonica*				○				○		○		○	○			○			○					○			○	○
46	비쭈기나무*Cleyera japonica*				○			○	○				○			○										○			○
47	사스레피나무*Eurya japonica*				○				○	○	○		○	○			○			○						○			○
48	노각나무*Stewartia koreana*			○				○					○	○			○								○				○
49	후피향나무*Ternstroemia gymnanthera*				○				○	○		○						○			○				○				○
50	제주백서향*Daphne jejudoensis*		○			○						○				○									○				○
51	박쥐나무*Alangium platanifolium var. trilobum*								○	○			○					○			○				○		○	○	○
52	식나무*Aucuba japonica*			○			○		○			○				○		○			○		○		○				○
53	산딸나무*Cornus kousa*				○				○	○		○						○			○				○				○
54	고욤나무*Diospyros lotus*	○						○	○		○	○					○			○					○				
55	노린재나무*Symplocos sawafutagi*				○				○		○	○					○			○						○			○
56	때죽나무*Styrax japonicus*			○					○	○		○					○			○					○				○
57	이팝나무*Chionanthus retusus*							○				○					○								○				
58	물푸레나무*Fraxinus rhynchophylla*					○						○					○								○				
59	꽃개회나무*Syringa wolfii*							○				○					○								○				
61	괴불나무*Lonicera maackii*	○				○							○				○							○					
62	아왜나무*Viburnum odoratissimum var. awabuki*				○				○	○	○	○						○								○			○
63	병꽃나무*Weigela subsessilis*				○				○	○			○	○				○			○				○				○

* 해부학적 특성의 형질번호는 부록 2-1에서 형질상태의 일련번호와 같음

부록 2-2c. 연속 3.

순서	학명 \ 해부학적 특성*	54	55	56	57	58	59	60	61	62	63	64	65	66	67	68	69	70	71	72	73	74	75	76	77	78	79	80	81	82
43	칠엽수*Aesculus turbinata*										○			○					○					○			○			
44	다래*Actinidia arguta*	○													○	○				○	○			○						○
45	동백나무*Camellia japonica*	○													○					○		○				○		○		
46	비쭈기나무*Cleyera japonica*	○													○					○	○	○			○					○
47	사스레피나무*Eurya japonica*	○													○					○	○	○			○					○
48	노각나무*Stewartia koreana*	○												○	○					○	○				○					○
49	후피향나무*Ternstroemia gymnanthera*	○													○					○	○				○					○
50	제주백서향*Daphne jejudoensis*													○					○			○		○						
51	박쥐나무*Alangium platanifolium* var. *trilobum*	○	○								○				○		○		○						○			○		
52	식나무*Aucuba japonica*												○							○	○	○			○					
53	산딸나무*Cornus kousa*	○							○						○					○					○					
54	고욤나무*Diospyros lotus*	○						○	○		○	○		○	○				○						○		○			
55	노린재나무*Symplocos sawafutagi*	○							○		○				○					○	○	○			○					
56	때죽나무*Styrax japonicus*	○						○			○			○	○		○		○					○						
57	이팝나무*Chionanthus retusus*		○					○			○		○	○					○							○				
58	물푸레나무*Fraxinus rhynchophylla*		○	○				○			○			○	○				○						○					
59	꽃개회나무*Syringa wolfii*		○								○		○						○						○					
61	괴불나무*Lonicera maackii*		○	○	○							○	○						○					○			○			
62	아왜나무*Viburnum odoratissimum* var. *awabuki*	○												○						○	○	○				○				
63	병꽃나무*Weigela subsessilis*	○													○					○	○	○			○					

* 해부학적 특성의 형질번호는 부록 2-1에서 형질상태의 일련번호와 같음

한국산 유용 목재 해부 칼라도감

지은이 황성수, 추지나
펴낸이 양오봉
펴낸곳 전북대학교출판문화원

초판 1쇄 인쇄 2025. 12. 25.
초판 1쇄 발행 2025. 12. 30.

전북대학교출판문화원 전북특별자치도 전주시 완산구 어진길 32 (풍남동2가)
전화 (063) 219-5319~5322
FAX (063) 219-5323
출판등록 2012년 8월 20일 제465-2012-000021호

값 30,000원

ISBN 979-11-6372-258-8 96480